动物医院

运营与管理

刘雅慧 夏兆飞◎著

中国农业大学出版社
CHINA AGRICULTURAL UNIVERSITY PRESS
·北京·

内容简介

作者站在动物医院经营者的视角，将本书分为上下两篇，全方位阐释中国动物医院的运营与管理，书中既有理论也有实务，既有案例也有专题。作者通篇使用大量插图和数据，生动形象地解析动物医院运营规律，同时全方位透视内部管理本真，对读者赤诚相待，无所保留。

图书在版编目（CIP）数据

动物医院运营与管理/刘雅慧，夏兆飞著. —北京：中国农业大学出版社，2019.10（2022.3重印）

ISBN 978-7-5655-2290-1

Ⅰ.①动… Ⅱ.①刘…②夏… Ⅲ.①兽医院-运营管理 Ⅳ.①S851.7

中国版本图书馆CIP数据核字（2019）第247362号

书　名 动物医院运营与管理

作　者 刘雅慧　夏兆飞　著

策划编辑 姚慧敏　董夫才　　**责任编辑** 洪重光

出版发行 中国农业大学出版社

社　址 北京市海淀区圆明园西路2号　　**邮政编码** 100193

电　话 发行部 010-62818525，8625　　读者服务部 010-62732336

编辑部 010-62732617，2618　　出　版　部 010-62733440

网　址 http://www.caupress.cn　　**E-mail** cbsszs@cau.edu.cn

经　销 新华书店

印　刷 涿州市星河印刷有限公司

版　次 2019年12月第1版　2022年3月第2次印刷

规　格 787×1 092　16开本　14.25印张　330千字

定　价 82.00元

序

PREFACE

每个人都有很多种身份，适用于不同场合的不同角色。作为本书的作者，我们的第一身份是动物医院管理者，其次才是作者。从管理者的角度，我们希望我们的动物医院有很好的规划，运营井然有序，能够得到客户的认可，有持续稳定的收益；从作者的角度，我们希望能把我们对管理的理念、见解传递给读者，对读者有所帮助，得到读者的认可。看似完全不同的两件事，实质上却是高度一致的。经营动物医院和出版图书都服务于他人——客户或读者，他人的认可才是价值的源泉。

曾经，我们中的一位——夏兆飞教授说过这样一句话："同样是开医院，做技术的不一定比做前台的开得更好"。其实，兽医善技术不善经营，这是现今许多动物医院经营者的真实写照；做前台的也不一定善于经营，但是他们至少有很强的服务意识。

经营一家优质动物医院有三个不可或缺的要素：技术、服务和管理。管理是关键的要素，它发挥的是将技术和服务优势整合放大的功能。没有好的服务，再好的技术无从发挥；没有好的管理，再好的技术和服务难以维持长久。在一个需求旺盛的市场里，你可能还意识不到管理的重要性。当市场供求关系趋于平衡或供大于求时，好的管理意味着动物医院在竞争中多了一些获胜的机会。

可喜的是，越来越多的动物医院经营者认识到管理的重要性，他们的工作重心正从技术慢慢向管理过渡，同时不遗余力地补充管理知识。

管理是一门可以通用的学科，到底有没有必要写一本关于动物医院管理的书籍，这个疑问曾经在我们心中盘踞了很久。很多人经历过这样的历程：在工作的最初阶段，基本没有读过什么管理书籍；当拥有了更高的职场目标时，人们会选择专门的管理教育，在这个阶段接触大量理论型管理书籍，例如：《组织行为学》《营销管理》《企业财务管理》《企业战略》《数据分析》，等等，这些书籍能为今后的管理生涯奠定扎实的理论基础，可以说经典永远不会过时；当人们真正开始从事管理工作时，接触的基本上是应用型管理书籍，越来越聚焦化，越来越专业化，例如：《商业策划》《六西格玛管理》《第五项修炼》《卓有成效的管理者》，等等，这些书籍一般都与管理实践有更密切的关系，侧重于阐述某一领域或质量、效率、学习能力等某一方面的问题。

目前市面可见的动物医院管理图书多为外文原版图书，对很多动物医院管理者来说，语言是无法逾越的障碍，书的内容也不符合中国国情。多数动物医院的经营者只能凭感觉选择可能对自己有用的中文管理书籍。这样的学习方法不仅浪费时间，也很容易被一些不成熟的观点误导，很难达到系统观的境界。

有幸在行业里最优秀的动物医院从事管理工作，加之积累了一定的理论和实践经验，于是，我们萌生了写一本应用型管理书籍的想法。能够成为第一本属于中国动物医疗行业的管理书籍的作者，是我们莫大的荣幸。希望这本书能真正帮助动物医院的管理者认识管理，希望书中的管理理念能潜移默化地影响到每一位读者。请各位读者以包容的态度对待书中的不完善之处。

伴随行业的发展，以及我们对行业和对动物医院管理认识的深入，后续我们还会以赤子之心推出更新版本的《动物医院运营与管理》以及其他更多更好的管理书籍。

作　者

2019 年 10 月 20 日

目 录

CONTENTS

绪　论 …… 1

上篇　动物医院运营

第一章　动物医院规划 …… 10

第一节　市场调查与分析 …… 11
第二节　定位 …… 13
第三节　商业模式的选择 …… 14
第四节　制定竞争策略 …… 15
第五节　选址与建设 …… 17
第六节　组织结构设计与人员招募 …… 19
第七节　开业 …… 21
第八节　战略规划和经营策略的调整 …… 22

第二章　动物医院运营计划 …… 27

第一节　运营目标体系及其分解 …… 28
第二节　资源配置方案 …… 31
第三节　组织实施方案 …… 33
第四节　保障措施 …… 34

第三章　动物医院运营 …… 36

第一节　诊疗服务运营 …… 38
第二节　美容 / 寄养服务运营 …… 50
第三节　商品销售运营 …… 53
第四节　商业实验室运营 …… 55
第五节　咨询 / 兽医继续教育服务运营 …… 59
第六节　投资运营 …… 62

下篇　动物医院管理

第四章　动物医院管理 …… 70
第一节　财务管理 …… 70
第二节　人力资源管理 …… 96
第三节　行政管理 …… 105
第四节　采购管理 …… 119
第五节　市场营销管理 …… 136
第六节　企业文化和品牌建设 …… 141
第七节　内部风险评估与控制 …… 148
第五章　动物医院管理实务 …… 162
第一节　前台管理 …… 162
第二节　药房管理 …… 168
第三节　收费处管理 …… 170
第四节　超市管理 …… 173
第五节　注射室管理 …… 175
第六节　手术室管理 …… 177
第七节　影像科管理 …… 181
第八节　检验科管理 …… 184
第九节　住院部管理 …… 188
第六章　动物医院管理专题 …… 192
专题一　动物医院的商业模式 …… 192
专题二　运营数据与分析 …… 202
专题三　资本浪潮 …… 208
专题四　住院医培养 …… 211
专题五　专科建设 …… 215
参考文献 …… 219
声　明 …… 220
鸣　谢 …… 221

绪 论

一、动物医疗简史

中国动物诊疗行业的历史可以追溯到大约10 000年前的农耕时代初期，狩猎捕获没有被马上吃掉的动物经过圈养驯化，无论是当作祭牲、食用还是用来耕作或当作宠物，对早期人类来说都是宝贵的财富。将原始的医术用于对动物诊断、救治起初是出于保护财产不受损失的本能。马病防治、家畜养护、阉割术等可以追溯到殷商时代。对兽医的最早记载出现在西周时期的著作《周礼·天官》中。战国时期则出现了专门的马医，这一时期出现的《晏子春秋》《庄子》《黄帝内经》《神农本草经》，以及汉代名医张仲景所著《伤寒杂病论》都有关于兽医的记载，而汉代《汉书·艺文志》中《相六畜》则成为最早的兽医专著。汉唐时期，兽医逐渐形成体系并充分发展。宋、元时期，中国兽医又有进一步的创新和提高，进入鼎盛时期，出现了国内外流传最广的一部中兽医学代表著作《元亨疗马集》。宋、元以后，中国兽医学由盛极而趋衰落，近、现代则鲜有优秀的兽医学专著问世。

二、中国小动物医疗行业现状

新中国成立以后，尤其是改革开放带来的经济繁荣和人民生活改善催生了经济动物养殖业，带动了预防医学的发展。近30年来，家庭伴侣动物的兴起，又促进了小动物医学的快速发展。

经济动物和伴侣动物的属性差异导致诊疗机构的两极分化。经济动物的诊疗侧重保健和疫病预防，大型的经济动物养殖机构一般采取驻场兽医和专家团队相结合的方式，小规模的分散养殖则依赖县乡两级兽医服务站。伴侣动物的诊疗则包含了保健、免疫、疾病诊断和治疗各个方面。雨后春笋般出现在城市乡镇的动物医院，小到二三十平方米的夫妻店，大到数千平方米上百名员工的综合性动物医院，基本服务于伴侣动物。

宠物是伴侣动物的通常说法，它的出现由来已久。人类把猫当作宠物的历史可以追溯到5 000年前，古代埃及人驯化猫用来控制鼠害，并逐渐把猫作为伴侣动物饲养。伴侣动物的范围相当广泛，供人类玩赏、陪伴之目的而饲养的动物都可以作为伴侣动物，常见的有猫、犬、兔、鸟、鱼、鸽、龟等，一些国家或地区把鹰、蛇、狮子、猎豹等当作宠物饲养的也不少见，在中国还有赏玩蟋蟀的历史。

关于家庭饲养宠物数量的占比，各个行业分析机构的白皮书众说纷纭，比较令人信服的说法是截至2018年，中国家庭饲养犬、猫的数量占比约为2∶1。近年来呈现犬的占比下降，猫和异宠的占比上升的趋势，尤其是异宠的占比上升速度惊人。由于针对异宠开展医疗的难度较大，临床实践中前往动物医院就医的占比异宠仅限兔、龟、蜥蜴、羊驼、鹦鹉等比较常见的种类。图0–1是一家大型综合动物医院就诊动物的种类占比统计。

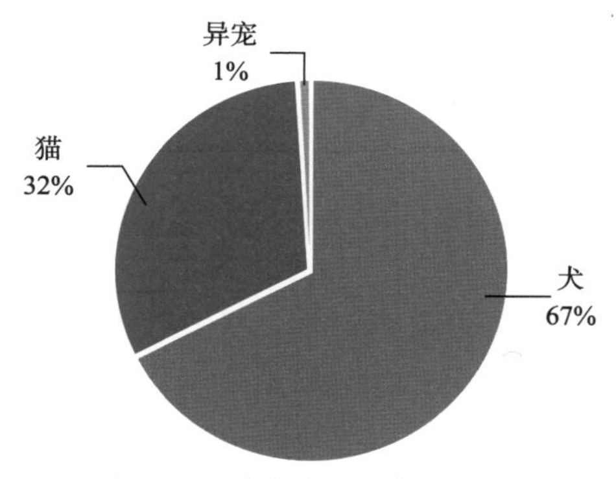

图0–1　就诊动物种类的占比

以上统计以宠物的数量为单位，不包括鱼、鸽、仓鼠等群养宠物的数量，如果考虑这部分动物，就只能以饲养宠物家庭的数量作为统计单位。需要说明的是，其中20%以上的家庭饲养不止一种宠物，见图0–2。

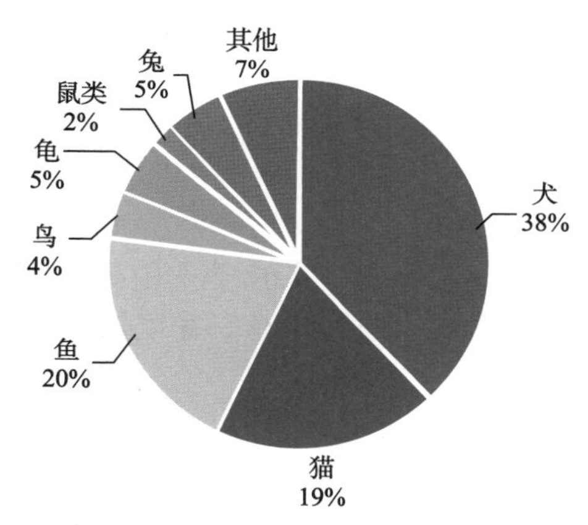

图0–2　饲养不同宠物的家庭占比

2015年全球的宠物经济规模就超过了1 000亿美元，还在以平均每年15%的比例增长，到2020年将超过2 000亿美元。在细分行业中，宠物食品位居第一位，约占40%收入份额；宠物医疗位居第二位，约占30%收入份额。目前，美国是全球最大的宠物经济市场，约占全球总份额的50%。

中国受近现代国情影响，错过了与国际宠物经济同步发展的黄金时期，但是，中国是全球宠物经济增长最快的市场，近几年平均年增速达到30%。中国家庭宠物保有量仅次于美国和巴西，2015年宠物经济规模达到1 000亿元人民币，预计2020年将达到2 000亿元人民币。基于中国庞大的人口基数，中国未来有望超越美国成为全球最大的宠物经济市场。

近30年来，中国家庭喂养小动物的数量呈几何级数增长，使中国小动物诊疗市场呈井喷式发展。中国的小动物诊疗行业在短短30年中经历了西方国家100年所经历的发展历程。行业的快速成长凸显了技术标准滞后、医院管理水平低下等问题。

三、中国小动物医疗行业的从业者现状

中国小动物医疗行业兴起，带动了原有大动物医疗从业者向小动物医疗的转型，也吸引了一批新的行业进入者。小动物医疗行业的从业者大体分为几类：一类是投资人，有资金在手，看准了动物医疗行业的发展前景，选择投资开办动物医院；一类是动物医学专业人才，选择学以致用创业开办动物医院；还有一类是有家族经营动物医院背景的家族成员。

教育部公布的本专科院校学生就业状况数据显示，我国目前开办动物医学专业的高校有60余所，每年动物医学专业毕业生规模在7 000～8 000人，其中从事动物临床的仅有25%左右。

然而，截至2017年底，我国注册的动物医院有10 000余家。高校毕业生的数量犹如杯水车薪，远远满足不了行业对人才的需求。那么如此多的动物医院是怎么运行的呢？答案是，除了少数几个专业兽医支撑门面，其他人都是非专业人员，或者没有执业资格的职业院校毕业生。

四、中国小动物诊疗机构生存现状

一个自然成长的行业中，每位参与者都会分享行业自然成长带来的福利，客户和业绩会呈现自然增长的趋势。当自然增长的模式被打破，出现参与者数量增长速度高于市场需求增长速度时，就会出现供求失衡导致的行业竞争加剧。和自然界的物竞天择一样，有些参与者要被迫退出行业。

行业参与者凭借什么才能在行业中立足？答案是形成竞争优势。那么如何形成竞争优势呢？让我们从小动物诊疗与人类医疗的差异，以及动物诊疗的困境说起。

◇ 困境一：认同错位困境

人类的现代医疗有比较完善的法律和社会保险体系保障。医疗属于人类的刚性需求，被救治是人类的权利，施予救治是社会的责任，医疗保险的覆盖程度很高。

在中国，动物的地位处于个人认同和社会认同迥异的尴尬地位。一方面，相当一部分喂养宠物的家庭中，动物被认为是家庭成员受到足够的重视；另一方面，在社会体系中，家庭喂养的动物属于财产，针对动物的险种只在商业财产保险中有所涉及，没有被纳入任何医疗保险体系。

◇ 困境二：主体错位困境

在动物医院，接受诊疗的主体是小动物，付费和对服务进行评价的却是动物主

人，见图 0–3。动物不会表达，没有主动接受治疗的意愿。兽医接诊时首先要听取动物主人的描述，糟糕的是：有些动物主人很粗心，并不能提供有效信息；有些动物主人对动物过分关注，提供了一些不必要的信息；还有些动物主人以为很了解自己的动物，实际上提供了错误的信息。无论哪一种情况，医生都要从动物主人描述的症状着手检查。检查项目多、费用高、误诊率高、医患纠纷多几乎是动物诊疗行业的通病。

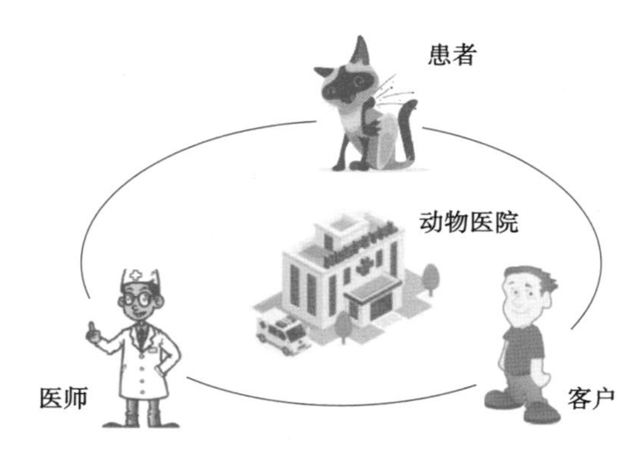

图 0–3　动物医院的主体错位

◇ 困境三：管理困境

动物诊疗行业管理人才匮乏的现状是行业难以言说之痛。受行业现状、规模因素影响，目前动物医院的经营者多数为兽医。动物医学是专业性非常强的学科，在专业上有所成就需要付出更多努力，结果就是好的兽医懂技术不懂管理，多数兽医对管理半懂不懂，引进的管理人才又不懂兽医技术。出于经营发展的需要，有些经营者已经开始将工作重心由技术向管理偏移，也可能接受一些管理方面知识的学习，但是固有的思维模式很难重塑。对于是否任用职业经理人，由外行管理内行，多数人还是持否定态度。

◇ 困境四：成长困境

某种程度上动物医院和儿童医院更具备相似之处，但是很难达到人类医院的规模。在动物诊疗相对发达的欧美国家，一般规模的动物医院也只是和人类的私人诊所差不多，主要原因是由供需关系造成的。一方面病患少，另一方面检查的项目多。病患少意味着收入来源少，检查项目多，意味着运营成本高。结果自然是收费高，病患将进一步减少。为了降低运营成本，动物医院一般只配备少量人员和最基础的设备，不常见的检测可以送到商业实验室，复杂的病例可以转诊，这样就形成了“前店后厂”的模式，“店”即动物医院，“厂”即转诊中心或商业实验室，这也是动物医院适合发展连锁经营的原因之一。

五、影响动物诊疗行业的因素

◇ 动物福利

中国 1988 年就推出了《野生动物保护法》，到目前为止，始终没有关于伴侣动物的相关法律推出。2018 年，有专家建议制定《反虐待动物法》和《动物保护法》。距离伴侣动物保护立法的目标还有漫长的道路要走，但是至少已经让人们看到了希望。

动物福利是动物医疗区别于人类医疗的关键因素。中国国情决定了动物福利体系与发达国家相比还不够完善。不可否认的是：在中国，社会对于小动物的救助体系在众多爱心组织的推动下正在日趋完善，动物福利问题也正在越来越受到社会各界关注和重视。

宠物往往被定义为家人、朋友、玩伴，这一点中国和发达国家并没有太大区别，但是中国家庭对宠物的接纳程度远没有西方高，幼小的孩子往往被限制和宠物过分亲密接触，宠物也不会随便被允许出入卧室和厨房。由保护向尊重过渡是中国动物福利的必然趋势。

在动物医院里，动物福利至少包含以下几个方面：

- 动物的生命被珍视；
- 动物的健康受到重视；
- 生病的动物得到应有救治；
- 生病的动物得到陪伴、安抚；
- 减轻动物的痛苦；
- 让动物有尊严地活着或离开。

◇ 动物医生的社会地位

在旧中国，兽医是社会各个行当中地位偏下的一个行当。社会对现代动物医生的认识伴随家庭饲养宠物和动物医院的兴起而有所改观，但是远远无法和发达国家兽医的社会地位相比。

动物医生以救治动物作为职业，理应得到社会的尊重与认可，实践当中，动物医生往往面临两难的境地。遇到不想救治动物的动物主人、偏执的动物主人或激进的动物保护人士，动物医生就会被误解、被猜忌。

◇ 政府管理

动物诊疗机构归属中华人民共和国农业农村部畜牧兽医局管理。作为行政管理机构，畜牧兽医局最主要的职能是“拟订动物防疫、检疫、医政、兽药及兽医器械、畜禽屠宰发展战略、政策、规划和计划并指导实施；起草有关法律、法规、规章并监督实施”。目前现行的法律法规包括《中华人民共和国动物防疫法》《执业兽医管理办法》《动物诊疗机构管理办法》《兽用处方药和非处方药管理办法》《兽医处方格式及应用规范》等，农业农村部畜牧兽医局对动物防疫、检疫、医政及周边产业起着宏观规划、指导和调控的作用。

动物卫生监督机构归属于农业农村部畜牧兽医局管理，“负责具体实施法律、法规、规章规定应由省级畜牧兽医行政管理部门和动物卫生监督机构承担的执法监督和检疫等职责”。

动物诊疗仅作为动物卫生监督机构管辖职能的一个部分。动物卫生监督机构对动物诊疗机构和执业兽医师的管理已经形成了相对成熟的体系，包括对动物诊疗机构的许可经营和兽医师的执业管理，监督管理日趋规范。

◇ 行业标准

2018 年国家标准按行业分类条目统计结果显示，和兽医直接相关的国家标准有 217 项，其中绝大多数用于动物检疫，和家庭喂养宠物直接相关的仅有 2 项，而相应的人类医学国家标准有 62 项。

和动物诊疗行业的快速发展形成鲜明对比，动物诊疗相关国家标准的严重缺失凸显了行业规范性滞后问题。各个动物医院对疾病的判断标准不一致，造成转诊困难，诊断结果不被相互认可，转诊病例需要重新进行各项检查。

◇ 行业协会

目前，中国与动物诊疗相关的行业协会中比较知名的有中国兽医协会和北京小动物诊疗行业协会。前者是全国性的动物诊疗行业组织，设立有宠物诊疗分会。后者是区域性行业组织，是专门的小动物诊疗行业组织。

行业协会是行业参与者自发成立进行自律管理的组织，成功运作的行业协会是政府管理的有效补充，也是行业进步的有力推动者。

六、动物医院的运营与管理

世界上大型的动物医院一般都有资源支撑，比如中国农业大学动物医院、爱丁堡大学动物医院、泰国农业大学动物医院，这些动物医学专业排名领先的高校动物医院凭借人才和技术优势，可以吸引足够多的转诊病例，从而维持上规模、单体动物医院的运营。再比如连锁动物医院的转诊中心，依托集团资金优势和自我输送的转诊病例，也可以维持规模较大的单体动物医院运营。

竞争优势的形成，首先来源于资源优势。这一规律适用于所有行业的所有参与者。资源对优势而言是必要条件而非充分条件。这也说明了为什么大学动物医院可以做到超大规模，而不是所有的大学动物医院都能做到形成规模。

对有些动物医院来说，资源不是与生俱来的，但是可以通过科学的运营和管理获得竞争优势。

运营和管理是相辅相成的，图 0-4 形象地描述运营和管理的关系。管理职能独立是社会化大生产的必然结果，管理工作是从其他工作中剥离出来，并不直接参与产品价值的创造过程，企业总的价值却在提升，这就是管理的杠杆作用。公司规模越大，管理的杠杆作用发挥得越完善。

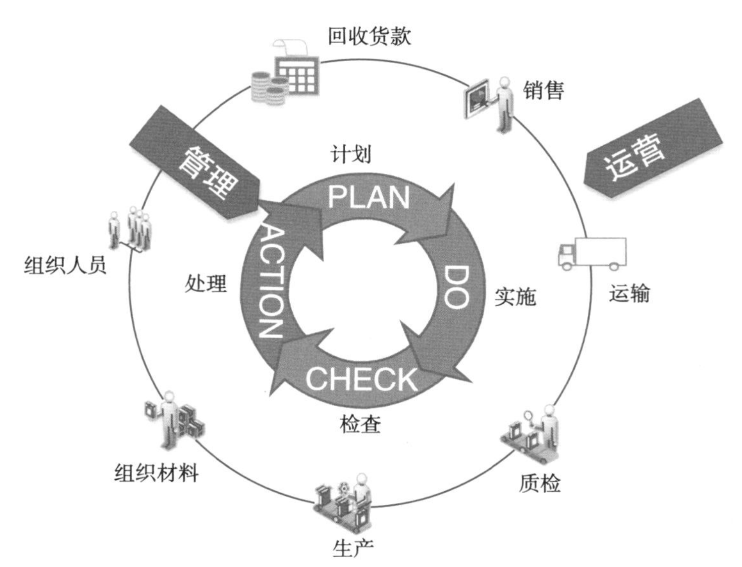

图 0–4　运营和管理的关系

公司运营与管理的相辅相成体现在：运营是过程，而管理是手段，管理贯穿运营全过程。运营关乎公司生存和盈亏，管理关乎效率和效益，无法用谁更重要去衡量。管理的结果最终体现在运营结果上，没有有效的管理，不可能实现有效的运营。

本书主要面向小动物诊疗行业的参与者，着重讲述如何科学地运营和管理动物医院，从而获得竞争优势。

本书共分为上下两篇，上篇为动物医院运营，关注宏观层面企业活动的筹划与安排，包含三个章节。

- 第一章　动物医院规划
- 第二章　动物医院运营计划
- 第三章　动物医院运营

下篇为动物医院管理，关注微观层面各项职能的推进与控制，包含三个章节。

- 第四章　动物医院管理
- 第五章　动物医院管理实务
- 第六章　动物医院管理专题

动物医院运营

Operation of Animal Hospital

第一章 动物医院规划

规划是指对人或事物的长期发展制订的全面计划，规划的主体可以是人，可以是组织，也可以是城市或项目。通过对影响事物发展走向的内、外部因素进行分析，明确事物发展的方向和目标，确定行动的路线和方针。

动物医院是商业社会的一种组织形式，和所有的组织一样，它面临资金、技术、员工等内部因素问题，也面临客户、供应商、竞争对手等外部因素问题。招聘到优秀人才，争取优质供应商，在维持稳定的客源和收入的基础上，不断将组织发展壮大，是每一个医院经营者所希望的。

无论是刚刚涉足动物诊疗领域，还是在筹划扩大经营，或者只是在运营一家平稳发展的动物医院，动物医院规划对经营者来说都是必备的技能。了解宏微观经济状况，洞悉行业发展态势，对竞争对手了如指掌，是在商业社会参与竞争的基础。在竞争激烈、信息高度发达的社会里，无论你是否拥有资源或者拥有竞争优势，自由成长、随意发展、盲目出击都是不可取的。因为商业社会是动态的，环境瞬息万变，竞争优势此消彼长，每个参与者都如同身在汪洋中的小舟，很难找准自己的位置。

动物医院在建立之初要进行全面规划，包括市场调研、市场定位、制定目标、设计商业模式、选择经营策略、医院选址与建设、组织机构设计与人员招募等。动物医院开业后相当长的时间里，经营者都要经常检核当初规划的方向是否正确，必要时进行及时修正。当医院达到营收平衡，步入平稳经营阶段时，经营者仍然要定期检核规划，确保当前规划在 3 ～ 5 年内有效。当医院经营进入滞涨期或涨跌临界点时，经营者必须重新进行规划，以谋求突破、蜕变或逆袭的途径。

缺乏专门管理人才是规划无法落实的首要原因。请专业的咨询机构或业内擅长规划的人士咨询都是可行的。经营动物医院和经营人生是一样的，最了解自己的还是自己，也只有自己才清楚自己想要什么。所以，所有者参与动物医院的规划过程，或者通过学习和训练获得一定的技能尝试自己进行规划也是可行的。

第一节　市场调查与分析

市场是交易的场所。市场中不是只有买方和卖方那么简单，每个人都有可能是买方也可能是卖方。在人才领域，人的劳动力是商品，人是卖方，企业是买方；在诊疗领域，动物主人是买方，医院是卖方；在物资领域，供应商是卖方，医院是买方；有时医院之间也可以互为买方或卖方。有买卖就有竞争，存在竞争对买方也许是好事，对卖方也不一定全是坏事，总之商业社会竞争无法避免。动物医院在市场立足凭借的是竞争优势。打造竞争优势是一个复杂、漫长的过程。市场调查和分析，是打造竞争优势的准备工作。

需要指出的是，市场是个大环境，每个动物医院受它身处其中的小环境的影响比较大，通常情况下大环境的影响有限，所以动物医院经营者应该留意大环境而重点关注小环境。动物医院的小环境是指通常能够对医院产生影响的客户、竞争对手构成的局部市场，它的范围并非一成不变。医院的辐射半径通常与医院的规模、晓誉度有关，社区医院的辐射半径较小，综合性医院则因为吸引转诊病例而有较大的辐射半径，同等规模的动物医院中市场晓誉度良好的医院辐射半径更大。

目前中国有 12 000 多家大大小小的动物医院，因为定位各有不同，有些永远都不会成为正面竞争对手，比如社区动物医院和综合性动物医院；有些注定要相生相克，比如综合性动物医院和连锁动物医院的转诊中心。连锁动物医院在布局时已经充分降低了内部之间出现竞争的概率，单体动物医院更主要依靠经营者和市场的双向选择淘汰确定竞争关系。不可避免地，同一社区内的单体动物医院之间，以及单体动物医院和连锁动物医院之间形成直接竞争关系。在更大范围内，综合性动物医院之间，以及综合性动物医院和连锁动物医院的转诊中心形成直接竞争关系（图 1–1）。

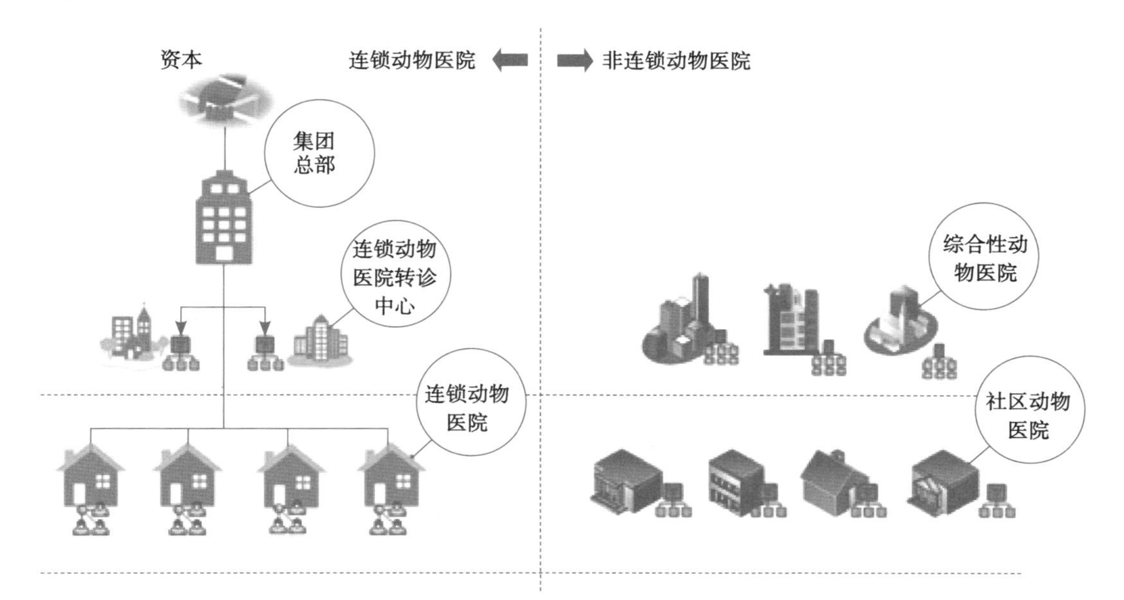

图 1–1　动物医院的竞争关系

市场调查的目的就是弄清楚自己即将进入的市场规模有多大，都有哪些参与者，谁将成为竞争对手，他们都在做什么，做得怎么样。

以开办一家社区动物医院为例，经营者从做这一决定开始，就要考虑自己将动物医院开在哪里，首先要考虑的肯定不是那里离家近不近，房租贵不贵，而首先要考虑的是那里有几家动物医院。如果那是一个全新的社区，恭喜你，你可以先入为主。如果那里已经有两家动物医院，那么还要评估社区内有多少宠物，有没有可能容纳第三家店。如果有可能，那么还要恭喜你，现有的两家店对你的排斥会小一些。

如何获取这些信息呢？除了行政管理部门或行业机构的统计数据，还可以通过观察、走访、调查问卷等方式获得直接数据。

◇ 一转

实践当中，经营者有个误区就是开店先选址，这种做法并不科学。因为一个社区可能只需要一家动物医院，但适合做动物医院的场所不止一处。一旦选定了社区，场所可以慢慢物色，前提是一定有这样的场所可以用作经营动物医院。

受城市环境压力限制，有些社区比如城市中心商圈、行政办公区、水源地附近是不允许开办动物医院的。动物医院的建设审批和环境影响评价审批日益严格，一旦中途搬迁，所有手续都要重新办理，如果新址审批通不过，就不得不面临再次选址。

所以选定社区时要转遍社区及周边商圈，淘汰有可能出现禁止、关停动物医院的社区。

◇ 二问

大致选定社区之后，还要尽可能咨询城市规划部门、城市管理部门、卫生监督部门和工商管理部门，了解该社区是否属于近期规划建设区域，是否对行业有经营限制，是否限制颁发新的动物诊疗许可证，以及办理营业执照的要求等。

◇ 三看

初步选定社区后，经营者就要观察社区内有几家动物医院，各自的辐射半径是多少，有没有避开现有医院的辐射半径区域，社区内居住了多少人口，人口构成是什么，大致消费水平是什么样的，等等。社区人口密度可以通过观察楼房的数量、层数推算，人口构成和消费水平可以通过社区周边的配套生活设施推断。

◇ 四数

家庭喂养宠物对时间和金钱的投入有一定要求，年龄层次和收入层次越高的社区家庭喂养宠物的概率越大。社区里有多少宠物，每天有多少宠物出入动物医院，是需要经营者用心数一数，然后计算清楚的。

◇ 五访

社区居民经常带宠物去哪个动物医院？现有动物医院有多大规模？几个医生？工

作量是否饱和？这些信息不仅要靠经营者观察，还要大量访问才能获得。

◇ 六测

如果经营者的心里已经有了初步判断，不妨设计一套调查问卷，通过他人佐证一下你的判断。比如设计这样的问题：你会定期给狗狗体检吗？你会为狗狗洗牙吗？你在网上购买猫粮的理由是什么？全家出游时狗狗怎么办？你习惯给狗狗做美容吗？

◇ 七分析

调查的目的是为了分析，经营者的分析一定要结合宏观数据和行业形势进行。分析要从经营者持有何种资源开始，资源决定了能做什么样的事情，以及能够实现什么样的目标。资源指资金、人才、技术、经销商、客户等，资金和人才是所有资源中最重要的，既属于稀缺资源，也是可以开发其他资源的资源。资金无法形成真正的壁垒，但是可以获取人才，人才打造技术和市场壁垒同时，也可以获取资金。所以是用资金获得人才，还是用人才挖掘了资金，就像鸡生蛋还是蛋生鸡一样难以说清楚。

第二节　定位

在建立动物医院之初，每个经营者就有理想，但理想不等同于目标。理想不是基于现实的，就像“不想当将军的士兵不是好士兵”一样。目标则很现实，具有可衡量、可实现、挑战性、时效性等特点。市场调查与分析的目的是为动物医院进行准确定位和制定一个可预期的阶段性目标做准备。把理想化作多个阶段性目标，才是行之有效的途径。准确定位，是获得竞争优势的起点。

市场定位有狭义和广义两种。狭义的市场定位包括市场定位、客户定位、产品/服务定位和价格定位；广义的市场定位还包括定位商业模式、经营模式、直接竞争对手和竞争策略。本节按照狭义的概念以案例的形式进行论述。

案例 1-1　高端宠物会所

小李是动物医学专业毕业的大学生，他联合了几个志同道合的同学准备创业开办一家动物医院，经过数月的调查，初步选定了一个成熟的社区 A 和一个新社区 B。

社区 A 大约有 3 000 家住户，社区居民以有小孩的家庭和三代同堂的家庭居多。小李发现，出入社区的车辆中经常载有小动物，经过走访和发放调查问卷得知，小区居民带宠物一起出游的现象很普遍，甚至有一些是专门前往宠物乐园游玩的。初步估算，社区家庭宠物的数量约为 500 只，社区内开设了一家动物医院，提供基本的动物医疗服务和美容寄养服务，店内共有 5 名工作人员，收费水平一般，服务水平一般，每天约有 20 名客户，多半是动物美容，少数是普通疾病治疗，寄养笼位空置率较高。

社区B为新建社区，大约有2 000家住户，以小户型为主，住户主要为年轻人，普遍在家时间较短，社区周边的商铺正在销售中，暂时没有动物医院开业。经初步估算，社区目前大约有200只宠物，节假日空屋率高，宠物多数被送往较远的宠物店寄养。

小李和团队其他人员经过论证分析，得出以下结论：

（1）社区A为成熟社区，居民收入和消费水平较高，未来宠物数量增长缓慢；社区B刚刚建成，居民收入和消费水平目前较低，未来宠物数量增长较快。

（2）社区A具有高端宠物消费市场潜力；社区B具有一般宠物消费需求。

（3）社区A房屋租金较贵，未来出现其他动物医院概率不大；社区B房屋租金相对较低。很多店铺正在招租，出现其他动物医院概率很高。

小李和团队制定了如下初步规划：

在社区A开设一家动物医院，定位为高端宠物会所，除诊疗服务、预防保健以外，还提供小动物训练、娱乐和寄养服务。会所内设有游泳场地、训导场地、小动物娱乐场地和康复中心。

小李计划开展会员制服务，三年内吸收本社区100名会员和外围社区100名会员，会员年费5 000元，包含全年免费免疫驱虫、行为纠正指导和限次娱乐，其他服务享折扣优惠。

在这个案例中，小李和他的团队把即将开设的动物医院定位为主要面向成熟社区A喂养宠物的家庭，满足其高端需求的宠物会所性质的动物医院。在服务内容和定价上也与其定位相呼应。

本案例无法用好与不好来评价小李和他的团队定位是否准确，但是定位和目标非常清晰。他的目标客群具有以下共性：主要来自本社区，家庭成员有小孩或老人，具有一定经济基础。这样的目标客群产生的需求有如下共性：注重家庭宠物生活品质，包括健康和快乐，愿意和能够承受更高的费用。

第三节　商业模式的选择

商业模式体现动物医院根据定位和目标，对外部、内部资源进行组织、优化、调配，完成价值增值和传递过程。选择正确的商业模式，是为获得竞争优势奠定基础。

动物诊疗行业虽然成长很快，但是总体规模依然很小，属于小众行业。动物医院分类也很简单，目前常见的分类只有社区动物医院和综合性动物医院，今后随着动物医学专科化发展，也可能会出现众多专科医院。动物医院目前的商业模式相对简单：以“服务 + 商品销售”为代表的业务模式和产品组合盈利模式；以自我营销为代表的直接销售模式；以追求客户价值和持续盈利为代表的运营模式；以连锁或非连锁形式的经营模式。

动物医院的“产品”，无论是诊疗、商业实验室、美容、寄养还是咨询、投资，都决定了动物医院的业务模式以“服务”为中心。广义的产品包含服务，服务又被称为无形的产品。服务的特点包括：价值传递的时空一致性，不可分割，不可储存，不可重复和不可退回；无形性，因为无形所以多变，几乎可以用“没有一模一样的服务”来描述每一桩服务。而服务价格的高低取决于服务中有形的部分，比如专利技术证书、特别经营许可或授权、从业人员的资格证书、服务体系认证等等。

动物医院的“销售”并不是销售动物医院生产的产品，而是药品、宠物食品或用品等，动物医院的业务模式是以服务为中心，附带销售业务的二元化业务模式。在这一模式下具体应用哪些业务模块，则完全由经营者自己去选择。

连锁经营和非连锁经营的经营模式各有利弊，关键看经营者把自己放在什么样的位置，如表 1–1 所示。连锁经营体系内经营者自主经营的自由度非常有限，从一开始每家医院都成为连锁经营整体布局的一部分，奉行的是共同的企业文化，执行统一的营销策略，处于同一供应链体系。

表 1–1　连锁动物医院与非连锁动物医院对比

项目	连锁动物医院	非连锁动物医院
资源	1. 集团范围内资源丰富； 2. 资源可以发挥互补性、集约化优势； 3. 资源很难满足各个医院个性化需求	1. 公司内、外部资源有限； 2. 资源的获取完全基于自身需要； 3. 资源运用更为高效
商业模式	无论采用何种连锁经营方式，都可以通过复制实现快速扩张	综合性动物医院很难实现快速、自由式扩张
管理	1. 集团层面机构庞大，管理链条冗长； 2. 决策、执行效率低下； 3. 医院层面自主经营权限低； 4. 无法个性化发展，难以形成特色	1. 经营权独立完整； 2. 决策、执行效率高； 3. 经营策略转向快； 4. 能够更好地识别和应对市场变化，容易形成特色

商业模式是多种商业要素的组合，不同的组合方式形成不同的商业模式。按照商业要素的影响范围不同，通常又把商业模式划分为经营模式、业务模式、运营模式、销售模式、盈利模式等维度，分别在每个维度下探讨商业要素的组合方式。本书下篇第六章对商业模式有更详尽的介绍。

第四节　制定竞争策略

经营战略是企业为求得长期生存和不断发展而进行的总体性谋划。企业建立之初，企业经营者就要充分了解市场环境和竞争格局，确定自己在竞争中所处的位置，应该以什么样的竞争策略赢得胜利，最终实现什么样的总体目标。战略规划是获得竞争优势的保障。动物医院建立之初的战略规划属于战略框架，企业管理者对市场竞争以及自身优势的认知停留在理论阶段，很多内容需要在医院投入运营后补充完善。

竞争策略是动物医院与同一市场内竞争对手相互抗衡，争取更大市场份额时所采取的方法。竞争策略是获取竞争优势的手段。

基本的竞争策略包括低成本策略、差异化策略、聚焦策略。实践当中公司可以在不同的领域采取不同的竞争策略，或在同一市场采取不同竞争策略的组合。竞争策略是企业管理者结合企业内外部形势分析制定的工作方针，是企业决策能力的重要体现。

竞争策略的理论体系经过长期积累已经比较完善，但是不难发现，成功的竞争策略案例中，总能发现一些不走寻常路的思维方式或是突破常规的创意。究其原因是因为策略不同于战略，策略需要审时度势，看准时机，顺势而动。所以，实践中往往出奇制胜，讲究精准、快速。下面我们看一看经营战略、经营策略和竞争策略的关系（表 1–2）。

表 1–2　经营战略、经营策略和竞争策略的关系

项目	经营战略	经营策略	竞争策略
层次	战略层	战术层	战术层
范围	整体、宏观	整体，由不同微观部分的具体措施构成	局部，微观市场的具体措施
特点	长期的，方向性的	短期的，具体行动	短期的，具体行动
种类	紧缩战略、稳定战略、发展战略	资源配置、产品开发、市场竞争、人才管理、财务管理等	低成本、差异化、聚焦

以动物医院为例，不同的业务模块可以采取不同的竞争策略，但是要在整体框架下统一策划。比如销售宠物食品采用聚焦策略，侧重处方粮销售；商业实验室采用低成本策略；诊疗服务采取差异化策略，等等。

下面我们在案例 1–1 的基础上详细呈现竞争策略制定的过程。

案例 1–2　异化策略的形成

小李和他的团队认为，目前社区里现有的动物医院是他们的直接竞争对手，但不是在所有领域都存在竞争关系，由于定位区别，两家医院在一定程度上可以形成互补。小李和团队进行的 SWOT 分析如图 1–2 所示。

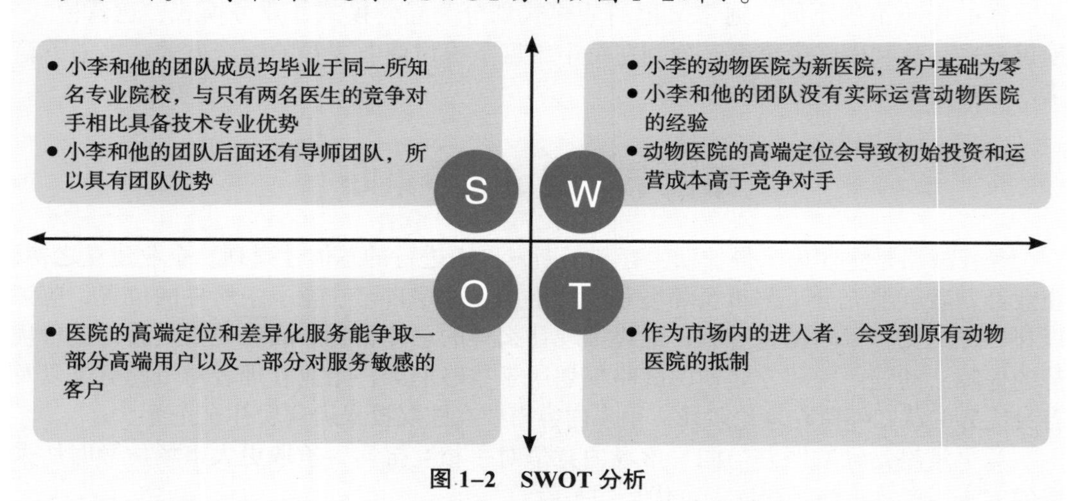

图 1–2　SWOT 分析

小李和他的团队认为，他的医院和社区 A 内现有的动物医院虽然定位有所区别，但是有一部分业务模块是一致的，所以竞争在所难免。高端会所的定位意味着他的动物医院初始投资和运营成本都要高于竞争对手，收费水平也更高。

在诊疗、美容、寄养业务模块，他的医院无法用低价策略赢得客户，而是要提供更优质的服务，也就是说采取差异化策略，争取社区 A 内对价格不敏感而对特色服务敏感的客户。客户来源：一部分来自竞争对手的客户，另一部分来自本社区不会光顾竞争对手动物医院的那部分动物主人，而且后者更符合小李和他的同事们对未来动物医院的定位。

在娱乐业务模块，小李团队的医院目前和竞争对手不存在直接竞争关系。但是会开发一部分新客户，以及开发一部分现有竞争对手现有客户中的宠物娱乐需求。小李和他的团队采用的是针对娱乐细分市场的聚焦策略，结合宠物行为教育，寓教于乐，以差异化获取竞争优势，这一业务模块同时会促进动物医院其他业务模块的发展。

小李和他的团队预期，竞争对手会对他们采取一定的抵制行动，比如促销或提高服务水平，但是不会从根本上影响竞争形势。

第五节　选址与建设

动物医院规划选址是在规划之初进行的。当市场调查、目标和定位、商业模式与经营模式选择、制定竞争策略等工作完成之后，宏观的规划已经完成了，下一步是进行细节性规划。这里的选址是店面选址，就是店面具体设在哪里？有多大面积？房租多少？动物医院建设指的是如何进行结构布局？装修成何种风格？内部需要哪些设施？

医院店面的选址与建设要遵循以下几个原则：

- 设法减少医院运营对社区的环境污染和噪声影响。
- 方便停车和宠物进出，设有专门的遛狗区。
- 诊疗区和非诊疗区隔离。
- 按诊疗流程设计诊疗区动线和空间布局。
- 美容区、寄养区、娱乐区空间相互独立。
- 装修材料环保，地面防滑，易于清理。

案例 1-3　动物医院选址

以小李的动物医院为例，见图 1-3 和图 1-4，初步规划医院总面积为 1 000 m^2，室内面积 500 m^2，室外面积为 500 m^2，位于小区西侧紧邻城市绿化带的一处底商，有独立入口，社区内可以停放临时车辆。年租金和物业费合计大约 100 万元，装修费用大约 30 万元，购置设施大约需要 100 万元。

诊疗区、美容区、寄养区和康复区都位于室内，各区域相互独立。户外设有训练区、水上娱乐区、草坪嬉戏区和沙滩活动区。

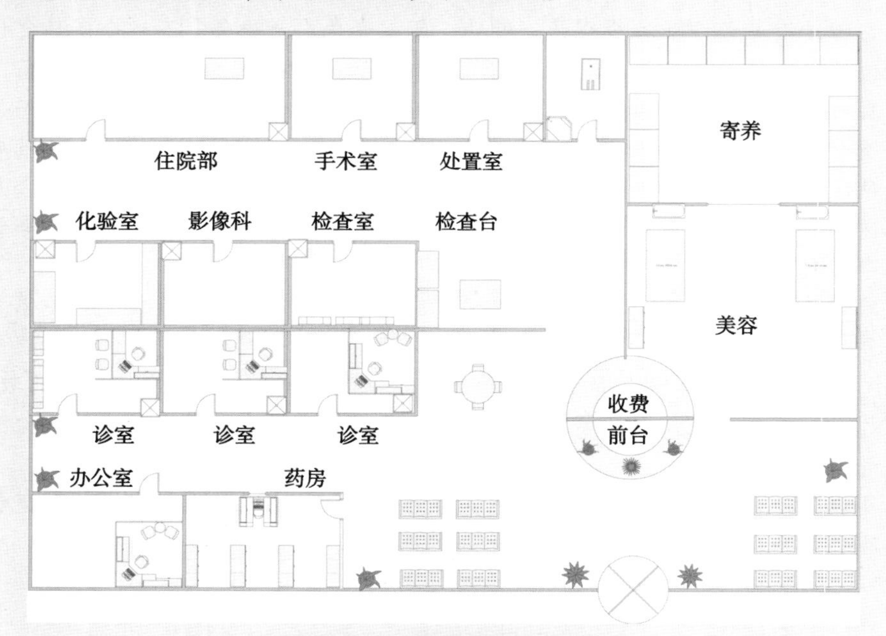

图 1-3　动物医院室内布局

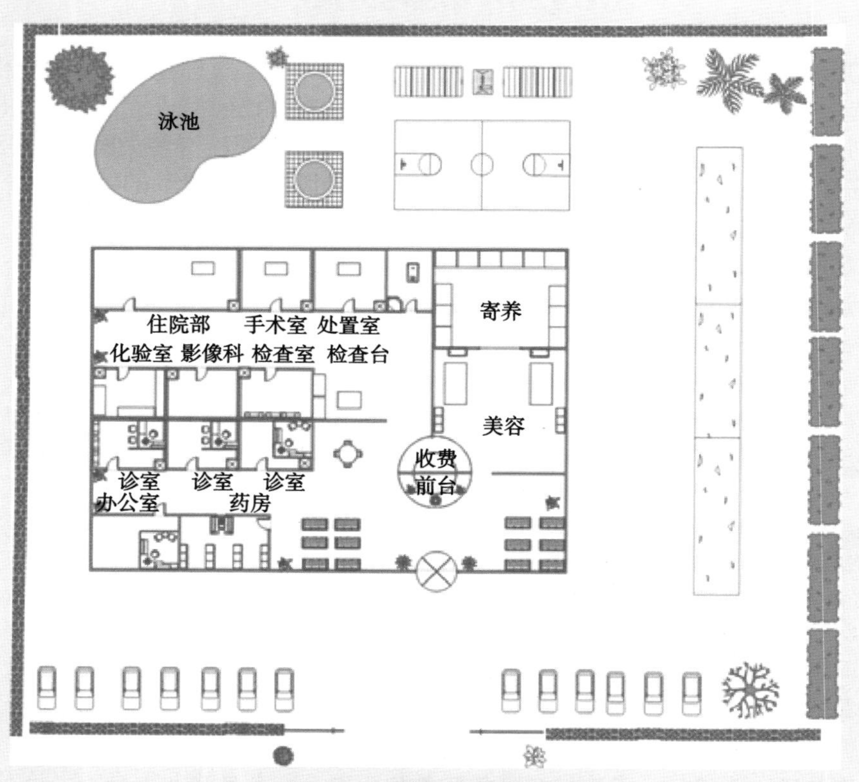

图 1-4　动物医院室外布局

第六节　组织结构设计与人员招募

常见的公司组织结构由业务部门和职能部门构成。业务按照医院的业务模块设计，一般每个业务单元构成一个独立的部门，维持每个业务单元正常运行都需要一定数量的员工，所以业务模块是决定组织机构设计的基础。职能部门不参与业务过程本身，但是对包括业务部门在内的整个公司的人事、行政、财务等职能进行管理。根据公司规模的大小，配以一定数量的管理人员承担职能管理工作是必要的。公司规模越大，越需要分工和协调，管理的杠杆作用就发挥得越完善。

在权利层级设计上，公司的最高权利机构是股东大会，公司的最高管理机构是董事会，公司的最高管理者是董事长，公司的最高执行人是总经理。也就是说通常公司组织结构至少包含五个层级（图 1–5）。

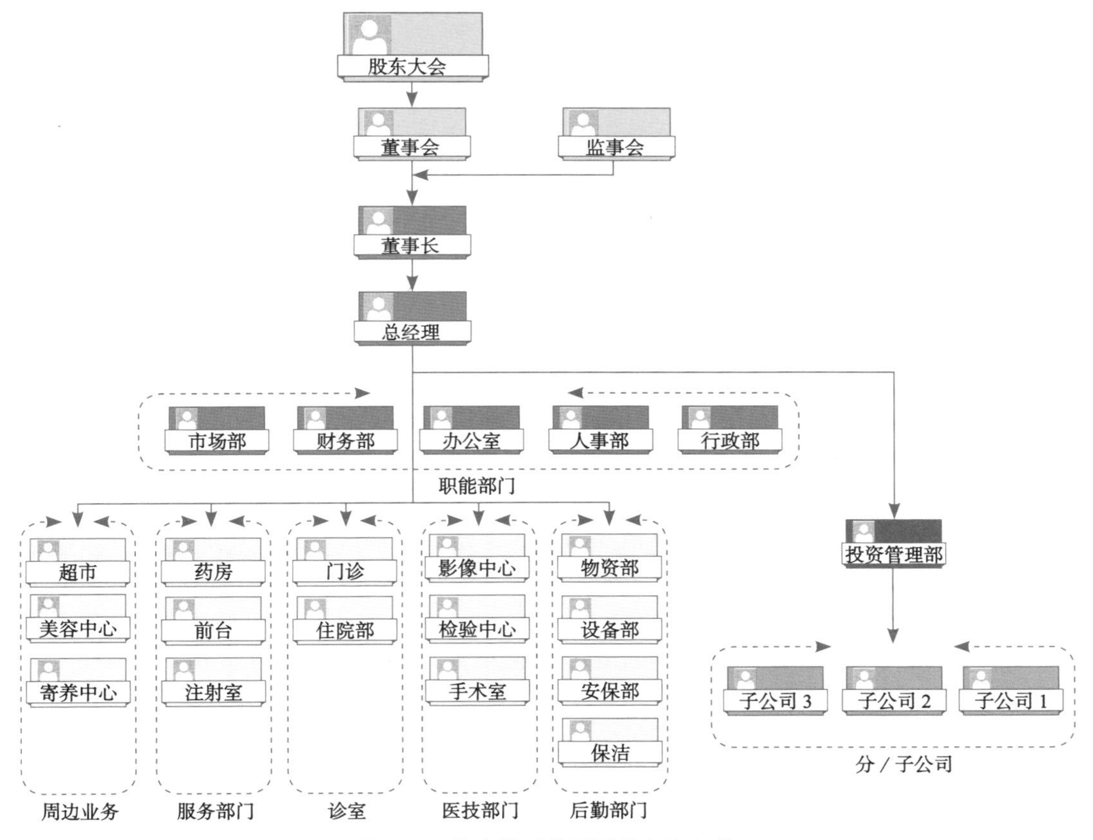

图 1–5　综合性动物医院的组织机构

部门内岗位设置和人员分工是根据工作量和工作流程进行设计的，工作量越大，需要越多的人从事劳动；工作越复杂，越需要明确分工和规范操作。因此，综合性动物医院有相对完善的组织结构，社区动物医院的组织结构要简单得多。但是众所周知的是“麻雀虽小，五脏俱全”，社区医院同样需要明确分工，只是同一个人可能要承担多项分工。

案例 1-4 组织结构设计

小李和他的团队以出资入股的形式成为动物医院的股东，他们为动物医院设计的组织结构如图 1-6 所示。他计划初期招募 15 名员工，加上他团队一共 19 名员工，年薪酬总额约 200 万元。诊疗和寄养区采用两班制轮班。夜班安排少量人员值守。由于人员有限，有些人员既要承担业务工作，又要分担一部分职能工作。比如，前台人员承担了一部分人事管理职能和市场职能，司机承担了行政管理职能，药房工作人员不仅承担药剂师工作，还负责收费和药品采购。诊疗业务也没有专科化，医师是全科医师，同时也要承担影像、检验技师的工作，助理要承担娱乐、寄养动物和住院动物看护等工作。

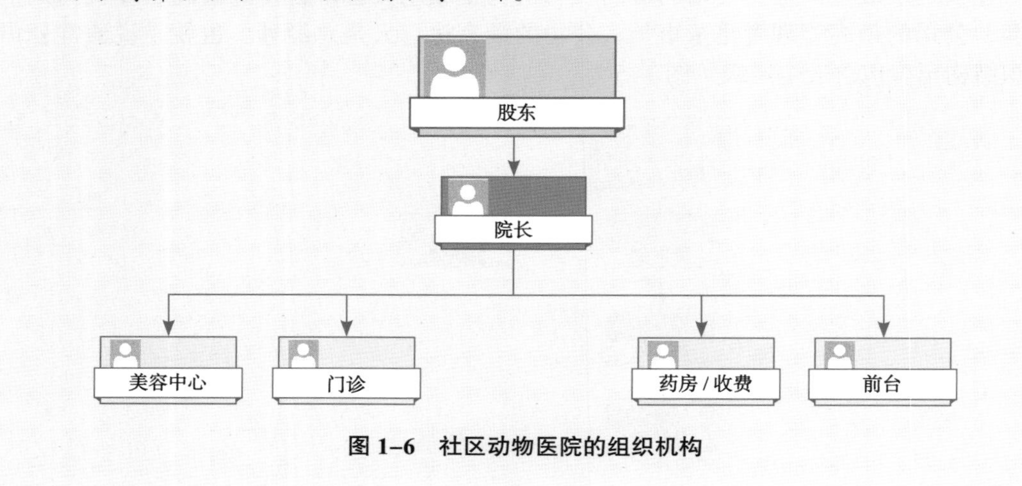

图 1-6 社区动物医院的组织机构

岗位职责分工明确是维持公司秩序的基础，但是还远远无法满足高效运营的要求。因为一些本应不相容的职务没有实现分离，从而导致内部控制漏洞，表面一团和气掩盖了安全隐患、质量缺陷和职务寻租等问题，这是公司在成长过程中必然要经历的不可言说之痛。这也解释了为什么很多公司在创业之初靠家族关系维系，因为家族成员之间更容易建立信任和相互合作。

组织结构并不能表述公司内部的全部职能分工，还有一些专门委员会并不在组织结构中体现，但是要承担一部分独立并且很重要的工作，这些委员会有些是临时性的，有些则是永久性的。常见的专门委员会有：职工代表委员会、技术委员会、薪酬委员会等。这些委员会的成员是来自不同岗位的兼职人员，有专门的履职规则、任用规则和议事规则。因为这部分工作会影响员工的本职工作，所以一般不采用任命的方式，而是采用“评选 + 自愿”的方式，公司可以不为员工的这部分工作发放报酬或以补贴的形式为员工的这部分工作发放报酬。

◇ 职工代表委员会

职工代表委员会是独立于公司权利机构以外的非正规组织，是为了发挥群众对公司重要事项决策过程的监督作用而设立的，有些设有职工代表大会制度的公司，甚至会开放一些重要事项的决策过程，邀请部分职工代表参与到决策过程中，从而塑造民主自治的氛围。

◇ 技术委员会

技术委员会是指在公司内部设立的与技术相关的对技术进行评价、指导、分析、决策的组织。科学公正地对技术水平和能力进行评价，依据评价结果决定技术发展路线或选拔任用人才。技术委员会由各个领域的技术专家组成，在设备采购、研发立项、技术变革、技能评价、职称评定等环节发挥作用。

◇ 薪酬 / 绩效委员会

薪酬 / 绩效委员会是指公司内部设立的对薪酬结构和员工薪酬 / 绩效标准进行设计和评价的组织，以达到科学公正地发放薪酬，同时发挥一定的激励作用。薪酬 / 绩效委员会在薪酬体系设计、薪酬调整、绩效评估等环节发挥作用。

第七节　开业

动物医院正式开业前要到工商管理部门、税务部门登记注册，动物诊疗属于许可先行，要在正式开业前申办诊疗许可证，并进行环境影响评价，如果医院开展三类及以上射线装置诊断或放射治疗，还要办理辐射安全许可证。

动物医院不仅要接受工商、税务、环保、动物卫生监督等相关政府部门的管理，还要接受公安、消防、安监等相关政府部门的监管，并与所在社区的街道建立日常联络关系。

动物医院开业庆典既是在公众面前亮相，也是在行业和客户心中树立形象的关键时刻，多数医院的开业庆典都会邀请官方或业界人士到场，经营者希望用庆典的豪华程度和到场嘉宾的规格彰显实力和人脉，营造一种“开门红”的喜庆场面，同时给竞争对手以震慑。

动物医院开业是进行营销的绝佳机会。一般动物医院在开业前会提前造势，趁着开业庆典开展酬宾活动，比如免费服务、价格优惠或赠送商品。开业庆典期间，也会有经销商或直接竞争对手到场，借口捧场打探实力。

案例 1–5　动物医院开业

小李计划把动物医院开业时间定在三月，这样就不会错过春季免疫和夏季前绝育高峰期，正好缓解医院开业初期的运营压力。他在医院开业前两个月对医院的开业庆典和促销活动进行了宣传，请在业界有一定声望的导师帮忙邀请嘉宾出席庆典并剪彩，在行业杂志刊登了面向公众的邀请信，在社区 A 及周边社区发放了活动宣传页。此外，他还请专业公司策划了庆典活动，包含一场小规模的答谢晚宴。

小李为庆典制定的预算是10万元，虽然这给医院的运营带来一定的压力，但是也会为他在开业当天赢得大约100名潜在客户。即便会提供一些免费服务和价格折扣优惠，在未来的一年中，这些客户依然可能会给动物医院带来至少50万元收入。

第八节　战略规划和经营策略的调整

动物医院开业之初进行的规划，伴随时间的推移需要不断补充完善。因为企业真正投入运营，原有规划中的不确定因素变得清晰明确，企业经营者对行业和对自身的认知不断深入。与此同时，行业在变，竞争对手在变，连企业自身也不断在变化。动物医院不可能以不变应万变，把一个规划奉行到底。所以，每隔一段时间，动物医院要重新对战略规划进行审视和调整。即便商业模式、选址、组织结构设计这样根本性的东西不能动，还有很多其他可以调整的方面。甚至，当公司面临生死抉择或转折的关键时刻，很多根本性的东西也需要调整。战略规划审视和调整的步骤包括：市场调查与分析、对标、调整定位、制定 / 调整目标、选择战略、制定竞争策略和保障措施。

关于企业战略，管理实践中经常存在极右和极左两个误区。有些企业管理者认为战略就是要坚持到底，坚决不能动摇。有些企业管理者认为战略就是要常做常新，所以你会经常从这些企业管理者那里听到这样的话："我又想到了一个战略。"不难想象如果你是这家企业的员工，你会比较迷茫，不清楚具体方向在哪里。如果你是这家企业的管理者，你会非常无助，你辛辛苦苦做出来的方案又要推倒重来。

极右和极左都不可取，战略规划通常意义上分为长期规划（6～10年）、中期规划（4～5年）和短期规划（1～3年）。规划的周期越长，包含的方向性、纲领性内容越多。规划的周期越短，内容越具体。战略规划中需要调整的往往是具体内容。

通常企业需要每年对战略规划进行重新审视，每三年对战略规划进行一次较为深入的梳理。对重要内外部变化因素及由此导致的目标、方向或策略变化进行修订。

战略规划和经营策略的调整一般分为市场调查与分析、对标、调整三个阶段。

一、市场调查与分析

市场调查与分析是进行战略规划的基础。和建设医院初期的规划不同的是，经过一段时间的运营，外部环境和公司自身情况都发生了变化，经营者对市场环境和竞争态势的认知更加深入，对竞争对手和自身的竞争地位可以做出更加精准的判断。

进行市场调查前，经营者首先要对宏观环境进行分析，包括国家的政治经济政策、行业的发展阶段等等，这些是每个市场参与者共同生存和竞争的基础，就像鱼生活在什么样的水里，国家对行业的政策是扶持的还是收紧的，经济是上行的还是下滑的，行业是发展的、平稳的还是衰退的，总之，环境向好意味着对每个公司的生存和发展都更有利，反之公司的生存和发展可能面临困境。

对动物医院来说，真正影响生存状态的是竞争关系，也就是动物医院和直接竞争对手在同一市场内处于什么样的竞争地位，包括各自占有的市场份额，竞争优势和不足，可能面临什么样的机遇或威胁。

把所有这些因素一一调查清楚，就能为下一步战略规划奠定基础。

行业内的经营者，首先对行业所处的发展阶段要有明确的认识，行业发展周期如图 1–7 所示。行业形势有可能出现上行或下行的波动，但是并不影响人们对行业所处阶段的判断。行业发展的起步、成长、稳定和衰退周期通常伴随市场需求和产品的起步、发展、稳定和衰退。在行业发展期，新技术不断推出，到了衰退期，市场的需求会转移到别的产品，于是替代品出现。其次，行业内的经营者对自己的产品也要有明确的认识。产品的生命周期也分为初期、上升期、稳定期和衰退期。如图 1–8 所示波士顿矩阵，它用问题产品、明星产品、金牛产品和瘦狗产品代表产品生命周期的四个阶段。通常为了扩大市场份额，经营者要投入资金和精力去研发新产品、改进服务、进行市场宣传。如果产品利润空间很大，产品的市场占有率很低，企业倾向于扩大投资以换取高额回报，在财务上表现为投入很大，但市场份额增长缓慢，说明产品未来的走向还无法判断，属于问题产品；如果投入能换来市场份额的快速增长，说明这是明星产品，值得继续投入；如果产品已经成熟，无须大量投入，市场的份额也很稳定，能够获取稳定的回报，这类产品属于金牛产品；如果市场占有率很低，再大的投入也不会换来市场增长，这类产品处于衰退期产品（瘦狗产品）。

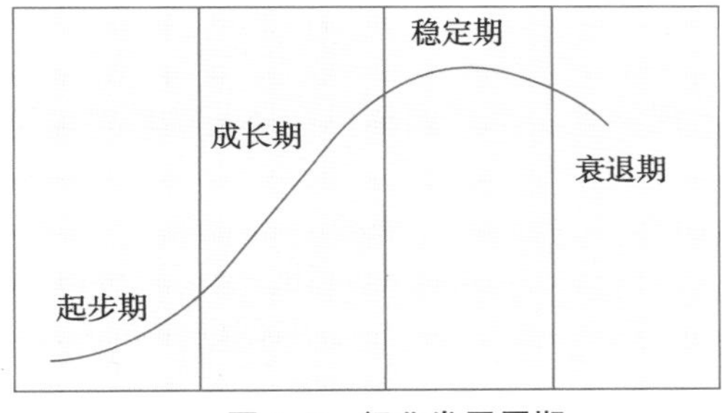

图 1–7　行业发展周期

图 1–8　波士顿矩阵

最后，行业内的经营者要对企业经营面临的形势有明确的认知。行业的成熟与衰退，或是产品的成熟与衰退，都只是企业经营者做出决策的部分依据，还有更多因素需要考虑，见表 1–3 竞争战略。当企业面临外部机遇而自身又有优势时，企业经营者该考虑增长型战略，即积极考虑扩张产品或市场；当企业面临外部机会，而自身处于

表 1–3　竞争战略

	优势 S	劣势 W
机会 O	SO 战略 （增长型战略）	WO 战略 （扭转型战略）
威胁 T	ST 战略 （多种经营型战略）	WT 战略 （防御型战略）

劣势时，企业经营者应该考虑扭转型战略，即调整产品或市场的方向；当外部形势不乐观，而企业自身存在优势时，企业经营者可以考虑多种经营型战略，即企业可以在原有产品和市场基础上另外开辟新的产品或市场；当企业面临内外交困的形势时，企业经营者应该考虑防御型战略，即努力稳定或收缩原有产品或市场。

动物医院也有产品，但主要是无形的产品——服务，动物医院的服务项目如动物体检、免疫、检查、治疗等等，构成了一系列产品线。服务也有生命周期，当某一项服务越来越无法满足临床需求时，服务就开始走向衰退阶段。比如，传统的检测项目由于技术落后、效率低下、准确度差不能满足临床需要，这种情况下，医院会考虑采用更为先进的技术和设备，淘汰旧的技术和设备。在这个过程中服务和产品一样，需要通过市场调查对价格、市场的接受度和市场前景等进行评估。

二、对标

经过一段时间的运行，动物医院初始规划的目标有没有实现？偏差出现在哪里？是什么导致偏差？是保持目标不变还是需要调整目标？这些都是对标要解决的问题。通常出现偏差的原因有以下几种可能：

- 目标偏差
- 定位偏差
- 竞争策略偏差
- 实施方案偏差
- 目标保障体系偏差

无论基于什么原因，都会导致结果和目标出现偏差。是要调整目标还是调整策略？或者二者兼而有之？

首先，目标服务于战略，只要目标与战略切合，目标就无须做方向性修订，只需在目标的节奏上进行调整，即对目标体系内部各子目标的轻重缓急进行调整。目标的考核包括时间、数量、质量等维度，偏差不难发现和衡量，确定导致偏差的原因并非易事，因为偏差可能是多种因素共同作用的结果。

对标工作要由专门的对标小组完成，经过对目标、定位、策略、实施方案、保障体系的评估，找出导致偏差的一个或几个因素，制定相应的纠偏措施。即使导致偏差的原因只是其中一个因素，也要对与之相关的所有因素一同进行调整。

案例 1-6 对标与纠偏

小李的动物医院开业不久，经过一段时间的运营，社区 A 的养宠家庭陆陆续续有一些选择了小李的动物医院，不过客户数量远远达不到预期。小李和团队成员仔细梳理了原来的战略规划和短期目标。当初医院的定位是高端，经营中确实吸引了高端需求客户，证明定位并没有偏差。小李和他的团队经过分析发现，开业初期的集中促销活动吸引了一批客户，由于当时医院开业不久，运营还没有完全理顺，人员有些应接不暇。为了确保服务质量，没有开展后续的宣传推广活动。现在各环节衔接顺畅，有能力接收更多客户，没想到客户数量却不见起色。

小李组织人手在社区内开展免疫宣传活动，趁机发放调查问卷，回答问卷便可以免费驱虫一次。通过回收问卷，小李发现原来并不是小区的居民不知道这里有家宠物医院，而是担心医院经营不善不能长久，所以不敢贸然加入会员。

小李认为还是实施方案思虑不够周密导致了这一问题发生。解决的办法：一是以静制动，即假以时日让客户慢慢接受；二是以动应变，尽快建立客户信任。经过商议，小李和他的团队修订了实施方案，积极应对虽然会增加成本支出，但是会更早让医院步入正轨。

三、战略规划和经营策略调整

战略规划和经营策略出现失误，意味着朝既定方向所做出的努力可能永远无法实现，或要多走很多弯路。通常调整战略可能需要调整定位或目标，那意味着对战略规划和经营策略进行调整，也许会造成眼前利益的损失，但是可以从长期角度确保企业朝正确的方向前进。如果定位和目标正确，调整经营策略相对容易一些。

更多情况下，在一个战略周期内，公司需要每隔一段时间进行一次战略规划的重新审视，相应对现行竞争策略进行调整。

案例 1–7 经营策略调整

小李和他的团队经过五年的经营，已经发展为有 20 名员工，营业面积 1 000 m^2，年营业额 1 500 万元的综合性动物医院，引进了部分新型诊疗设备，会员规模近三年稳定在 300 人左右，流失数量和新会员数量基本持平。营业收入占比为会员收入占总收入 55%（其中：会费 10%，诊疗 30%，美容 10%，寄养 5%），非会员收入占 45%（其中：诊疗 25%，娱乐 5%，美容 10%，寄养 5%）。

小李遇到了一件棘手的事情，社区 A 内原有的那家动物医院被知名连锁品牌 KH 收购了，经过重新设计和装修，该医院已经改头换面，成为一家设施先进的社区医院，也开设有美容中心和寄养中心，开业后一直在做大规模促销活动，小李的医院已经连续数月出现诊疗收入下降的情况，而且会员的抱怨越来越多，如果你是小李，该怎样带领团队突破困境呢?

KH 具有品牌优势，新店的装修环境和促销活动能吸引一批客户去尝试并成为 KH 的固定客户。小李预计自己的会员会流失 10%，非会员客户流失约 30%。会员客户和非会员客户的客单量会下降 20% 和 30%。如果不加以干预，预计全年营业额会下降 500 万元。

小李和他的团队认为，KH 动物医院会抢走一部分辐射半径内的诊疗、美容、寄养服务，因为 KH 动物医院的价格更低廉，重新开业后环境和服务有所改善，整体性价比提高，对一部分高端需求不迫切的用户比较有吸引力。小李和他的团队经过研究决定不调整定位，对经营策略进行如下调整：扩大宣传，在更大辐射半径范围内开展推广活动，深入社区宣传，吸引更多的高端客源；增加一台服务专车，提供无须主人陪伴的全程托管式服务；为消费金额达到一定额度的非会员客户给予入会折扣优惠，如果不愿意加入会员，也可以配赠计次的娱乐卡。

小李计划通过半年时间的努力实现三个短期目标：一是加强非会员客户的黏性，减少现有非会员客户的流失；二是扩大辐射半径，争取更多会员客户；三是增加会员免费服务项目，保持会员忠诚度。

小李预计，半年以后，随着KH客户数量增加，促销活动会减少或停止，服务质量会有所下降，客户满意度会降低，会有一部分回流客户到小李的医院。加之从周边社区开发的新会员，以及非会员客户转为会员客户，会员数量会回复到原有基础并增加20%～30%，非会员数量和消费额无法回复到原有数量，可能稳定在原有数量的70%～80%。会员对总收入的贡献率会有所提高，小李和他的团队现在要做的是服务水准不会因为服务项目的增加有所下降，这样才能维持客户的满意度水平，确保自己动物医院的定位有效，收费以及服务和定位能够很好匹配。

第二章 动物医院运营计划

我们先了解一下什么是运营管理。企业为了实现商业模式，通过将财务会计、技术、生产运营、市场营销和人力资源管理等职能进行统筹，对价值增值和传递的过程进行计划（Plan）、实施(Do)、检查（Check）和处理（Action）（也可以叫作设计、运行、评价和改进）管理，并保持各职能有机地联系，各环节持续得到改进。整个运营过程就是一个 PDCA 循环，后面接续另一个 PDCA 循环，价值的增值和传递就在循环往复的过程中实现和不断得到改进。

计划是运营管理工作的开始，运营计划服务于战略规划，可以分为长期、中期和短期计划，最常见的是年度运营计划。完整的运营计划至少应包括运营目标体系及其分解方案、资源配置方案、组织实施方案以及保障措施等内容。

由图 2–1 运营计划的制定过程可见，运营计划包括各职能模块的计划，也包括各业务模块的计划。在运营管理过程中，职能模块和业务模块的关系可以这样概括：职能模块是维系公司运营的管理机构，业务模块是维系公司运营的执行机构。公司的生存与发展以价值的创造和传递为基础，业务部门肩负的是直接创造和传递价值的职责，职能部门不直接参与价值创造与传递，但是不可或缺，甚至能发挥杠杆的撬动作用。各职能模块之间相互独立又构成体系，每一个职能模块面对的都是全局，包括各个业务模块，只是站在不同的角度。各个业务模块之间相互衔接才能构成整体，每一个业务模块面对的是模块内部的项目，也包括模块内部的各个职能。

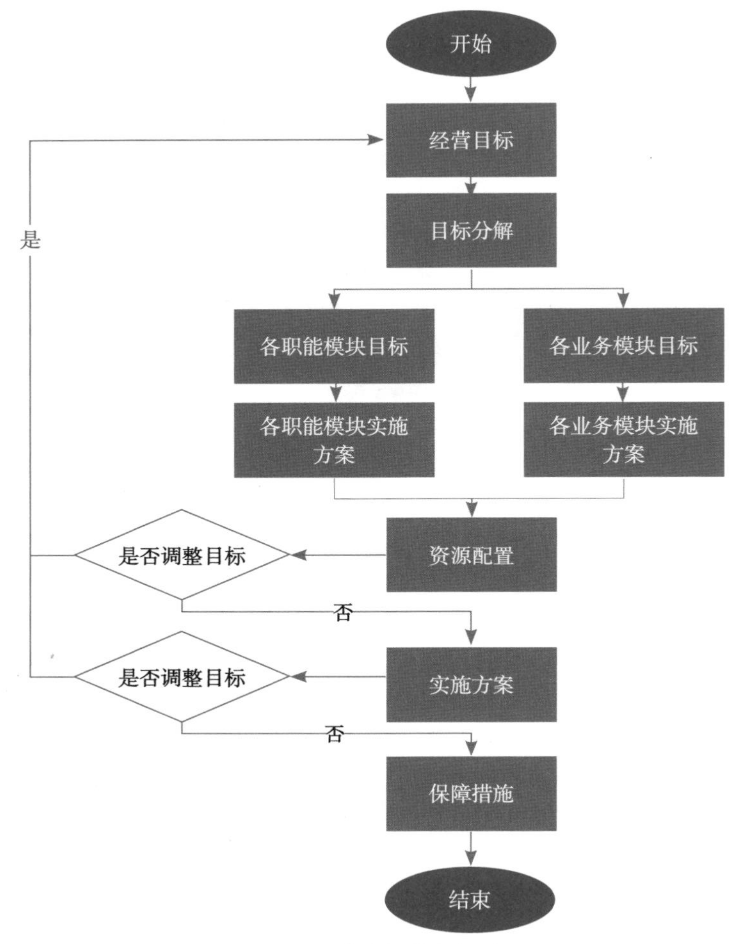

图 2–1　运营计划的制订过程

第一节　运营目标体系及其分解

运营目标的制定不是一个简单的过程，对外需要综合考虑市场规模、竞争优势，对内需要考虑资源配置，以及目标可分解、目标可接受的程度。制定目标需要自下而上、自上而下进行多个反复过程，才能形成相对科学、合理的目标。主要过程如下：

初步制定目标→评估论证→调整目标→制订实施计划→制定保障措施→分解目标→传达目标→信息反馈→调整分解目标→准备执行

通常公司的运营目标是一个目标体系，包含财务目标、经营目标、管理目标等方面。不同类型的公司目标的侧重点有所不同，也可能设有自己的个性化目标，或者同一公司在不同阶段目标的侧重点也有所不同。目标应该具有可衡量、可行性、有挑战性、时效性的特点。但有时也不尽然，实践当中，目标可以是一种期望达到的状态，可能遇到一些模棱两可的目标设定，比如：一年之内实现服务质量全面升级，客户满意度提升 10%。

也许目标制定人就没搞清楚什么叫作质量全面升级，执行人又怎么知道如何将质量升级呢？到了该检验结果的时候，也许大家依然懵懂着，最后只能凭感觉下结论。客户满意度提升 10% 的目标倒是挺具体的，但是满意度又如何得出呢？

把目标状态用具体、可衡量的指标来代替，就可以很容易地检验目标完成的情况。这就是指标存在的意义。指标包含三个维度：数量、质量和时间。这三个维度都应该是可衡量的，以便检验目标是否完成，任何一个维度没有实现，目标都没有完全实现。

目标分解不是简单地将长期目标分解为阶段性目标，或是将阶段性目标分解为年度目标，而是将目标逐级分解为更为具体的可以落实到职能、业务模块甚至个人的指标，见图 2–2。

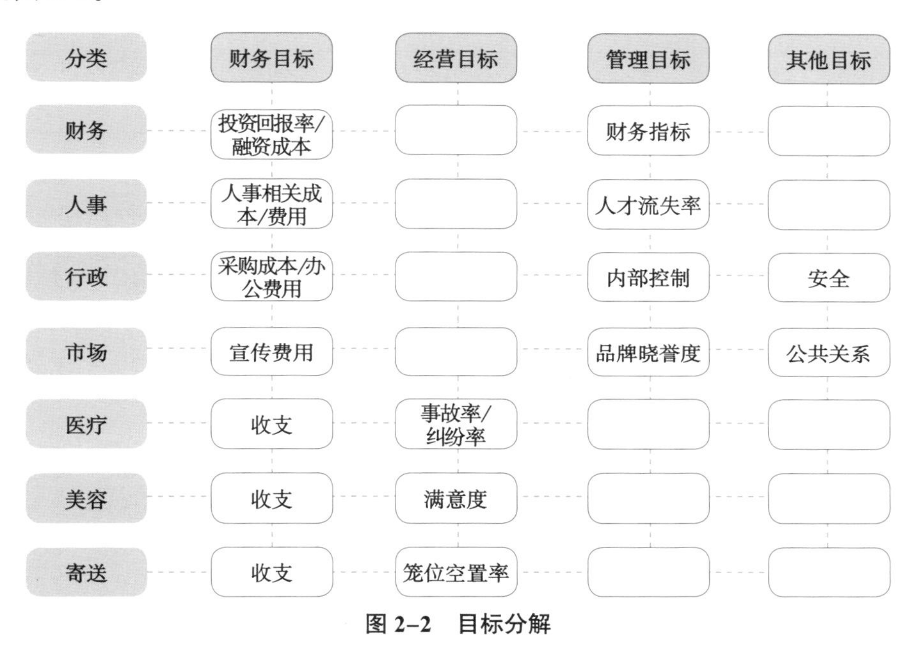

图 2–2　目标分解

收入目标是目标体系中最重要的部分之一，是各项管理工作成果的价值体现，也是最直观、最便于衡量的指标之一。

案例 2–1　收入目标分解

假设小李的动物医院今年制定了 1 800 万元的年营业收入的目标，分解到各业务模块：会员中心 200 万元，诊疗中心 900 万元，美容中心 300 万元，寄养中心 300 万元，娱乐中心 100 万元。寄养中心由小刘负责，她觉得压力很大。按照现有 50 个笼位，每个笼位每天收费 500 元计算，平均每天要占满 30% 笼位才能完成任务。而寄养的一般状况是节假日笼位供不应求，平常冷冷清清。小刘找小李反复沟通了几次，小李考虑到挖掘寄养需求的可能性和提高收费标准的可能性不大，同意将寄养收入目标降低至200万元，平均入住率达到22%左右即可完成目标。也可以通过降低每个笼位每日的寄养费用提高笼位占有率的办法实现目标。美容中心的小王觉得完成300万元问题不大，现有的三个工作位大约每天能接收30只动物，动物主人经常需要排队等候，如果能增加一个工作位，每年还可以再多收入100万元。小李认为诊疗收入的可塑空间比较大，加强市场宣传的效果会比较明显，所以实现1 200万元收入并不十分困难。

小李参考上年每个月病例情况（图2–3）制定了今年的月度收入目标（表2–1）。

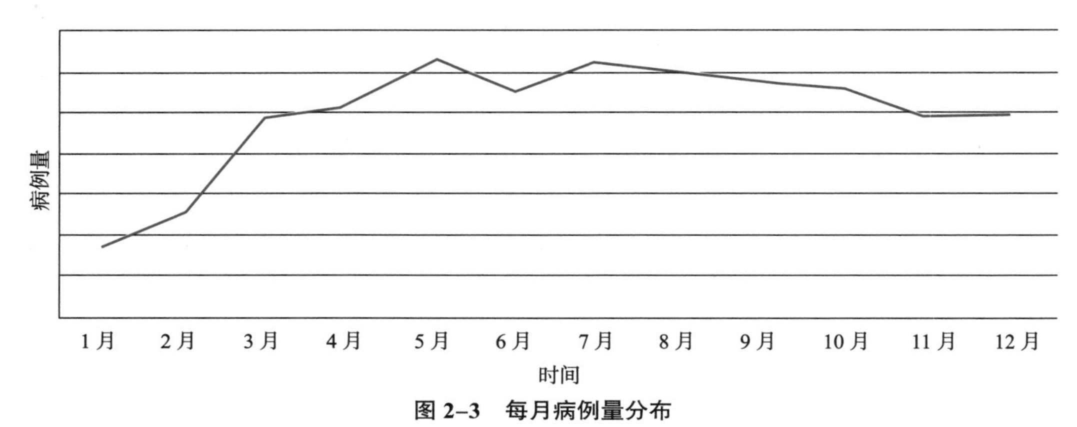

图2–3　每月病例量分布

表2–1　全年收入目标分解　　万元

月份	诊疗收入	美容收入	寄养收入	会员收入	娱乐中心收入
1月	75	22	14	19	5
2月	81	21	19	15	7
3月	105	23	15	15	8.5
4月	100	24	17	15	8.5
5月	110	26	18.5	18.5	9
6月	104	27	17	17	8.5
7月	109	28	16	16	9
8月	108	28	18	18	10
9月	106	27	17.5	16	11
10月	104	26	19	18	10
11月	99	24	14	16.5	9
12月	99	24	15	16.5	4
合计	1 200	300	200	200.5	99.5

从表 2–1 可以看出，病例量的分布和季节有一定关系。诊疗收入、美容收入和娱乐收入与季节的相关性最大。春夏季天气晴好，小动物外出活动的机会多，美容和娱乐的需求多，同时动物外伤和患感染性疾病的概率就会增加；秋冬季天气转凉，小动物外出的机会减少，适合年轻的小动物绝育。

寄养收入和会员收入则与人类的社会活动有很大关系，对于中国人，春节、五一劳动节和国庆节等假期对整个社会经济都会产生深远的影响。动物主人假期外出，小动物寄养的需求增加。对于不外出的动物主人，商家集中促销，还会吸引一批会员。

第二节　资源配置方案

公司根据目标分解和组织实施方案情况对资源进行配置，确保各个职能和业务模块的目标有充足的资源保障。组织实施方案的基础是资源合理配置，以尽量少的资源投入，确保每个职能、业务模块实现子目标。资源包括：资金、人员、物资、技术、市场、管理等等。之所以叫作资源，是因为它们不是可以无限消耗的，有些甚至是稀缺的。当公司内部一种资源不足时，可以通过另一些资源从外部获取，但相应会产生机会成本。公司为从事某项经营活动而放弃另一项经营活动的机会，或耗用资源获取某项收入而放弃另一项收入，另一项经营活动应取得的收益或另一项收入即为正在从事的经营活动和正在获取收入的机会成本。

通常资源配置方案包含人力资源、物资、市场营销和资金几个部分。这几类资源在数量、质量、时间三个维度上更容易定义。而技术、管理等无形资源的变通性更强，一般只做概念性描述。

◇ 人力资源配置

可能是为方案配备了新的人员，也可能是原有人员调整分工，增加了与方案相关的工作量。人力资源的投入意味着人力成本和相应机会成本的增加。比如，因为要支付新聘用人员报酬而占用了部分资金，或者有些人因为要分担与方案有关的工作而相应减少了其他工作。

◇ 物资配置

场地、设备、物料、工具等有形资产属于物资范畴，是实施方案的物质保障。场地建设，设备、物料、工具的调用或采购，需要投入一定的人力，投入时间、资金，凭借专门知识才能做到。

◇ 市场营销

实施方案需要被消费者获悉、了解并接受，才能最终将投入转化为产出，这就需要借助媒体发布、广告宣传、促销活动等市场营销手段，同样需要投入一定的人力，投入时间和资金，凭借专门知识才能做到。

◇ 资金预算

无论何种形式的资源投入，最终都要以资金的形式去衡量和体现。一般财务管理需要以年度为单位制定财务预算。资源配置方案中资金预算和财务预算是有所区别的。所以不能因为有正常的财务预算而忽视了资源配置方案中的资金预算（表 2–2）。

表 2–2 资金分配预算与财务预算的区别

项目	资金预算	财务预算
周期不同	预算跨越整个计划实施的周期	以年度为周期
要求不同	计划相关的细节、局部数据，需要细化到各个职能 / 业务模块	涉及公司层面的宏观、全面数据
目的不同	计划周期内尽快实现盈亏平衡，周期结束时实现较低的投入产出比	体现资产增值情况、盈利能力、现金流动情况
核算方法不同	只考虑计划直接相关成本、费用	包含直接成本、费用，间接成本、费用，以及各项摊销、税金等
考量点不同	周期内增量数据	周期末时点数据

案例 2–2 项目预算

为了实现今年的营业目标，小李计划对美容中心重新装修，添置部分诊疗设备，加大市场宣传和促销活动力度。这些举措会导致成本和费用增加将近 300 万元，虽然营业收入会有所增加，净利润则基本与上年持平（表 2–3）。

表 2–3 资金预算

万元

项目	上年实际	本年预算	变动	备注
营业收入	1 500	1 800	+300	
其中：会员费	150	200	+50	
诊疗业务	825	900	+75	
美容业务	300	400	+100	增加一个美容工位
寄养业务	150	200	+50	
娱乐业务	75	100	+25	
营业成本	560	720	+160	
其中：会员服务	50	60	+10	
诊疗业务	300	400	+100	
美容业务	150	190	+40	增加一名美容师
寄养业务	20	20	0	

续表 2-3

项目	上年实际	本年预算	变动	备注
娱乐业务	40	50	+10	
营业费用	290	415	+125	
其中：销售费用	80	180	+100	增加广告、装修、设备购置费用
管理费用	200	220	+20	
财务费用	10	15	+5	
利润总额	650	665	+15	
税金及附加	200	220	+20	
净利润	450	465	+15	

第三节　组织实施方案

为了保证实现目标，各职能、业务模块或个人应该制订具体实施方案。公司根据各职能、业务模块或个人的实施方案综合考量资源配置和保障措施，必要时调整公司整体目标，最终汇总形成公司计划的实施方案。实施方案的核心是利用资源实现目标的方法、步骤和要求等。

比如从甲地到乙地的方案，有火车、汽车、飞机等方式可选，有直达、中转等途径可选，有时间、舒适性、携带行李重量等要求，这些都明确了就成为可以付诸实践的方案了。

各职能和业务模块的实施方案一般包含以下要素：

◇ 时间

无论是人力资源、财务、生产还是市场的实施计划，都服务于公司的整体运营计划，各个实施计划应协调统一，步调一致。每个实施计划必须明确时间节点，各个实施计划在时间节点的设置上要相互应和。

◇ 方法

在时间节点一致的基础上，各个职能和业务模块的实施计划按照各个领域的专业特点制定方法。方法是完成任务或达成目标的手段，有了方法就明白了该怎样做事和如何达成目标。

◇ 步骤

步骤是完成任务或达成目标的途径，有了步骤，就明白了达成目标的途径。步骤包含构成、顺序、缓急的含义。以财务实施计划为例，生产、人员、物料、市场都需要资金，是先筹措资金，还是优先拨付资金给最急需的部门，拨给谁才是最合适的，这都是财务部门负责人要斟酌的问题。

◇ 标准

标准在实施计划中的作用非常重要，却在实践中经常被忽视。标准不同于方法之处在于，方法告诉你如何做事，标准告诉你同样是做事，但是章法不同、结果不同。标准代表着经过检验，被公认为是最佳的准则。标准可以用于衡量做事做得是否得法，结果有几分达到预期。

实施方案实质上就是排除可能的不确定因素，把需要明确的都明确了，然后照着做就可以了。当然，这是理想化的状态。市场环境的千变万化如同自然界的变幻莫测，时而风平浪静，时而暴风骤雨。实施方案无法尽善尽美，所以，要在实施过程中对可控范围的变化灵活处置，也要有针对常规乃至非常规情况发生时的保障措施。

案例 2-3　组织实施方案

小王为美容业务模块制定了如下实施方案：

在维持服务水平不下降的前提下提高服务效率，减少客户平均等候时间；改善美容中心设施和环境，提升客户满意度；加强市场营销，开发现有客户美容需求同时开发新客户。实现本业务模块年营业收入 400 万元。

具体方法为：对美容中心重新装修，空间重新布局，增加一个工作台位，招聘一名技术熟练的美容师；开发现有客户需求，为非会员免疫客户提供美容、免疫套餐；提升服务质量，为等候时间可能超过 30 min 的客户免费除耳螨，为等候时间可能超过 1 h 的客户提供免费宠物娱乐项目体验或基础体格检查；开发新客户，为推荐新的美容客户、分享宠物美容照的会员提供答谢服务，为新客户提供免费保健或娱乐体验。

第四节　保障措施

保障措施和资源配置方案一样是运营计划不可或缺的部分，是为了保障实施方案有效落实和目标顺利实现而采取的措施。与资源配置方案不同的是，保障措施的侧重点不在于资源投入，而在于管理投入。

保障措施涉及经营环境、技术、质量及安全和健康等方面。运营计划的制订和实现都是基于一定前提条件的，比如公司应该在正常经营状态，具有相应的技术基础或必要时可以获取外部技术支持，对方案实施过程中质量、安全、健康、环境有相应的监控手段，出现危机情况时有相应的解决方案等，确保计划不因为意外情况中断执行。

案例 2-4 保障措施

为了保障美容业务顺利开展，小王制定了如下保障措施：

① 制订了对美容师定期进行培训和考核的计划，对出现技术退步或考核不合格的美容师停职进行培训。

② 安排每日负责人对美容师工作进行监督和检查，发现问题及时纠正或补救，对无法令动物主人满意的服务给予折让或免费处理。

③ 完善美容区域卫生、消毒措施，安排每日负责人进行监督检查。

④ 制定宠物伤人或是发生纠纷的处置预案。

⑤ 针对医院诊疗环境开展职业危害因素检测和员工职业健康监测。

⑥ 加强医院排污水、医疗垃圾、病死动物尸体等可能造成公共危害的因素监控。包括定期维护水处理设备，检查水质；与专业医疗垃圾清运和病死动物无害化处理机构签订清运协议和处理协议。

第三章 动物医院运营

动物医院处于不同的发展阶段有不同的指标层级，如同马斯洛关于人的需求理论一样，运营指标包含四个层级，依次是安全、秩序、效率和效益（图 3–1）。

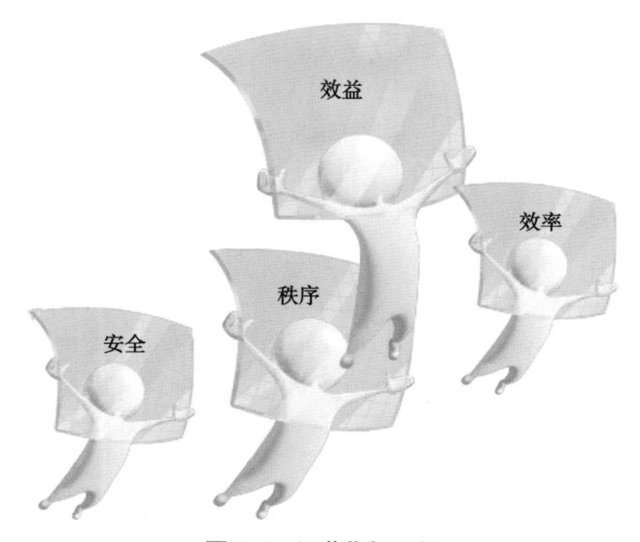

图 3–1　运营指标层级

安全

运营的首要需求是安全，安全是公司一切过程和结果的保障。安全出现问题意味着生产和服务环节的停摆，甚至公司中断运营，这对公司经营者来说是致命的，是无法用金钱衡量的损失。安全问题还会扩散、影响公司的形象，导致恶劣的社会影响，有些后果永远无法挽回。动物医院的安全体现在诊疗活动、环境卫生、职业卫生、经济活动、市场活动等各个领域。遵守法律、恪守道德、尊重经济规律是公司经营活动安全的必要保障。

◇ 秩序

秩序是保障公司一切过程正常进行的基础，整齐划一、秩序井然是公司内部应该呈现的正常状态。组织机构越庞大，对秩序的需求越高。维系社会秩序依靠法律，维持公司内部秩序依靠规章制度。规章制度是内部控制体系的公文化表现，内部控制体系是公司内部自我检查、制约和调整的机制。内部控制体系的完善与否直接标志着运营水平的高低。规章制度按照属性可以分为说明、规定、标准等类别，实践当中又按照职能和业务模块去划分。比如，人事制度、财务制度、办公室制度等是适用于全公司的制度；销售管理制度、采购制度、服务标准、消毒流程等是适用于某一业务模块的制度，对业务模块以外的人员不起作用。

◇ 效率

效率是在同样资源投入的情况下，对产出和服务的数量、质量、创造价值的衡量。追求高效率是追求卓越的表现，当竞争达到一定程度时，公司必须通过提高效率获取竞争优势。

◇ 效益

效益是在同样资源投入的情况下，对产出价值与投入价值的对比衡量。高效率不代表一定会获得高效益，首先获得高效率要付出一定的经济投入，其次，决定产出价值的除了效率因素，还有成本控制、技术变革等因素。高效益意味着公司的运营状态良好，已经获得了一定的竞争优势。

动物医院传统的业务模式有诊疗、美容、寄养、宠物相关商品销售等，近年来又出现了咨询 / 培训、商业实验室等新兴业务模式。动物医院的诊疗、美容、寄养等业务，实质都是在以服务小动物的市场内开展的经营活动为主，都可以划分在主营业务里。主营业务收入占总营业收入的比例应该达到 50% 以上才是合理的，如果主营业务收入占比偏低，说明公司的工作重心分散，或者说公司在完全异质的市场内经营不同的业务。动物医院的技术咨询服务和商品销售业务则要区分具体情况。技术咨询服务如果针对宠物行为咨询，可以考虑放入主营业务，如果是针对兽医技术咨询，可以放入其他业务。商品销售针对的也是小动物，但不属于服务，而是属于商业零售，一般归类为其他业务。

关于动物医院是否发展多元化经营，需要视医院的资源、经营状况、战略规划和领导人等具体情况而定。在单一领域内经营，可以集中资源、心无旁骛；多元化经营，可以资源集约，市场共享。多元化经营是一把双刃剑，企业需要量力而行，一般的企业发展规律是当企业发展到一定规模时，就会选择多元化经营的道路（图 3–2）。然而，也有很多在单一领域经营成功的企业，没落在多元化的道路上的案例。

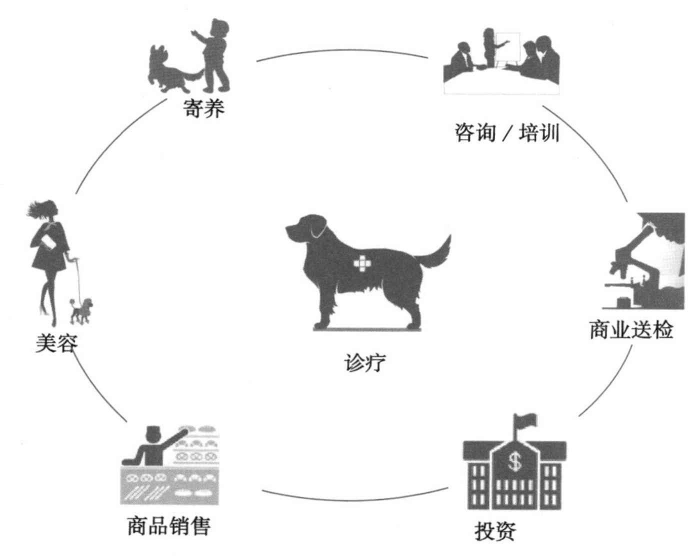

图 3-2　动物医院的多元化经营

第一节　诊疗服务运营

一、诊疗服务开展的条件

诊疗服务是动物医院最基本的职能，属于主营业务，在资源投入、成本占用、收入贡献和管理工作中所占的比例都是最大的。动物医院开展诊疗服务首先要具备以下条件。

1. 经营环境

从经营角度，有些业务的开展需要专门的管理部门核发许可证。行政许可是政府管理部门对从事特定活动的企业进行审核资格并准予其开展活动的行为。

许可证有前置和后置两种，前置许可证件是指当事人在办理当前许可事项时，必须持有上一环节的许可证件。为了提高行政审批效率，2015 年，国家工商总局下发《工商登记前置审批事项目录》，将一部分前置许可事项改为后置许可，有一部分先（许可）证后（营业执）照的审批项目变为先（营业执）照后（许可）证。诊疗许可证、药品生产许可证、药品经营许可证、排污许可证、放射安全许可证等均属于由前置许可调整为后置许可的审批项目。2017 年，国家工商总局再次对《工商登记前置审批事项目录》进行调整。

其实从本质上，前置许可和后置许可并没有差异，后置许可虽然可以放在公司申请营业执照之后再申请审批，但是在正式通过审批获得政府颁发的许可前，企业不能开展经营活动。

实践当中，有些动物医院的经营者心存侥幸，在没有申领许可甚至工商执照的情况下就开展诊疗活动，这是对企业和社会极不负责任的行为。2017 年国务院第 684 号令《无证无照经营查处办法》中对无证、照经营的处罚方法做出了明确规定。

动物医院涉及的主要许可、核准项目包括：动物卫生监督机构核发的动物诊疗许可证，经营兽药的还需要动物卫生监督机构核发兽药经营许可证，环保部门核准的项目环境影响评价，开展放射检查业务的医院还要申领环保部门核发的辐射安全许可证。

（1）动物诊疗许可证

农业部于 2008 年根据《中华人民共和国动物防疫法》制定下发的《动物诊疗机构管理办法》（2016 年修订），其中第五条、第六条、第七条中关于动物诊疗许可证的申领条件规定见表 3–1。

表 3–1　动物诊疗许可证申领条件

申请设立动物诊疗机构的，应当具备下列条件：
（一）有固定的动物诊疗场所，动物诊疗场所使用面积符合省、自治区、直辖市人民政府兽医主管部门的规定； （二）动物诊疗场所选址距离畜禽养殖场、屠宰加工场、动物交易场所不少于 200 m； （三）动物诊疗场所设有独立的出入口，出入口不得设在居民住宅楼内或者院内，不得与同一建筑物的其他用户共用通道； （四）具有布局合理的诊疗室、手术室、药房等设施； （五）具有诊断、手术、消毒、冷藏、常规化验、污水处理等器械设备； （六）具有 1 名以上取得执业兽医师资格证书的人员； （七）具有完善的诊疗服务、疫情报告、卫生消毒、兽药处方、药物和无害化处理等管理制度。
动物诊疗机构从事动物颅腔、胸腔和腹腔手术的，除具备本办法第五条规定的条件外，还应当具备以下条件：
（一）具有手术台、X 光机或者 B 超等器械设备； （二）具有 3 名以上取得执业兽医师资格证书的人员。
设立动物诊疗机构，应当向动物诊疗场所所在地的发证机关提出申请，并提交下列材料：
（一）动物诊疗许可证申请表； （二）动物诊疗场所地理方位图、室内平面图和各功能区布局图； （三）动物诊疗场所使用权证明； （四）法定代表人（负责人）身份证明； （五）执业兽医师资格证书原件及复印件； （六）设施设备清单； （七）管理制度文本； （八）执业兽医和服务人员的健康证明材料。

（2）兽药经营许可证

兽药在诊疗机构中扮演的角色是生产资料，在兽药流通领域扮演的角色是商品，二者的意义截然不同。兽药在诊疗环节通过处方才能到达动物主人手中，在兽药流通环节虽然最终的去向也是动物主人，但是要经过更多环节。兽药的质量关系到动物安全，所以国家对兽药流通进行严格监管。

《兽药管理条例》（简称《条例》）于 2004 年由国务院第 45 次常务会议通过，2004 年 11 月 1 日起施行，现行《兽药管理条例》是在 2016 年 2 月 6 日修订后颁布的。

《条例》中第二十二条对于兽药经营的规定如下：

经营兽药的企业，应当具备下列条件：（一）与所经营的兽药相适应的兽药技术人员；（二）与所经营的兽药相适应的营业场所、设备、仓库设施；（三）与所经营的兽药相适应的质量管理机构或者人员；（四）兽药经营质量管理规范规定的其他经营条件。符合前款规定条件的，申请人方可向市、县人民政府兽医行政管理部门提出申请，并附具符合前款规定条件的证明材料；经营兽用生物制品的，应当向省（自治区、直辖市）人民政府兽医行政管理部门提出申请，并附具符合前款规定条件的证明材料。县级以上地方人民政府兽医行政管理部门，应当自收到申请之日起 30 个工作日内完成审查。审查合格的，发给兽药经营许可证；不合格的，应当书面通知申请人。

（3）项目环境影响评价

根据《中华人民共和国环境影响评价法》第三条规定："在中华人民共和国领域和中华人民共和国管辖的其他海域内建设对环境有影响的项目，应当依照本法进行环境影响评价。"

建设单位依据项目对环境影响的程度不同，编制环境影响报告书、环境影响报告表或环境影响登记表。动物医院属于可能对环境造成轻度影响的，应当编制环境影响报告表，对产生的环境影响进行分析或者专项评价，参见国家环保局《建设项目环境影响评价分类管理名录》。

环境影响报告书或者环境影响报告表应由建设单位委托具备甲级环境影响评价资质的机构编制。编制环境影响报告表应包含以下内容：

- 建设项目概况；
- 建设项目周围环境现状；
- 建设项目对环境可能造成影响的分析、预测和评估；
- 建设项目环境保护措施及其技术、经济论证；
- 建设项目对环境影响的经济损益分析；
- 对建设项目实施环境监测的建议；
- 环境影响评价的结论。

动物医院向所在区县的环保局提交项目环境影响评价文件申请，经审查通过的建设项目，环保总局做出予以批准的决定，并书面批复。

（4）辐射安全许可证

对于使用Ⅲ类及以上（Ⅱ类、Ⅰ类）射线装置的动物医院，还需要向环保部门申领"辐射安全许可证"。

根据放射源、射线装置对人体健康和环境的潜在危害程度，从高到低将放射源分为Ⅰ类、Ⅱ类、Ⅲ类、Ⅳ类、Ⅴ类。

Ⅰ类放射源属极危险源。没有防护情况下，接触这类源几分钟到 1 h 就可致人死亡。

Ⅱ类放射源属高危险源。没有防护情况下，接触这类源几小时至几天可以致人死亡。

Ⅲ类放射源属中危险源。没有防护情况下，接触这类源几小时就可对人造成永久性损伤，接触几天至几周也可致人死亡。上述三类放射源为危险放射源。

Ⅳ类放射源属低危险源。基本不会对人造成永久性损伤，但对长时间、近距离接触这些放射源的人可能造成可恢复的临时性损伤。

V类放射源属极低危险源。不会对人造成永久性损伤。

如果动物医院在未获得上述许可的情况下贸然开业或开展业务，轻则面临行政处罚，重则被吊销营业执照，所以不建议动物医院经营者以身试险。表3–2列出“辐射安全许可证”的申领资料。

动物医院每新增一台Ⅲ类以上射线装置，都要向环保部门备案，见《建设项目环境影响评价分类管理名录》。以Ⅲ类射线为例，需提交《新增Ⅲ类射线装置环境影响评价备案表》，重新申领“辐射安全许可证”，设备信息会在“辐射安全许可证”的台账明细登记中有所体现，见表3–3。

表3–2　辐射安全许可证申请资料

1. 辐射安全许可证申请表
2. 企业法人营业执照或事业单位法人证正本复印件及法定代表人身份证复印件
3. 经审批的环境影响评价批复文件
4. 环境保护验收批复文件
5. 已有或拟有放射源和射线装置明细表
6. 防护设施明细
7. 放射人员清单
8. 辐射安全小组及分工
9. 辐射工作培训证书
10. 设备操作规程
11. 设备检测报告
12. 辐射防护和安全保卫制度
13. 培训及演练记录
14. 地形图
15. 放射人员体检报告
16. 计量块检测记录
17. 事故应急措施

“辐射安全许可证”的有效期为五年，到期需要申请延续，存续期间需要进行年度评估。年度评估的目的是对放射设备的使用情况及放射从业人员的身体状况进行监控。

（5）其他事项

动物医院正常开展业务期间，可能还有一些经营条件需要满足。如果没有按要求执行，动物医院仍然会面临行政处罚、许可证吊销，甚至营业执照吊销的严重后果。

- 行政审核事项
  - 营业执照年检
  - 诊疗许可证年检
  - 辐射安全许可证年检
  - 执业兽医师资格年检

表 3–3　环境影响登记表

建设项目环境影响登记表

填表日期：

<table>
<tr><td>项目名称</td><td colspan="3">新增使用一台Ⅲ类射线装置</td></tr>
<tr><td>建设地点</td><td></td><td>建筑面积（m^2）</td><td></td></tr>
<tr><td>建设单位</td><td></td><td>法定代表人</td><td></td></tr>
<tr><td>联系人</td><td></td><td>联系电话</td><td></td></tr>
<tr><td>项目投资（万元）</td><td></td><td>环保投资（万元）</td><td></td></tr>
<tr><td>拟投入生产运营日期</td><td></td><td></td><td></td></tr>
<tr><td>建设性质</td><td>扩建</td><td></td><td></td></tr>
<tr><td>备案依据</td><td colspan="3">该项目属于《建设项目环境影响评价分类管理名录》中应当填报环境影响登记表的建设项目，属于 191 核技术利用建设项目（不含在已许可场所增加不超出许可活动类和不高于已许可范围等级的核素或射线装置）项中销售Ⅰ类、Ⅱ类、Ⅲ类、Ⅳ类、Ⅴ类放射源的；使用Ⅳ类、Ⅴ类放射源的；销售非密封放射性物质的；销售Ⅱ类射线装置的；生产、销售、使用Ⅲ类射线装置的。</td></tr>
<tr><td>建设内容及规模</td><td colspan="3">1. 本项目位于北京市海淀区圆明园西路 2 号中国农业大学北门兽医楼影一层C形臂手术室，东临储藏室、西临过道、南临过道、北临 3 号手术室，所处区域为单层建筑。2. 本项目为新增一台射线装置：Ⅲ类数量 1；装置名称：移动 C 形臂 X 光机，球管最大管电流 21 mA，最大管电压 110 kV，发生器功率 2.3 kW。3. 用于骨科手术应用和临床研究，年用量约 500 次 / 年。生产厂家：中国 / 飞利浦医疗（苏州）有限公司。</td></tr>
<tr><td>主要环境影响</td><td>辐射环境影响</td><td>采取的环保措施及排放去向</td><td>环保措施：1. 监测计划按规定定期进行工作人员个人剂量和工作场所辐射水平监测。2. 拟采取的污染防治措施（1）建立辐射安全管理机构，负责本单位的辐射管理工作。（2）按照有关法律法规要求，制定操作规程、岗位职责、辐射防护和安全保卫、设备检修维护、人员培训、监测方案、辐射应急等规章制度。（3）机房全面防护，各面 360 mm 砖墙及顶棚加 3 mm 铅（Pb）内墙防护，电动防射线门，100 mm 铅玻璃。（4）各项辐射防护设施完备，门机灯链锁，警示标识。（5）防护用品完备，包括测试笔、铅衣、铅帽、眼镜、手套等。</td></tr>
<tr><td colspan="4">承诺：______________________承诺所填写各项内容真实、准确、完整，建设项目符合《建设项目环境影响登记表备案管理办法》的规定。如存在弄虚作假、隐瞒欺骗等情况及由此导致的一切后果由______________________承担全部责任。
法定代表人或主要负责人签字：______________</td></tr>
<tr><td colspan="4">备案回执：该项目环境影响登记表已经完成备案，备案号：______________________</td></tr>
</table>

- 执业 / 岗位资格培训
  - 注册执业兽医师培训
  - 辐射工作人员安全防护培训
  - 职业卫生管理岗位培训
  - 安全管理人员岗位培训
- 提交统计数据
  - 医疗垃圾清运
  - 动物尸体无害化处理
  - 动物疫病处置和报告

2. 硬件条件

动物医院开展诊疗服务，还需要足够的空间、设施、诊疗设备等硬件条件。营业面积大小直接影响经营成本，空间过大显然会造成浪费，过小则无法容纳足够的设备、工作人员和顾客，同时降低工作和就诊环境的舒适度。所以衡量动物医院的效益时，不仅要有人均创造效益的衡量指标，还要有单位面积和单位固定资产投入创造效益等衡量指标。

一般社区动物医院的面积在 100 ～ 300 m^2，小于 100 m^2 的店面几乎不太可能满足一般的诊疗和舒适度需求。综合性动物医院的面积一般在 500 m^2 以上，才有可能实现门诊分科，影像、化验等实验室诊断，以及处置、手术、住院等治疗功能。

诊疗设备的种类繁多，同类设备的价格差异也很大，见表 3–4。考虑实用性和成本因素，一般动物医院会根据经营发展情况逐渐添置和更新设备。

表 3–4　主要设备一览表

设备类别	设备名称	设备类别	设备名称
一般设备	检查台	影像设备	X 光机
	体重秤		B 超仪
	输液泵		CT
	消毒锅		核磁
化学实验室设备	生物显微镜	外科设备	手术台
	离心机		无影灯
	五分类		手术电刀 / 钻 / 锯
	血气分析仪		内窥镜
	血球仪		C 形臂
	尿检仪	检查设备	血压计
	酶标仪		检眼 / 耳镜
	生物组织包埋机、切片机、烤片机、压片机		超声乳化仪
	生物组织多功能处理机		心电图仪

续表 3-4

设备类别	设备名称	设备类别	设备名称
化学实验室设备	超净台	麻醉设备	麻醉机
	电解质分析仪		监护仪
	电子显微镜	抢救设备	温毯机
	激素分析仪		心肺复苏仪
	生化分析仪		ICU 仓
	结石分析仪		血透仪

3. 软件条件

动物医院开展诊疗业务的软件条件包含以人为中心的所有与人相关的因素，例如，业务范围、技术水平、管理层次等。既有直接从事诊疗的执业医师，又有从事辅助性工作的助理人员，以及从事管理工作的管理人员。出于实用性和成本考虑，动物医院会根据业务扩展情况不断设置新的岗位而增加人员。图 3-3 显示了动物医院不同发展阶段的职能和岗位需求。

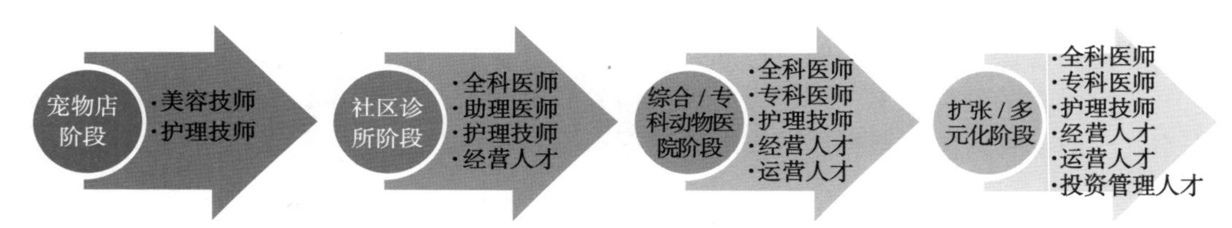

图 3-3　动物医院各发展阶段的人才需求

（1）宠物店阶段

宠物店提供美容、寄养和宠物用品销售服务，可能包含部分预防、保健的职能，但是没有真正步入动物医院的阶段。宠物店对于人才的需求局限于美容技师、护理技师等应用型人才。

（2）社区诊所阶段

社区动物医院是动物医疗体系金字塔的基础，在医院数量上占据了绝大多数，社区动物医院面向社区提供基础的动物医疗服务，每家医院对人才的需求可能只是几名医生和几名助理。社区医院需要具备管理职能，但是不一定需要配备专门的管理人才。

社区动物医院在病例量以及客单价上和综合性动物医院毫无可比性，但是两者是不同市场中的活动主体，所以不存在本质的竞争关系。动物主人可以选择就近的社区动物医院为宠物免疫驱虫，也可以去综合性动物医院去给宠物看病，各自有各自的生存空间。

（3）综合 / 专科动物医院阶段

当动物医院扩大到一定规模，实验室、手术室等功能独立，医院会聘用专业的检验师、影像技师、手术技师和麻醉师。门诊出现专科划分，就会聘请更多专科医生，同时建立自己的住院医培养体系。

综合性动物医院或专科医院的人员数量更多，业务模块更加完善，对人员调配和部门协作的要求更高，所以对管理体系的要求远远高于社区动物医院。表 3–5 是社区动物医院和综合性动物医院的对比情况。

表 3–5　社区动物医院和综合性动物医院对比

项目	社区动物医院 A	综合性动物医院 B
医师人数	5 人	30 人
病例量	20 例 / 日	100 例 / 日
数量 Top 5 项目	免疫、驱虫、绝育、皮肤病、外伤处置	慢性病、心脏病、生殖系统疾病、肿瘤、骨科疾病
收入 Top 5 项目	免疫、驱虫、绝育、皮肤病、外伤处置	皮肤病、口腔疾病、眼科疾病、肿瘤、血液疾病
客单价	500 元 / 单	1 000 元 / 单
年收入	3 500 000 元	35 000 000 元
人工成本	1 500 000 元	10 000 000 元
设备费	500 000 元	5 000 000 元
耗材费	500 000 元	5 000 000 元
房租	500 000 元	2 200 000 元
其他费用	200 000 元	5 000 000 元
年利润	300 000 元	7 800 000 元

（4）扩张 / 多元化阶段

当医院完成原始资本积累，进入扩大再生产阶段，医院需要有专门的人才对多元化经营和对外投资活动进行管理，因此需要更专业的管理人才，见表 3–6。

经营人才、运营人才、投资管理人才都属于管理人才，只是在管理的对象和追求的目标有所不同，他们有别于动物医院一般的管理人员。

表 3–6　管理人才的分类

项目	管理人员	经营人才	运营人才	投资管理人才
管理对象	管理某个职能模块或业务范围	企业内部资源的运用和价值转化过程	企业内、外部资源的运用和价值转化、传递过程	投资项目的资源投入与价值增值
管理目标	职能或业务模块的安全、秩序、效率和效益	追求企业内部整体的安全、秩序、效率和效益	追求企业在市场活动中的安全、秩序、效率和效益	尽可能小的投入产出比
管理手段	计划、实施、检查、处置	计划、实施、检查、处置	计划、实施、检查、处置	投资人对项目收入进行预估，投资人可能不参与企业的经营活动，但对经营结果进行检查，并运用股东权利迫使经营者改进

二、诊疗服务流程

工作流程是指构成完整工作的各环节的安排次序。通常只有完成一个环节才能进入下一个环节，或经过选择条件判定应该进入哪一个环节。

动物医院有多少个业务模块，就存在多少个工作流程，每一个业务模块也可能包含若干个子流程。图 3–4 所示是一个完整的诊疗服务流程，底色区域部分属于门诊流程，白色区域属于住院流程。即便没有独立的住院部或某些医技部门，也不影响对流程图其他部分的解读。诊疗服务也可以形成一个独立的挂号就诊流程，见图 3–5。

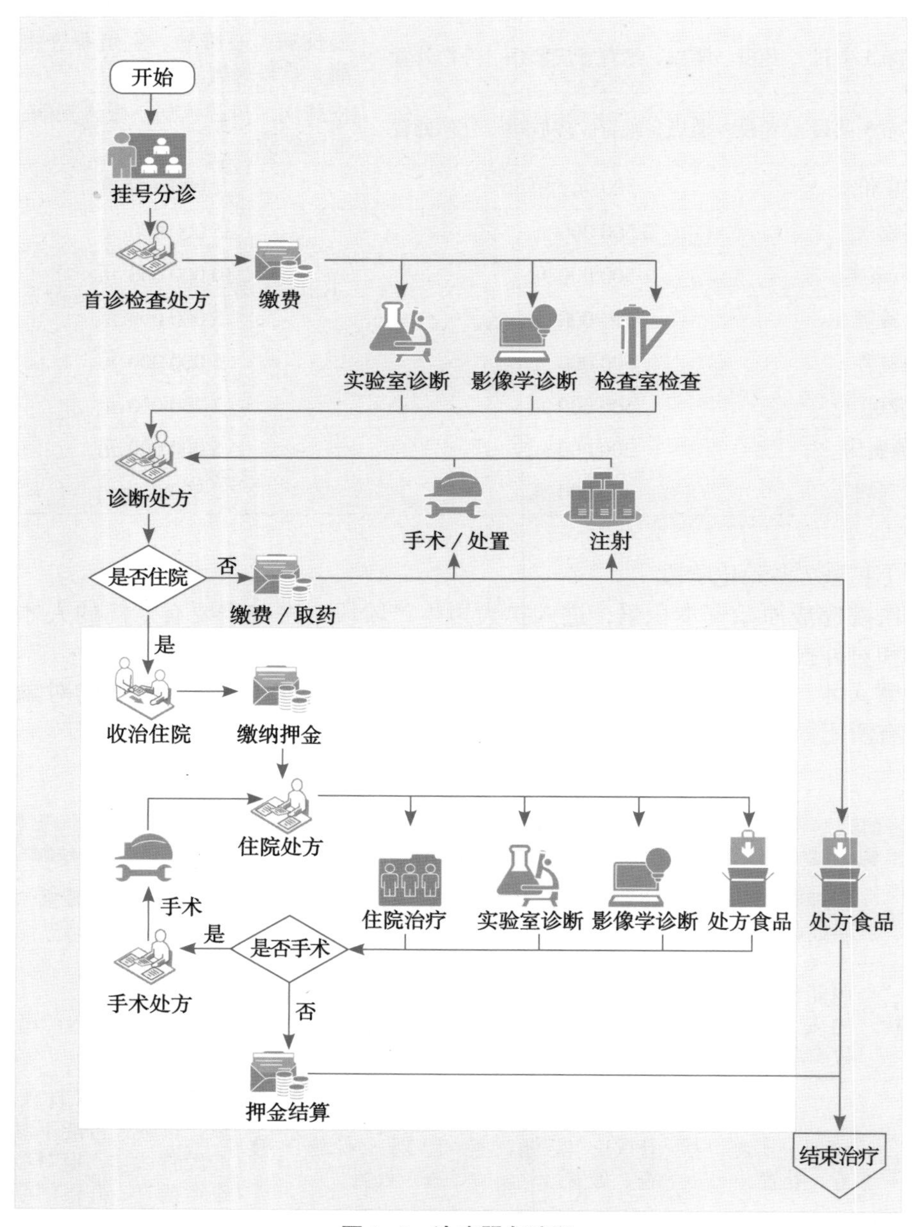

图 3–4　诊疗服务流程

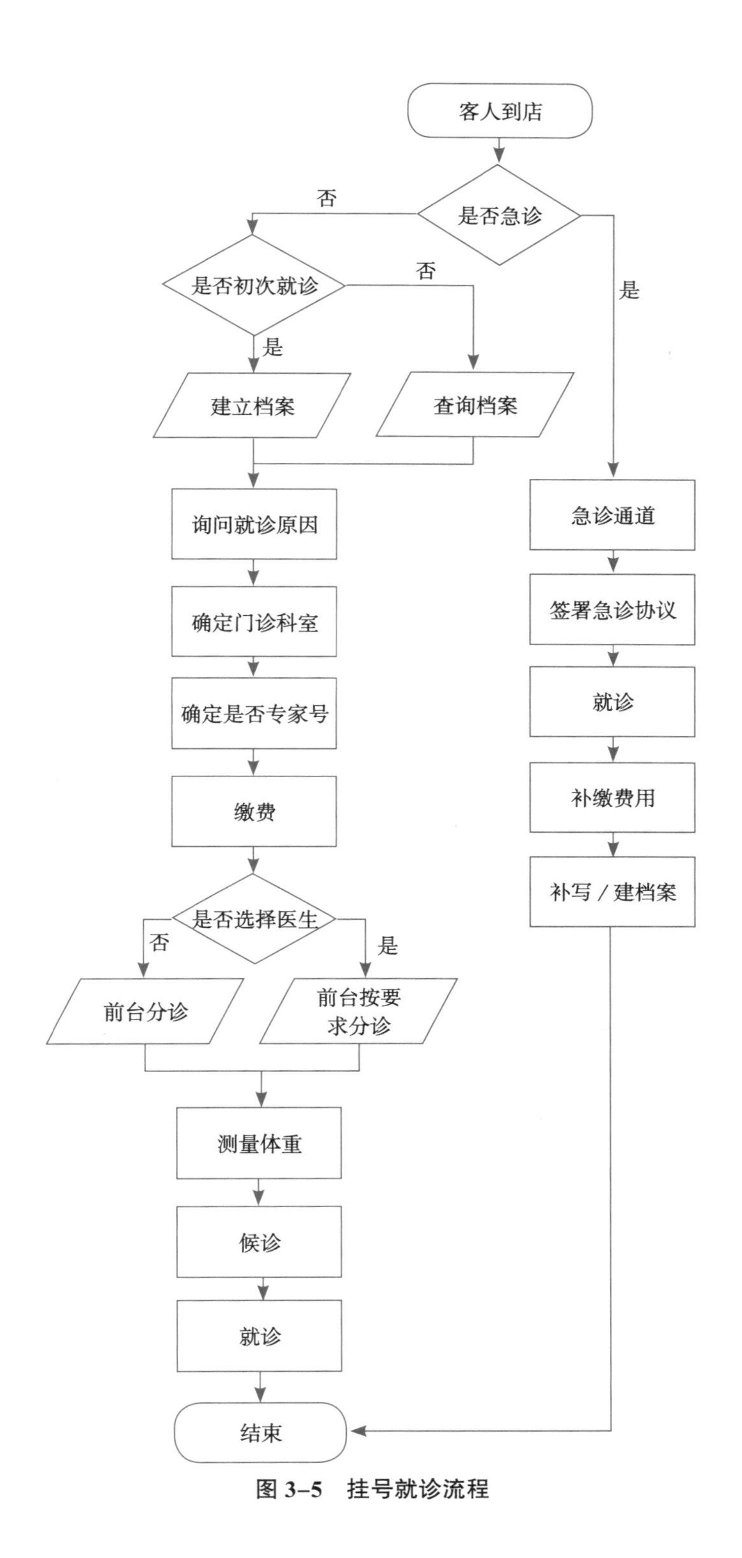
客人到店
是否急诊
否
是
是否初次就诊
否
是
建立档案
查询档案
询问就诊原因
确定门诊科室
确定是否专家号
缴费
是否选择医生
否
是
前台分诊
前台按要求分诊
测量体重
候诊
就诊
结束
急诊通道
签署急诊协议
就诊
补缴费用
补写 / 建档案

图 3–5　挂号就诊流程

诊疗服务的内容，除了字面上的“诊”和“疗”外，还有两个重要的部分——“预防”和“保健”。

动物医院的诊疗服务宏观上可以分为健康门诊、门诊、急诊和住院几个大类，见表 3–7。健康门诊顾名思义只服务健康动物，避免交叉感染。健康门诊又包括疾病预防和保健两项二级分类。

目前医院比较通行的做法是将诊疗业务和非诊疗业务明确分区，比如美容、寄养服务的区域，人员不与医疗服务的区域的人员交叉。但是在诊疗服务业务内并没有明确将健康门诊加以区别。健康门诊针对健康动物的疾病预防和保健需求。伴随宠物行业的发展，科学养宠知识进一步普及，健康动物的疾病预防和保健的市场份额将逐渐扩大。

表 3–7　诊疗服务项目的主要分类

分类	二级分类	内容	科室
健康门诊	预防	疫苗	免疫室
		驱虫	健康门诊
	保健	体格检查	检查室
		营养	门诊
		洁牙	牙科
门诊	问诊	普通门诊	诊室
	检查	影像学诊断	影像科
		介入检查	影像科
	治疗	一般处置	处置室
		介入治疗	手术室
		手术治疗	手术室
		输液治疗	输液室
		药物治疗	—
		针灸 / 康复治疗	康复室
急诊	问诊	夜间 / 紧急 / 危重门诊	诊室
	抢救	紧急 / 危重抢救	急救室
住院	检查	住院检查	住院部
	治疗	住院治疗	住院部

三、价值与价值传递

这里为什么不讲供应链而讲价值链？因为供应链只是公司生产中有形产品的生产和流动过程。价值链的含义更为广泛，是附着在有形产品的生产和流动过程中价值的增值和传递过程（图 3–6）。这是一个常见的产品价值的增值和传递过程。产品的价值传递由供应商提供原材料、设备的价值开始，附加了供应商的服务价值后，传递给工厂；工厂组织人员对原材料进行加工生产，控制工艺和质量，生产出具有某些使用性能的产品；产品由分销商进行分销并提供售后服务。三个环节里既有有形的物质投入和劳动投入，也有无形的品牌价值增值。

图 3–6　价值的增值和传递过程

诊疗服务的环节虽然有所不同，但是原理相似。诊疗服务的过程，就是价值增值和传递的过程。同样是既有有形物质的投入和劳动投入，也有无形的品牌价值增值。在理想的诊疗服务过程中，每个环节都有存在的意义，每个环节工作者的劳动都为价值传递和增值做出了贡献，只是由于分工不同导致每个人为价值增值所做的贡献不同。在实践当中，存在一些环节是不必要的，或是必要但不增值的，在持续的改进过程中这些环节可能会慢慢消亡。

值得注意的是，并不是动物医院所有人员都参与到诊疗服务过程，有些人在从事其他业务活动，有些人不参与任何业务活动，比如管理人员。管理人员对从事业务活动的人员进行管理，对业务环节中流通的资金进行管理，对业务生产需要的厂房、设备、物资进行管理，他们虽然不参与业务活动，但是保障了整个公司的正常运转和各个业务模块之间的衔接配合。没有管理工作，很难保障业务工作的顺利开展。所以，不论你是否直接将劳动成果呈现给客户，不管客户能否感受到你付出了劳动，公司中每个人都在为价值传递与增值做贡献。只不过有些人做的是直接贡献，有些人做的是间接贡献。从成本费用划分上，与产品 / 服务直接相关的属于直接成本和直接费用，否则属于间接成本和间接费用。产品价值的增值程度与直接成本与否，或者成本多少并不完全相关。

价值增值的内容非常广泛，除了通常意义上的经济活动导致的价值增值，还包括无形资产、技术含量、社会效益、团队能力、管理水平等带来的价值增值。比如技术含量越高的产品，溢价能力越强；同样的产品，有品牌的比没有品牌的产品溢价能力更强。

价值增值和价值传递是并行的两个过程，价值增值是我们可提供的价值，价值传递则决定着最终有多少能被客户接受。价值增值和传递的同步性越好，客户的满意度越高，溢价的可能性也越大。价值传递是依托于产品或服务的功能、样式、形式、品质、品位、品牌、文化等信息，在信息化程度低的情况下，公司要通过产品、服务的传递，让客户产生感官或心理感受，对产品有所认同。在信息高度发达的今天，公司通过产品广告、品牌和文化宣传，让客户对产品知晓、了解和接受，能加速价值传递的效率。

四、诊疗服务运营风险

风险在任何环境中可能发生在任何事务上。风险是一种偶然因素，偶然的背后也包含着必然的因素。也就是说风险并非不可控，在一定程度上是可控的。内部风险评估与控制是企业管理范畴的工作，对于每一个企业都很重要。本书下篇对风险评估与控制有专门论述。

动物医院开展诊疗服务可能涉及的运营风险包括以下几个方面：

1. 安全、环境和健康风险

动物医疗的环境影响问题普遍存在，和人类医疗一样，也有空气、水源、噪声、医疗废物污染。人类医疗相对成熟，医院规模更大更便于监控。动物医院个体小，行业起步晚，对动物医院的监管还远远不到位。

动物医疗体系不同于人的医疗体系，动物疫病的发生概率大，发现及防控难度高，容易造成蔓延和公共危害。因此，开展动物诊疗服务要严格防控疫病，对疫病的筛查、隔离、报告和消毒等措施力求完善。

2. 技术风险

动物医学和人类医学相比，医生掌握技能的难度更大，周期更长。而实际情况是，动物医学从业人员接受高等教育的人员占比远远低于人类医学。高等院校毕业生不足，继续教育体系不完善，导致动物医疗行业的技术风险更大。尽管目前市场上充斥着各种商业机构的培训课程，费用高昂也是不争的事实。

动物医疗的技术风险最终体现在动物疾病误诊率高、治愈率低、死亡率高，动物主人支付的费用高。

3. 人力资源风险

动物医学人才不足，医生疲于奔命忙于工作，忽视学习和生活，导致医生的技术水平衰退，生活质量差；医生工作、学习压力大，工作环境差等因素容易导致行业整体的人才流失率偏高。

4. 医疗纠纷和事故

动物和人类没有可能直接沟通，加之技术问题和人才问题，最终可能导致医疗纠纷或医疗事故发生。每一起纠纷和事故都意味着医院或医生不得不暂停手头的工作，投入精力化解纠纷，还有可能面临诉讼和高额赔偿。

第二节　美容 / 寄养服务运营

一、开展美容 / 寄养服务的条件

美容和寄养服务是动物医院主营业务的构成部分，因为资金投入和技术门槛相对较低，所以规模越小的动物医院越看重美容和寄养服务，这部分服务创造的收入占总营业收入的比重也越大。同时，宠物美容师在职业技能教育中占有重要的一席之地，能为社会创造一大批就业岗位。宠物美容和寄养服务是非常适合具有技能的年轻人的创业项目。宠物美容具有一定的艺术创造性，过程具有一定的观赏性，所以经常被纳

入各类职业技能大赛。

开展宠物美容 / 寄养服务需要在注册公司时明确营业范围里有宠物美容 / 寄养 / 繁殖出售宠物等项目，同时需要办理“公共场所卫生许可证”和“动物防疫合格证”。

开展美容和寄养服务对人员和场地有一定要求，人力资源成本和场地租金也是美容和寄养服务的主要成本，相对于诊疗服务，美容和寄养服务的营业收入很难通过规模化达到可观的数额，但是利润率可以做到远远高于诊疗服务，越是定位高端的服务其边际利润越可观。

开展美容 / 寄养服务需要以下条件：开展宠物美容 / 寄养业务的场所，包括放置美容台、洗澡烘干设备以及笼位的空间，常见的宠物店面积为 30 ～ 100 m^2；至少需要 1 ～ 2 名美容技师或护理人员；需要办理个体工商户营业执照和税务登记证。

对于开设有美容和寄养服务业务的动物医院，美容和寄养服务是诊疗服务的有效补充，无论是来就诊的动物顺便美容、寄养，还是美容、寄养的动物顺便免疫、驱虫，两种业务都可以在一定程度上相互促进。

二、美容 / 寄养服务流程

宠物店的工作以宠物美容和寄养服务为主，看似不需要太多技术含量，其实这是对美容和寄养服务的片面认识。美容和寄养服务不仅需要专业技能，还需要一定的动物营养学和动物医学知识，同时需要足够的耐心和责任心。

◇ 美容

动物主人携带爱犬去宠物店美容，可能等候的时间加上美容的时间不过 1 ～ 2 h，看似平平常常的操作流程，却包含至少 20 个环节。某宠物美容流程见图 3–7。

图 3–7　宠物美容流程

为了保证宠物和人的健康，宠物店应对环境消毒有严格要求。同时，宠物美容每个环节的背后，还有相应的操作规范。以保定为例，国家制定有《犬保定操作技术规范》，每个宠物店的保定设施不同，猫和犬不同，大型犬和小型犬也有不同，所以应该制定有更具体可行的保定规范。再以清洗耳道为例，用什么牌子的洗耳液？如何操作？怎么样算清洗干净？也都应该有明确的规范。

如果你是动物主人，你该如何给一次宠物美容体验评分？造型漂亮可能只是其中一个得分项，环境的整洁有序、操作人员技术娴熟、服务亲和、提供有价值的建议等等，综合起来才能形成总体评价，所以注重细节、讲究规范在宠物美容领域十分重要。

◇ 寄养

宠物寄养的情况更为复杂。动物主人最核心的需求是动物在脱离自己监护的情况下保证动物健康。而影响动物健康与否的因素包括：宠物自身免疫力、情绪、营养、卫生条件、饲养环境等。动物离开主人突然到了陌生的环境，很容易恐惧、焦虑、沉郁，随之而来的是动物免疫力下降，容易生病。尽量给动物提供卫生、舒适的环境，让动物保持原有的饮食口味和生活习惯，随身携带一两件主人的衣物或玩具聊以慰藉，都是保证动物健康的有效措施。因此，详细了解宠物的性格特点、生活习惯，以及进行体格检查、签署寄养协议都是必要的。体格检查的目的是发现动物是否患病，是否携带传染性疾病或寄生虫疾病病原，以及是否进行过有效的免疫、驱虫。

图 3–8 是某宠物店的寄养流程，宠物寄养前和寄养后各有一次体格检查和签订协议，两次体格检查的目的是为了判断动物寄养期间健康状况发生了哪些变化，一方面是为了负责，另一方面是为了免责。两次签订协议，第一次签署寄养协议的目的是宠物主和动物医院之间明确约定权利义务以及划定责任，第二次签署协议是为了解除权利义务约定，以及排除后续可能发生的不确定因素带来的风险。

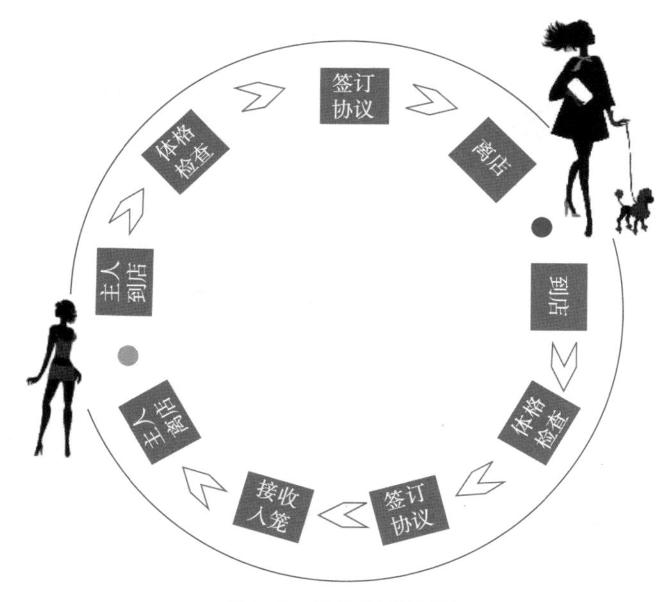

图 3–8　宠物寄养流程

动物没有思考和自律能力，应激反应可能让它们伤人伤己。所以，伴随整个美容、寄养过程，应对动物的行为观察留意，确保具有必要的自我保护意识和防护措施，也应了解一定的法律常识，以免在发生纠纷时束手无策。

三、价值与价值传递

美容和寄养过程中，宠物店为动物和动物主人提供了服务，创造了劳动价值；投入了物料，为服务增加了附加值；同时承担了一定的风险。

美容和寄养服务的价值链短而清晰，店主可以通过改善服务环境、提升服务质量提高收费标准，但运营成本也会相应提高，所以美容和寄养服务的溢价能力有限，而且溢价中有一部分来源于所承担的风险。此外，宠物美容的艺术创造价值带来的增值空间较大，不仅在美容环节，还可以延伸到美容师培训环节。

四、美容 / 寄养服务运营风险

美容和寄养服务运营过程中的风险点包括：

1. 意外风险

宠物美容和寄养的过程中都有可能发生意外，比如动物狂躁伤人或伤到自己，美容师或护理师失误伤到动物，寄养过程中动物生病甚至死亡，感染传染性疾病等。既然叫作意外，就存在不可控性，对于宠物店来说，只能尽量考虑周全，降低可控风险，降低意外发生的概率。

在达成服务约定之前，充分告知动物主人可能出现的状况，尽可能多地了解动物的性情，可以降低意外发生的概率。如果签订服务协议，约定对意外情况的赔偿标准，也可以降低发生意外时给宠物店造成的损失。

2. 服务纠纷

美容 / 寄养服务过程中发生意外，或动物主人对服务质量以及收费不满时，很有可能出现服务纠纷。纠纷没有办法杜绝，所以尽量做到事前防范，不让意外或纠纷发生。一旦发生纠纷，应该礼貌、理性对待，争取化解纠纷或把损失降到最低。

第三节　商品销售运营

宠物食品和用品销售是服务于诊疗、美容、寄养服务的周边业务。首先，动物主人不会因为购买商品而光顾动物医院，而是在光顾动物医院的同时顺便购买所需要的商品。动物主人一方面获得了便利性，另一方面获得了医生关于某些商品的专业建议。动物医院为客户提供了增值服务，客户的满意度会更高。

商品销售属于零售业，主要成本来自进货成本，动物医院在成本上不具备和电商竞争的优势，但是由于业务组合带来的溢价能力，使动物医院商品销售的利润率可观。通常动物医院的商品销售业务规模和医院诊疗业务规模正相关，都是随着客流量和客均消费能力发生变化。

一、开展商品销售的条件

商品销售不需要专门的许可，但是需要在营业执照规定的营业范围里明确有销售宠物食品、日用品的内容。

开展宠物食品 / 用品销售业务的场所不一定独立，可能只占用动物医院候诊区域的一两个货架，也不一定需要独立的库房。所销售商品的分类见表 3–8。

表 3–8　宠物食品与宠物用品

分类	宠物食品	分类	宠物用品
主粮	干粮、湿粮、零食、处方粮等	日用品	玩具、衣服、笼具、牵遛绳、指甲钳、食盆、饮水器、毛毯、洗浴用品等
功能食品	营养品、保健品、磨牙棒、洁牙粉等	医疗周边	伊丽莎白圈、喂药器、尿垫、洗耳液、洗眼液等

需要指出的是，宠物食品有别于人类食品，属于饲料类产品，执行的是饲料生产标准和批号。人类食品一般不允许在动物医院超市销售，除非是可以用于动物的饮用水等。

如果是药品或是含有药物成分的处方粮、洗浴用品、保健品、营养品不允许在动物医院以商品形式销售。除非动物医院有兽药经营许可证或者处方粮、洗浴用品、保健品、营养品等有药物批号。

二、商品销售服务流程

商品销售服务基于客户需求，客户没有需求，再成功的推销也无济于事。发现和挖掘客户需求，是成功销售商品的基础，所以，了解客户需求是服务客户的关键。了解客户需求不是从客户进店那一刻开始，而是从市场调研开始，客户都需要什么样的商品，能承受什么样的价格水平，是开展商品销售的第一步；开发稳定、可靠的供货渠道是开展商品销售的第二步；把客户吸引进店，是开展商品销售的第三步。动物医院商品销售的服务流程见图 3–9。

图 3–9　宠物用品销售流程

动物医院还有一种特殊的商品——药品。兽药按照《兽药管理条例》规定的流通形式和范围进行流通，需要动物医院具备兽药经营许可证，并建立独立经营门面和专门的库房，如果销售疫苗产品，还需要建冷藏库。兽药和普通商品不能在同一门面内销售，也不能混用同一库房。

动物主人凭借处方在诊疗环节就能够达到购药的目的，所以动物医院销售兽药的对象不以动物主人为主。动物医院在兽药销售环节中，上游与药厂或经销商接洽，下游与经销商、动物医院接洽，环节中的每一员都应具备相应的资质。

三、价值与价值传递

商品销售属于服务，传递的价值包含商品本身的使用价值和服务增值，增值部分包括为客户提供可信的建议、正确的使用指导和令消费者产生良好的心理感受。

单个商品销售的价值增值空间有限，但是可以通过大宗或垄断方法形成规模交易，实现价值增值。

商品流通环节可长可短，每一个中间环节都分享价值增值带来的收益。环节越短，经销商获得更高收益的可能性增加，获利多少最终取决于客户的支付能力。只有通过价格垄断，才有获得高利润的可能。反之，参与者众多、流通环节冗长，则每个经销商只能获取微利。

四、商品销售运营风险

商品销售运营中存在的风险点集中在与商品相关的商品质量、价格和服务纠纷。目前国家对于宠物食品、用品的生产标准还不完善。处方粮、动物保健品、营养品、洗浴用品等价格虚高，效果不确切。还有很多产品是进口产品，存在中文标识不完整、不准确的问题。另外有些动物医院也存在无许可证经营兽药的问题。

第四节　商业实验室运营

一、开设商业实验室的条件

商业实验室的历史由来已久。首先，它是独立的实验室，具有与试验项目相关的资质，能够提供令人信服的检测结果；然后，它有承接商业检测项目的能力和资质。商业实验室业务在医疗行业中又称为第三方检测。

一份 2016 年关于国际知名第三方检测机构的数据表明，排名第一的 SGS 公司，在全球设有 2 000 多个分支机构，全球雇员 90 000 余人，主要从事化学品检测、船检等服务，2016 年收入约 60 亿瑞士法郎，占有全球检测市场份额的 3.8%。排名第二的 BV 公司，在全球设有 14 000 家分支机构，雇员数量 66 500 人，主要从事船舶、建筑、消费品和工业服务检测，2016 年收入 45.5 亿欧元，占全球检测市场份额的 3.15%。

医学检测是第三方检测市场的构成部分。据估计，2016 年，美国第三方医学检测市场的规模约为 250 亿美元，中国的第三方医学检测市场规模约为 100 万美元。中国的第三方医学检测市场正处于飞速成长阶段。

动物医疗机构分散、体量小的特点非常适合第三方检测市场的发展。中国宠物行业的第三方送检业务还远远没有形成规模，起步较早已形成一定规模的有纳博科林、拓瑞、联宠等检测机构。

商业实验室是在现代信息和物流高度发达的基础上，针对医院等机构开展的样本送检服务的机构。根据开展项目和样本量分为区域性和全球性的商业实验室。其中既有单纯的商业检测运营商，也有设备生产商依托设备优势的前向整合设立的商业实验室，如爱德士商业检测中心；还有大型医院开设商业实验室业务，主要依托人力资源和客户资源优势，属于业务多元化的经营模式，见表 3–9。

表 3–9　各类商业实验室对比

项目	独立的 商业实验室	基于设备厂商的 商业实验室	依托医院的 商业实验室
机构设置	全球化机构设置，由全球中心向各区域中心实验室辐射	一般按区域设立中心实验室	依托医院实验室，不设分支机构
规模	超大规模，设有完善的信息和物流系统	大规模，设有完善信息系统	规模不会太大，依托医院的医疗信息系统
人员	商业实验室专业管理和检测团队	商业实验室专业检测团队	依托医院的实验室团队
设备	设备完善	侧重某一类设备	侧重某一些检测设备
检测项目和结果	项目齐全、结果权威	在某一方面项目齐全，结果权威	侧重临床常见多发病项目
优势	管理和技术优势	依托设备销售渠道的客源优势	偏重临床指导意义
不足	需要专门的销售团队；需要足够送检量支撑实验室运营	对设备销售产生一定影响	挤占诊疗资源

二、商业实验室服务流程

图 3–10 是商业实验室的一般检测流程。不同的商业实验室根据类别、业务种类的不同，相应的检测流程也有所不同。尤其是动物医院开设的商业实验室，与诊疗环节的检测流程有交叉、重叠的地方。这就很容易造成混乱和错误发生。

三、价值与价值传递

不同的生产和服务过程都有其不同的价值链构成，商业实验室的价值链和价值传递过程与动物医院其他业务的区别更加明显。在整个价值链的构成中，商业送检是在医院和动物主人之间增加的一个环节，相当于动物医院把一部分盈利让渡给商业送检机构。在这个过程中，动物医院和商业送检机构可以实现双赢，动物医院减少了用于实验室检测的人力和设备的投入，商业送检机构则通过更为专业的服务得到了商业价值回报。

商业实验室为“B 2 B”的业务模式，不同于动物医院的“B 2 C”业务模式。实验室检测仅仅是动物医院诊疗业务中的一部分，每个医院的商业送检也仅仅是商业检测机构的业务中的一部分。商业检测机构由于物流业和信息管理系统的发展而使得规模扩张成为可能。图 3–11 为商业送检的价值传递过程。

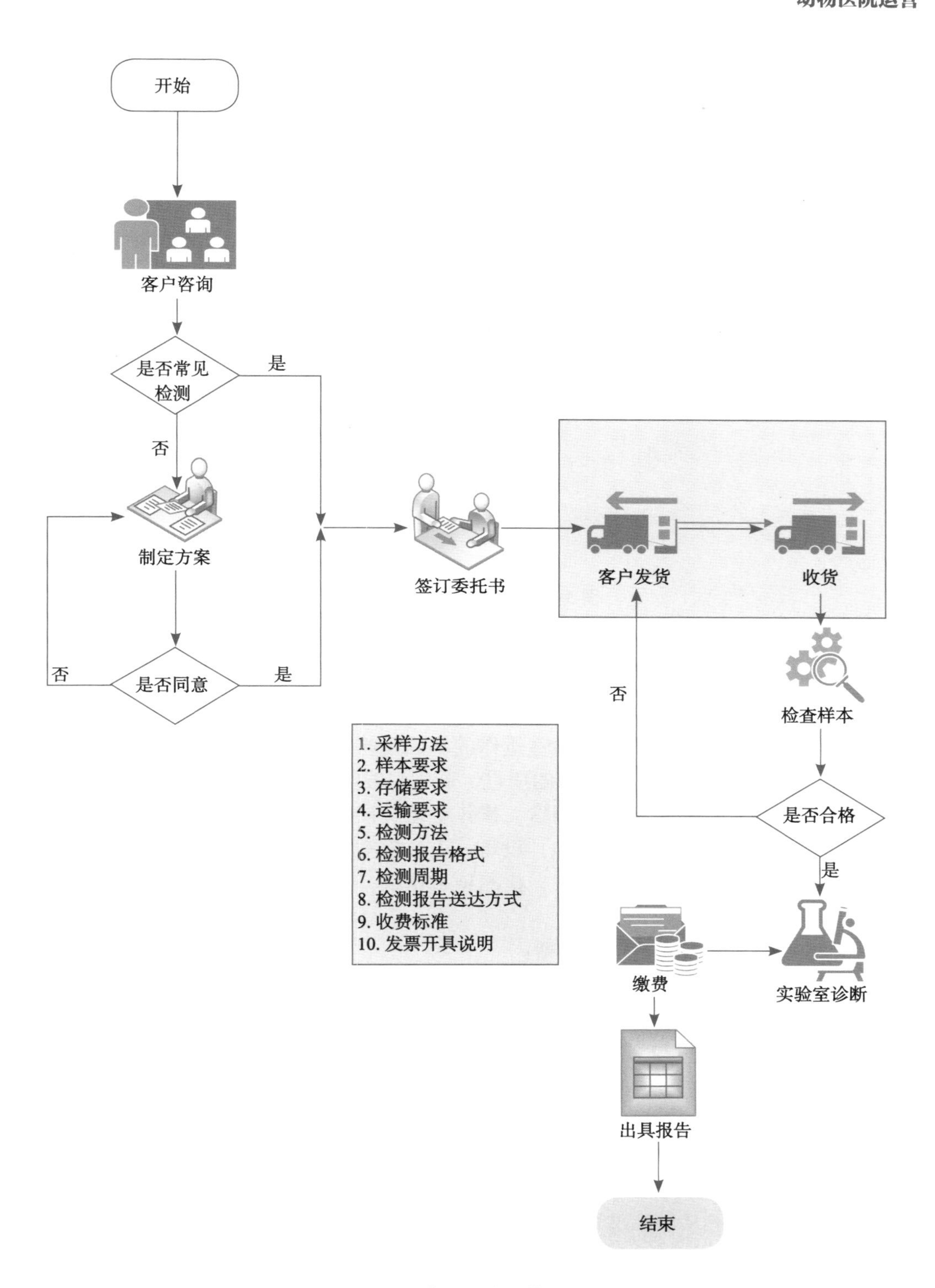

图 3-10 商业实验室检测流程

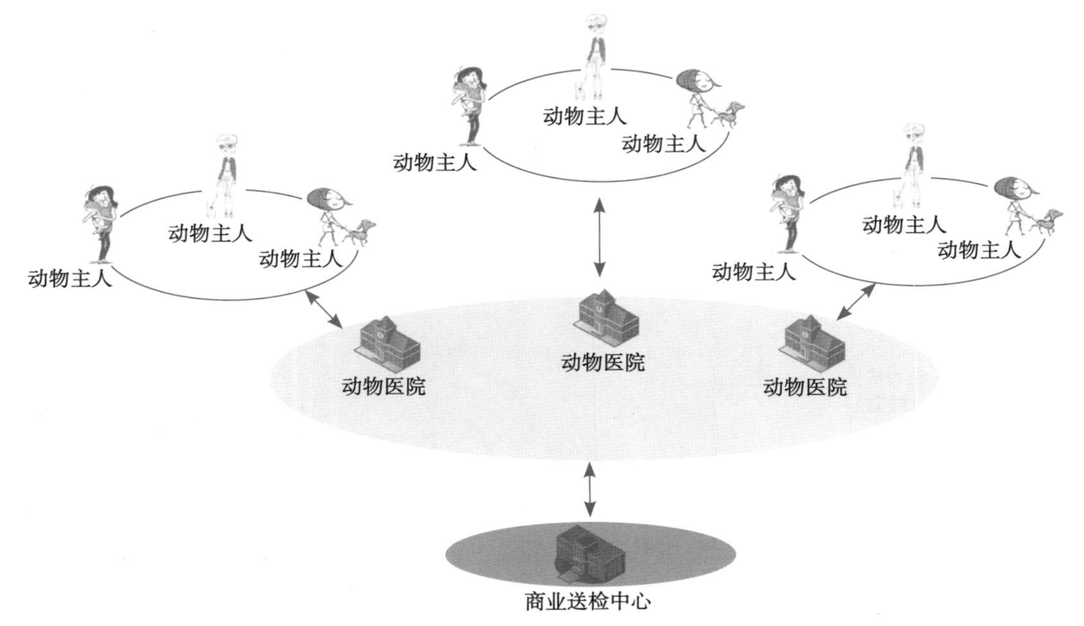

图 3–11　商业送检的价值传递

四、商业实验室运营风险

商业实验室运营除了对人员、设备有较高要求，还对商业实验室的市场运作能力和内部管理有较高要求。商业实验室运作的基础是将实验室检测流水化作业，通过专门的人员操作专门的设备检测专门的项目，避免一般实验室人员交叉操作存在的人员、设备、操作项目切换造成的时间浪费、操作生疏、误操作多等问题。商业实验室需要大量的送检样本支撑实验室的场地、设备、人员成本支出。同时商业实验室十分依赖内部管理水平。一旦发生样本丢失，检测项目错误，发送报告错误等情况，有时后果是无法挽回的。

商业实验室可能发生的风险包括：

1. 市场风险

商业实验室是动物医院将盈利让渡后形成的市场需求，商业实验室对送检机构依赖程度高，在送检数量与双方合作的稳固程度上呈现这样的比例：越小的医院送检的需要越高，但是对送检价格敏感；越大规模的医院送检量越大，不再送检的可能性也变大。

2. 经营风险

■ 商业检测一般为先服务后结算方式，商业检测中心要承担任何中间环节导致的客户不满意带来的无法回收服务费的风险。

■ 送检样本的运输服务由第三方承担，费用由委托方支付，这一环节不会对商业检测中心增加收益，但是会带来样本丢失、损坏、变质等风险，直接影响样本检测的及时性和结果的准确性。

■ 无论是将样本送出的动物医院还是接收送检的商业实验室，虽然彼此的客户群体不同，但是作为同一价值链的上下游，任何差错都会影响双方的利益，所以双方要密切沟通合作，通常降低商业送检过程的错误可以通过以下方法：

① 动物医院建立专门的样本寄送体系或由商业送检机构统一通过第三方收取样本。

② 商业检测中心针对动物医院的样本采集、样本包装、样本标签等开展咨询、培训服务。包括对客户采样、包装、运输的指导在内的咨询服务并不产生价值增值，但是非常必要。通过正确的指导，可以减少或避免样本不合格的情况。

③ 动物医院和商业实验室注重实验室管理系统在商业实验室的运营中的巨大作用。

④ 动物医院或商业实验室留存样本，以便对样本复检和追加检测的服务。当客户对检测结果提出质疑时，可以要求商业检测中心复检，复检的费用可能无法回收。同时，留存复检样本会造成商业实验室运营成本上升，并且不创造价值，但是非常必要。

第五节　咨询 / 兽医继续教育服务运营

咨询、培训和继续教育服务是动物医院多元化发展可选择的业务模块，服务成本主要来自人工成本和场地租金，只要顾问 / 师资力量充足，开展咨询、培训和继续教育的方式、场所比较灵活，理论上在不影响诊疗服务的前提下，或者有可能把培训和继续教育业务从诊疗业务中剥离出来，咨询和培训业务可以做到相当可观的规模。

一、咨询服务

咨询服务对动物医院技术和人才的要求比单纯的诊疗服务更高，所以越是拥有这两种资源优势的动物医院，才越有可能开展咨询服务。咨询服务可以由动物医院自行划定属于主营业务还是其他业务。相比独立的咨询机构，动物医院开展咨询服务有一定优势，尤其是连锁经营的动物医院。连锁经营的动物医院一般有成熟的内部投资和经营服务体系，通常无须向体系以外寻求咨询服务，而且可以针对体系外的动物医院提供咨询服务。

动物医院开展咨询服务的优势在于更了解行业和动物医院的经营，更有可能提供精准有效的咨询方案。同时也存在人员缺乏市场化意识，很难从其他专业工作中脱离的现实问题，因而做到专业化和规模化也绝非易事。

动物医院在开办注册、规划咨询和投资并购阶段对咨询服务的需求比较常见，在战略转型期会产生经营分析需求，在正常经营阶段也会出现人力资源、财务税收、市场等专项管理咨询需求。

很多动物医疗行业的管理者对于咨询服务还缺乏正确的认识。相反，越是管理体系完善的大型企业，对待咨询服务越是重视。拿我们熟悉的医学做比喻，有句话叫“医者不自医”，对于平凡人更是如此，生病了才知道健康的重要。生了病求助于医生，总要经过医生“望”“闻”“问”“切”一番，然后医生告诉你哪里生了病、怎么治。

企业亦是如此，即便是顶级的咨询管理公司，也不见得在企业管理上做得面面俱到。请具有丰富经营理论知识和实践经验的专家，与企业有关人员密切配合，到企业进行实地调查研究，应用科学的方法找出企业经营战略和经营管理上存在的问题，分析产生问题的原因，提出改进方案，可以在很大程度上帮助企业改进。

咨询公司提出的方案是否有效，一方面与咨询人员的知识、经验有关；另一方面与企业内部人员提供的信息是否有效有很大关系。企业根据对方案的认可程度决定是全面还是部分推行。

在寻求咨询服务的时候，企业可能会遇到“病急乱投医”的情况。避免的办法就是“定期体检”“有病及早就医”“找正规医院就医”。

对于动物医院来说，还有一些办法可以起到咨询服务的作用。比如，企业经营者之间经常交流座谈，邀请经验丰富的行业专家考察、指导，参观、考察行业中经营出色的企业，等等。

二、兽医继续教育服务

兽医继续教育是伴随宠物行业发展和兽医人才紧俏而发展得如火如荼的全新市场。欧美等国家兽医继续教育起步较早，已经形成了包括政府、学校、专业培训机构和企业共同参与的兽医培训和技能认证体系。中国的兽医继续教育还处于快速成长的阶段，尤其是培训市场，粗略估算目前每年各类机构组织的培训活动不少于 1 000 场。基本可以分为以下几类：

1. 依托院校的培训活动

以中国农业大学动物医院为代表的教学动物医院，凭借师资和教学优势开办面向全国招生的培训班。中国农业大学动物医院每年开办 20 余期小型培训活动，3 ～ 5 场大型技术和管理论坛。虽然在市场份额上不占据主流，但是学术氛围、实用价值深受市场欢迎，而且价格不高。知名的医院开办的培训班尤其受欢迎。

2. 依托企业集团的培训活动

以维特国际兽医学院和美联五洲高级兽医学院为代表，他们是隶属于瑞鹏宠物医疗集团旗下的培训机构，讲师以邀请的国内外技术专家为主。公开资料显示，维特国际兽医学院每年开办约 20 场公开培训活动，同时开办线上课程。

3. 依托主流供应商的培训活动

以硕腾、皇家、拜耳、纳博科林为代表的主流供应商组织的带有营销性质的培训课程，主要面向各客户群体——动物医院，以免费赠送或有条件赠送的方式向临床兽医师赠送课程。讲师来源广泛，既包括国内外专家，也包括相关专业人士，课程内容一般与供应商产品有一定关系。

4. 国际专业培训机构开办的培训活动

以欧洲兽医高级学院 (EUROPE SCHOOL FOR ADVANCED VETERINARY STUDIES，ESAVS) 为代表。ESAVS 进入中国较早，在中国兽医继续教育的高端课程中占有相当大的比重，拥有以欧洲为主来自全球的近 400 个兽医构成的专家阵容，每年在中国开办近 30 期精品培训课程，在兽医行业中有很好的口碑和认可度。

5. 国内专业培训机构开办的培训活动

以中国兽医高级学院（CSAVS）、祥和国际兽医职业高级培训学院为代表的国内专业培训机构，讲师以欧美兽医专家为主开设高端课程，培训组织和市场运作更为专业。公开资料显示，CSAVS 每年就开办 100 余场大型讲座，祥和国际兽医学院每年开办约 50 场大型讲座。

6. **网络培训机构**

以宠医客为代表的面向网络授课的培训活动，经常性组织国内行业专家开授网络培训课程。2018 年宠医客与 ISVPS（INTERNATIONAL SCHOOL OF VETERINARY POSTGRADE STUDY）合作，在国内开展 ISVPS 认证相关的培训课程。ISVPS 为全球性的兽医专科认证考试，开始于 20 年前，目前全球通过认证的兽医师有 4 300 余人。

培训属于许可先行的营业范围，在其他成熟行业，凡是针对人的职业培训，都需要执有人力资源和社会保障部门的培训许可，公司才有可能把培训作为营业范围。动物诊疗行业的职业培训目前不受人力资源和社会保障部门管辖，农业农村部也没有把公司开展职业培训纳入管辖范围。所以动物医院开展职业培训服务目前未受许可先行限制，但是因为培训没有被纳入营业范围，所以，实践中动物医院开展职业培训一般以技术咨询的名义。目前，纳入动物医院营业范围的培训是针对动物的行为培训，与针对从业人员的职业技术培训是有本质区别的。

三、继续教育

兽医是需要终生学习的职业，也就是说继续教育将伴随绝大多数兽医的大半职业生涯。西方国家的兽医行业起步较早，兽医继续教育体系相对完善。完善的继续教育体系是由政府、行业组织、大学、培训机构、企业和执业兽医师共同构建的，见图 3-12。政府制定规则，行业组织对诊疗机构和个人负有监管职责，大学辅助政府和行业组织制定教学大纲。培训机构和企业分别承担继续教育的外训和内训职能。

图 3-12　兽医继续教育体系

2013 年，中国兽医协会就颁布了《中国兽医协会注册执业兽医师继续教育项目认可管理暂行办法》，对兽医继续教育机构的认可办法做出规定："开办兽医继续教育，注册执业兽医师继续教育项目应以与兽医临床相关的新理论、新知识、新技术和新成果为主要内容，同时注重项目的科学性、先进性、针对性和实用性"。继续教育机构根据开办教育内容分别向全国执业兽医继续教育委员会、中国兽医协会执业兽医继续教育中心和地方兽医协会申请审批。

中国执业兽医师资格考试由农业农村部兽医局下辖的全国执业兽医资格考试委员会管理，由各地兽医主管部门颁发执业兽医师证书和对兽医师执业行为进行规范管理。

执业兽医师资格考试从2009年实行至今，与医师、律师、会计师、建筑师等的考试一样，已经成为动物诊疗行业执业人员资格认证的公认途径。执业兽医师资格考试也是国际通行的做法。

我国的兽医教育体系和兽医认证体系与发达国家还存在一定差距，在考试科目和内容的设置上还沿袭着偏重大动物的传统，导致人才数量不足、整体质量不高，亟待在体制上进行改革。可喜的是近年继续教育的繁荣，以及跨境交流互访活跃，国内外兽医继续教育差距和兽医技术水平差距缩小，执业兽医师考试的通过率逐年提高。

兽医继续教育是关乎国家、行业、企业和个人的大事。一个中等规模的动物医院，与员工继续教育相关的费用支出为年营业额的3%～5%。一个成熟的执业兽医师每年用于继续教育相关的支出占其年收入的6%～8%，包括：购买书籍，参加课程培训的学费和差旅费等。而兽医的生活轨迹可以这样概括：上班的时候，只要手头空闲的时间都用来学习；下班的时候，除了不能用的时间剩下的时间都用来学习。

中国对于执业兽医师技能水平的考核评级还没有形成体系，也没有对医疗事故进行鉴定的权威机构。对于医生技能水平的认定，一般是看医生在临床治疗过程中的表现和口碑。

第六节　投资运营

本节侧重讲述货币在资本市场的活动，也就是动物医院的对外投资行为。投资运营与其他业务运营不同之处在于资本运营与商品运营处于不同的市场，资本市场是完全独立的，见表3-10。还有一种说法是，资本运营是商品运营的最高境界，资本可以作为公司的一种产品去运营。

表3-10　商品运营和资本运营的区别

项目	商品运营	资本运营
投入与产出	货币	资本
期间	短期	长期
市场	商业市场	资本市场
运营方式	提供产品或服务，赚取利润	通过股权交易或经IPO公开发售取得回报；通过对外投资运营项目获取项目投资回报；通过购买其他公司的股权获取回报

公司参与资本市场活动有通过公开发售和通过非公开发售两种方式。典型的公开发售如首次公开发行（Initial Public Offerings，IPO），由于有证监会的监管，其规范性和公开性较好，参与者的权益能够得到相对有效的保障。典型的非公开发售如私募，往往只向特定的人群发售股票或证券，回报相对较高，风险也更大。能够通过IPO审核的公司毕竟是少数，非公开发售则相对灵活和容易。

公司在商品市场经营成功，形成原始资本积累后进入资本市场。资本运营的方式比较多样，投资者既可以通过股份化非公开对外出售股权，也可以通过上市公开募集资金，既可以通过内部投资、运营、出售项目获取投资收益，又可以通过外部投资获取其他项目的股权，获取运营、出售收益。借鉴项目投资的BO、BOT、BOO、BOOT形式，股权投资的方式基本相似，都是从买入(B)开始，以持有(O)或卖出(T)结束。持有过程可以通过公司盈利获得投资分红，卖出过程可以通过赚取差价获取回报。其中涉及“OO”过程的，后一个“O”代表运营，投资人也可以通过直接参与被投资公司的运营，间接获取运营成果回报（图3-13）。

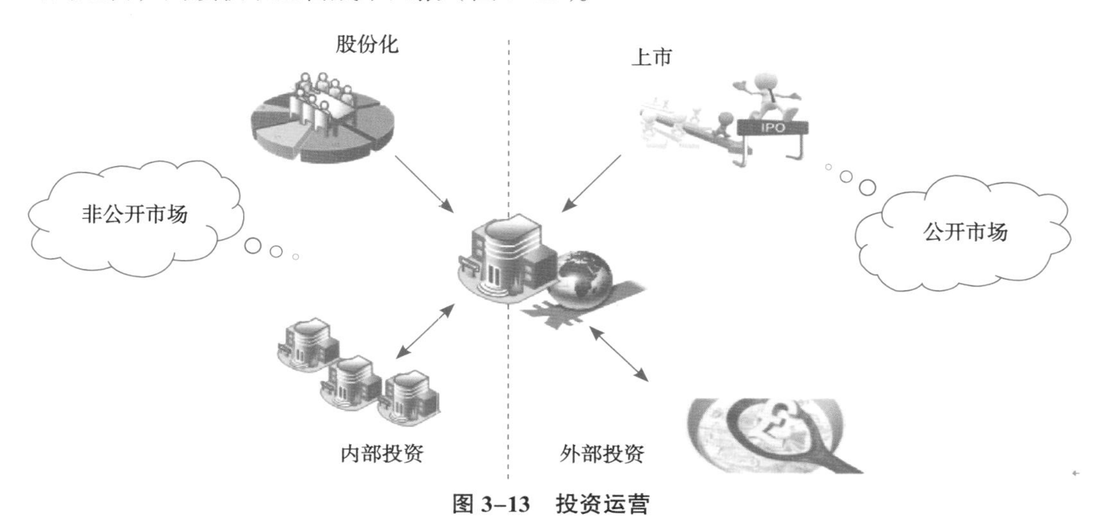

图3-13　投资运营

资本市场无法脱离商品市场独立存在，对于投资人来说，可以选择熟悉的商品市场内的项目投资，也可以选择上下游或衍生商品市场的项目投资，或者选择完全不相关的商品市场的项目投资。

投资人对于投资项目的判断基于项目在商品市场的表现，为了避免投资失误带来的风险，需要系统科学的理论和方法去支撑投资决策，所以请专业人员进行投资评估很重要。《投资分析报告》包含项目背景、宏微观环境、SWOT分析、运营策略、财务状况、项目收益评估等内容。投资人在投资决策时要理性地对待投资回报和投资风险，避免投机心理和侥幸心理。从机会成本的角度，每一次投资都是宝贵的，是通过放弃了另一种可能获利的机会换来的，回报最大化还是第二位的，首要的是保证资本安全。

动物诊疗行业的兴起让资本有了落地生根的土壤，具有集约化优势的连锁经营成为资本抢滩登陆的首选，于是收购浪潮纷至沓来，资本对动物诊疗行业的影响日益深远和广泛。面临连锁动物医院的优势装备、高调宣传和低价竞争，众多中小型动物诊疗机构进退维谷，无奈之下纷纷待价而沽。

动物诊疗行业处于快速发展阶段，目前的发展状态还不足以支撑超大规模的单体动物医院普遍存在，多数还是以服务社区为主的小型动物医院形式存在。投入低，前景看好，无疑对投资者有巨大的诱惑力。于是，动物医院估值随行就市水涨船高，溢价三倍五倍的不算什么，七倍八倍的也不稀奇。

动物医院是继续经营下去？出让部分股权？还是出售全部股权？这完全取决于动物医院经营者对市场的判断和自我能力的认知。收购医院的投资方则会有一整套评价动物医院价值的方法，估值是投资公司进行投资或交易的前提。绝对估值法仅适用于上市公司，对数据和分析的要求程度较高。实践当中一般采用相对估值法，常见的相对估值法有 PE、PB、PS、PEG 和 EV/EBITDA 等方法。

◇ PE

又叫市盈率估值法：

$$市盈率 = \frac{每股价格}{每股净利润} = \frac{P}{E}$$

市盈率估值法的依据是每股净利润和同类、同规模、相近企业的市盈率，市盈率乘以每股净利润即为估值。

◇ PB

又叫市净率估值法：

$$市净率 = \frac{每股价格}{每股净资产} = \frac{P}{B}$$

市净率估值法的依据是每股净资产和同类、同规模、相近企业的市净率，市净率乘以每股净资产即为估值。

◇ PS

又叫市销率估值法：

$$市销率 = \frac{每股价格}{每股主营收入} = \frac{P}{S}$$

市销率估值法的依据是每股主营收入和同类、同规模、相近企业的市销率，市销率乘以每股价格即为估值。

对于“互联网 +”企业，初期需要不断投入以扩大用户群体，即便有很高的销售额也未必实现盈利，只有当客户群体足够大时才能实现盈利。所以无法用 PE 去估值，而是用 PS 估值，PS 越低越好。

◇ PEG

对于新兴行业，人们对行业的认知还不足以判断成长会持续多久，会以什么样的速度继续成长。这时可以用 PEG 的方法辅助市盈率进行估值：

$$\mathrm{PEG} = \frac{市盈率}{增长率}$$

PEG 越低越好。

◇ EVEBITDA

EV/EBITDA 又叫企业价值倍数，也是一种相对估值法，与同类、同规模、相近企业的价值倍数相比较。

EV= 市值 + 净负债

EBITDA 是指息税折旧摊销前利润。这种估值方法适用于资本密集型企业、高财务杠杆的企业。

◇ NAV

又叫净资产法：

$$NAV = \frac{市值}{净资产}$$

净资产法基于对企业当前价值的基础上，与同类、同规模、相近企业的价值倍数相比较。净资产是现时清盘价格，未来是否溢价，存在什么风险，是投资人另外需要考虑的问题。NAV 多用于房地产企业估值。

◇ PI

又叫知识产权估值法：

$$PI = \frac{市值}{知识产权估值}$$

企业的知识产权估值包括专利技术、发明成果以及版权等。PI 估值法多用于文化、科技、演艺等企业。

不难发现，同类、同规模、相近企业的 PE、PB、PS 值，同样一家公司的估值有不同的结果，那么该采用哪一种估值方法更为准确呢？关键在于“同类、同规模、相近”几个词，相对估值法一定要通过比较才能进行评判。行业不同、资本规模不同和发展阶段不同就要采用不同的估值办法。比如，与经济周期和基础设施建设密切相关的行业，如汽车、钢铁、房地产、有色金属、石油化工、电力、煤炭、机械、造船、水泥等等，这些行业的兴衰呈现周期性或者明显的波动，行情好时蜂拥而入，行情差时关门大吉。如同购买股票抄底一样，在企业蛰伏等待行业复苏的高 PE 时期投资才是明智的。以上企业除了具备周期性特点，有些还具备重资产、资源型等特点，所以要用多个估值方法计算比较才能准确估值。表 3–11 罗列了各种估值方法的对比，其中 NAV、EV/EBITDA 是 PE 估值法的演化，PI 是 PB 估值法的演化。对不同行业的企业估值需结合行业特点，同时协同考虑企业自身因素。

表 3–11　典型企业估值方法对比

行业	典型代表	特点	估值方法	主要协同因素
周期性行业	基础设施建设企业	周期性波动	PE	处于周期中的哪个阶段
互联网行业	“互联网 +”企业	分享人口红利	PS	用户流量
新兴行业	信息科技企业	快速成长	PEG	持续快速成长性
重资产行业	钢铁行业	一次性建设投入大	PB	资产保值程度
资源型行业	矿产企业	垄断者掌控价格	NAV	资源稀缺程度
政策调控性行业	金融企业	政策制定者掌控局面	EV/EBITDA	是否预见政策或了解内幕
高知识产权行业	影视公司、药品研发企业	小概率成功影响全局，比如研发一种非常成功的药物	PI	研发能力或创造能力

企业估值是一个复杂的过程，各种因素间相互交叠、共同作用，只考虑单一的估值模型是不够的，需要在估值模型中经过多轮试算比较，再充分考虑各种协同因素的影响。

衡量一个公司的经营是否优秀，净资产收益率（ROE）是个很能说明问题的指标。

$$\text{ROE} = \frac{\text{净利润}}{\text{股东权益}}$$

ROE 越高，说明股东权益的收益水平越高，投资带来的收益越高。影响 ROE 的因素有三个方面：净利润率、资产周转率、财务杠杆。

$$\text{ROE}=\frac{\text{净利润}}{\text{股东权益}}=\frac{\text{净利润}}{\text{营业收入}}\times\frac{\text{营业收入}}{\text{总资产}}\times\frac{\text{总资产}}{\text{股东权益}}$$

ROE 并非越高越好，因为三个因子中低财务杠杆、高净利润率和高资产周转率是我们希望的。

对于投资者来说，参股、控股还是收购全部股份也是决策的重要部分，除了影响到分配利润的比例，也影响投资人对公司经营决策的话语权，见表 3–12。占股比例大于 50%，或者虽然小于 50% 但是占股绝对比例最大的股东被称为控股股东。前者属于绝对控股，后者属于相对控股。控股股东有能力对企业经营活动及其他股东产生影响和控制。理论上只要控股股东想参与公司经营，就可以从纯粹控股股东转变为混合控股股东，从而参与企业经营活动。参股股东可以通过股东大会行使股东权利，如果想要参与公司管理，需经过多数股东同意。股东参与公司经营后除了享有股权激励以外，也有权要求劳动报酬。投资人全资购买其他企业股权后，企业的所有权发生变更，投资人在接收所有权的同时也接手了企业的经营权，这时参与企业经营活动成为必需。除非投资人委托职业经理人代为经营公司，从而实现所有权和经营权的分离。

表 3–12　参股、控股与全资收购对比

项目	参股	控股	全资收购
占股比例	＜ 50%	≥ 50%，或虽＜ 50% 但占股比例最大	100%
纯粹控股	—	只持有股票，通过发挥股东权利影响公司重大决策和经营活动	—
混合控股	—	既享有股东权益，又参与公司经营活动	—

国有企业所有权和经营权分离的意义在于让企业自主经营、自负盈亏，为社会营造公平竞争的经济环境。非国有企业所有权和经营权分离，则体现社会分工不同，让专业的人做专业的事更有利于企业经济效益和社会效益最大化，同时也有利于避免股东意见分歧和各自为政干扰企业经营。实践当中，企业应尽量避免 50% ： 50% 占股比例，以免为决策带来不必要的麻烦。

当前诊疗行业的现状决定了单个动物医院的体量一般不会太大，对于投资方而言全资收购并非难事。动物医院也有需要专业化经营的特点，混合控股和全资收购对于投资方来说面临的最大问题是无法经营，尤其是在没有形成专门的职业经理人群体之前。投资人一般不会轻易选择参股，因为失去控制权意味着无法保证收回投资，所以投资人会在选择控股或全资收购的同时，要求原动物医院经营者继续经营动物医院 3 ～ 5 年，对于不愿意继续经营医院的，也会严格要求竞业限制。

案例 3–1　投资

小李和他的团队经过 5 年的经营，已经发展为有 20 名员工，营业面积 1 000 m^2，年营业额 1 500 万元的综合性动物医院，引进了部分新型诊疗设备，会员规模近三年稳定在 300 人左右。社区 A 内原有的那家动物医院被知名连锁品牌 KH 收购。半年后，另一家名为 3S 的上市连锁公司也找到小李，有意向收购小李的动物医院。3S 公司为小李开出了 5 000 万元的收购价格，相当于年销售额的 3 倍多，相当于年净利润的 15 倍。

小李和他的团队在是否出售医院这件事上出现了分歧。小王认为，可以用 5 000 万元重新开办 5 家同等规模的新的动物医院，经过几年的经营，每家都有可能发展到今天的规模。小刘认为可以出售，但是不能全部出售，至少要保留 30% ～ 40% 的股份，这样首先可以保证生活，也可以在合适的时机重新创业。小李一方面觉得他们说得都有道理，另一方面又觉得现在医院已经进入稳定经营期，生存和发展都不是问题，没必要出售。

在经营决策上，同样的境况，可能 10 个经营者会做出 10 种选择，其实无所谓对错，因为每个人都有自己的出发点。

我们现在反观投资方，如果以 5 000 万元价格收购全部股份，意味着按当前的经营水平要 15 年以后才能收回投资成本，投资者真的这么有耐心吗？

投资者当然不会在 15 年以后才能收回投资。资本的属性是获取剩余价值和追求利润最大化，投资人的耐心是有限的，用尽可能短的时间完成扩张，形成局部垄断优势，及早进入稳定经营阶段，才能更快获得回报。

动物医院管理

Animal Hospital Management

第四章 动物医院管理

动物医院管理在实践中可以根据所处的发展阶段划分为不同的管理职能，包括：财务管理、人力资源管理、行政管理、采购管理、市场营销管理以及企业文化和品牌建设等。本章着重讲述以上管理职能的构成、工作内容和方法。

第一节　财务管理

一、动物医院的财务管理职能

企业作为商业社会的重要构成部分，既是商业活动的参与者，也是价值的创造者。价值的增值和传递过程伴随企业经营过程时刻都在发生。企业经营效果如何，可以通过是否有条不紊的运行、提供优质产品、深受市场好评、员工有良好的精神风貌等外在现象去感知，但是这些都是主观评价，好与不好因人而异，甚至同一个人的评价也会因情境而有所不同。财务指标则是衡量企业经营效果相对客观的指标。因为财务管理要遵循合法性、真实性、平衡性原则。合法性是指会计活动要遵守《会计法》、遵循《会计准则》，这样才能保证不同的企业活动通过财务指标就能够衡量成果优劣，使得财务指标具有相互比较的价值；真实性是指会计活动是企业活动的真实反映，而且是当期活动的真实反映；平衡性是会计活动中遵循收支平衡、风险收益平衡的原则。

1. 动物医院财务管理的一般性

■ 任用具备专业知识和一定道德素养的人员担任主管、会计、出纳职务，并进行明确分工，制定岗位职责和工作规范，保证财务安全。

■ 进行日常账务处理，对公司的资产、盈亏和现金流情况进行记录，出具财务报表。

■ 出具财务分析报告，实现资产保值增值，提高资金使用效率，同时为公司运营提供指导。

■ 根据需要进行投、融资，投资和融资的目的都是为了扩大生产或进行再生产。

2. 动物医院财务管理的特点

■ 资产占比介于轻资产和重资产之间，资产投入主要为医疗设备投入，设备折旧年数多在 5 ～ 10 年。

■ 营业成本主要为人力资源成本、材料费用和折旧费用。材料费用包括药品、试剂、耗材等费用。

■ 具有商业服务机构的一般特点：服务过程与支付过程基本同步发生，主营业务的现金流回收情况良好，应收账款占比小，应付账款多发生在采购支付环节。

■ 财务管理的重点是现金管理、预算管理。现金管理要确保每天的业务款安全足额回收；预算管理是在现金充裕的情况下，保证资金不被滥用，保证各项支出的平稳有度，维持现金流稳定。

■ 盈利模式简单，交易数量大，单笔金额小，财务凭证多。

二、动物医院的财务报表

动物医院基本的财务报表包括资产负债表、损益表和现金流量表，体现报表周期内资产负债、收入成本和现金流入流出等情况。动物医院和所有其他类型的公司一样要编制财务报表，基于相同的会计准则，尽管不同公司在会计处理方法上有所区别，但是总体上同类型公司间财务报表和同一公司在不同时段的财务报表存在一定的可比性。

工商管理部门要求公司定期编报财务报表，作为公司是否正常经营、合法经营的考察依据。公司的所有者和管理者也需要通过财务报表了解公司的经营状况。

经营公司和百姓过日子是一样的，有的人家生财有道，生活倍儿有面子；有的人家持家有道，日积月累攒了不少家底；有的人家挣得多花得多，日子过得有滋味。财务报表就能反映你的生活状态，底子薄厚看《资产负债表》、面子大小看《损益表》、日子松紧看《现金流量表》。三张表相互关联，既想日子过得好，又想家底丰厚，还要有面子，途径就是很能挣钱，很会花钱。

1. 资产负债表

资产负债表是财务的三大主报表之一，是反映公司某一时点资产、负债和所有者权益状况的报表。

资产指公司实际拥有或控制的能以货币计量的经济资源，包括资金和财产，以及对资金和财产的债权或其他权利。资产的变现能力和支付能力不同决定了其流动性不同。如现金及其等价物属于高流动性资产，故名流动资产。房产、设施、设备、珍贵藏品属于非流动性资产中的固定资产，其他非流动资产还有长期股权投资、无形资产、递延资产、生物资产等。

负债是指公司所实际承担的对债权人的限时偿债义务，包括资金或能以货币计量的资产。按照债务对变现能力和偿付能力要求不同，分为流动负债和非流动负债。一般流动负债有短期借款、应付票据、应付账款、预收账款、应付职工薪酬、应交税费、应付利息、应付股利等，长期负债包括长期借款、应付债券、长期应付款、专项应付款等。

资产负债表反映的是某一时点公司所拥有和控制的资产和所实际担负的负债。资产和负债的产生由该时点向前追溯，是过去的交易或事件带来的。由公司在该特定时点拥有或控制的经济资源，或是预期未来一年内甚至更长时间内发生的；负债是公司在该特定时点所担负的，预期在该时点后未来一年内甚至更长时间内发生的经济利益损失。

公司的资产和负债是时刻动态变化的，报表则是静态的，在某一时点资产和负债的差值，代表该时点公司的净资产，包含实收资本、资本公积、盈余公积和未分配利润，是公司所有者拥有的净资产总额。公司所有者只对净资产有要求权。

如果公司经营状态良好，且处于发展阶段，很有可能净资产并不多，这时候公司所有者要考虑公司长期发展的需要，而不是急于在短期内主张所有权。当公司进入稳定盈利阶段时，公司的净资产才能因为积累而增长，公司所有者才有条件主张所有权。所以资产负债表又被称为“底子”报表，见表 4–1。

表 4–1　资产负债表

编制单位：　　　　　　　　　　　　　　　　　　　　　　　　　　单位：元

资 产	年初余额	期末余额	负债和所有者权益（或股东权益）	年初余额	期末余额
流动资产：			**流动负债：**		
货币资金			短期借款		
交易性金融资产			交易性金融负债		
应收票据			应付票据		
应收账款			应付账款		
预付款项			预收款项		
应收利息			应付职工薪酬		
应收股利			应交税费		
其他应收款			应付利息		
存货			应付股利		
一年内到期的非流动资产			其他应付款		
其他流动资产			一年内到期的非流动负债		
			其他流动负债		
流动资产合计			**流动负债合计**		
非流动资产：			**非流动负债：**		
可供出售金融资产			长期借款		
持有至到期投资			应付债券		
长期应收款			长期应付款		
长期股权投资			专项应付款		
投资性房地产			预计负债		

续表 4-1

资 产	年初余额	期末余额	负债和所有者权益（或股东权益）	年初余额	期末余额
固定资产			递延所得税负债		
减：累计折旧			其他非流动负债		
固定资产净值			**非流动负债合计**		
减：固定资产减值准备			**负债合计**		
固定资产净额					
在建工程			**所有者权益（或股东权益）：**		
工程物资			实收资本（或股本）		
固定资产清理			资本公积		
生产性生物资产			减：库存股		
无形资产			专项储备		
无形资产			盈余公积		
商誉			未分配利润		
长期待摊费用			**所有者权益（或股东权益）合计**		
递延所得税资产					
其他非流动资产					
非流动资产合计					
资产总计			**负债和所有者权益（或股东权益）合计**		

* 本表包含的主要计算公式：

1. 货币资金＝现金＋银行存款＋其他货币资金

2. 应收账款＝应收账款（借）+ 预收账款（借）－应计提“应收账款”的“坏账准备”

3. 其他应收款＝其他应收款－应计提“其他应收款”的“坏账准备”

4. 存货＝各种材料＋商品＋在产品＋半成品＋包装物＋低值易耗品＋委托货销商品等”

5. 存货＝材料＋低值易耗品＋库存商品＋委托加工物资＋委托代销商品＋生产成本等－存货跌价准备

6. 长期待摊费用＝“长期待摊费用”期末余额－“将于 1 年内（含 1 年）摊销的数额”

7. 预付账款＝应付账款（借）+ 预付账款（借）

8. 应付账款＝应付账款（贷）+ 预付账款（贷）

9. 预收账款＝应收账款（贷）+ 预收账款（贷）

10. 未分配利润＝本年利润＋利润分配［未弥补的亏损，在本项目内以“－”号填列］

11. 应付职工薪酬＝应付工资＋其他应交款＋其他应付款

2. 损益表

损益表又叫利润表，是财务三大主报表之一，是反映公司在会计期间内经营成果(盈利或亏损)的报表。损益表衡量的是经营成果，通常是衡量公司管理者经营业绩的重要指标，所以又被称为“面子”报表。损益表属于动态报表，用于分析公司的盈利能力及未来一定时期的盈利趋势，帮助公司所有者做出合理的经济决策。

损益表包括收入、利润、净利润几个主要部分。利润为收入减成本得出，净利润为利润减去税费得出，见表 4–2。

公司的收入所得一般按照营业范围和占比分为主营业务收入和其他业务收入，通常占比达到 50% 以上的业务才能算主营业务，主营业务为公司的重点收入来源，主营业务成本为公司成本的重要构成，应重点核算。

主营业务占比越大，说明公司越专注于该项业务，更容易实现高效率和规模化。当公司规模越大，公司越倾向于一体化发展或多元化发展，这时公司可以对主营业务重新进行定义，或者根据需要分列明细账。公司有自我修正和调整的能力，当机构庞大臃肿到一定程度，公司倾向于削减盈利状况不佳的业务单元，或将不同的业务单元拆分成为独立的子公司。

表 4–2 损益表

编制单位：　　　　　　　　　　　　　　　　　　　　　单位：元

项 目	年初余额	期末余额
一、营业收入		
其中：主营业务收入		
其他业务收入		
减：营业成本		
其中：主营业务成本		
其他业务成本		
营业税金及附加		
销售费用		
管理费用		
财务费用		
资产减值损失		
加：公允价值变动收益（损失以“–”号填列）		
投资收益（损失以“–”号填列）		
其中：对联营企业和合营企业的投资收益		
二、营业利润（亏损以“–”号填列）	—	—
加：营业外收入		
减：营业外支出		

续表 4–2

项 目	年初余额	期末余额
其中：非流动资产处置损失		
三、利润总额（亏损总额以“–”号填列）	—	—
减：所得税费用		
四、净利润（净亏损以“–”号填列）	—	—
五、每股收益		
（一）基本每股收益		
（二）稀释每股收益		
六、其他综合收益		
七、综合收益总额	—	—

* 本表包含的主要计算公式：

1. 利润总额 = 净销售 – 销货成本
2. 净销售 = 销售 – 销货退回与销售折让
3. 销货成本 = 期初存货 + 购货 – 购货退回与折让 + 购货运费 – 期末存货
4. 计算净利润的方法：

净利润 = 毛利 + 所有收入 – 所有支出

3. 现金流量表

现金流量表是财务三大主报表之一，主要表示会计期间内现金及其等价物的流入、流出状况，见表 4–3。现金的流入、流出来自公司经营活动和投资、筹资活动。一定时期的现金流量通常可按现金流量总额或现金流量净额反映。现金流量总额等于现金流入总额和现金流出总额之和。现金流量净额等于现金流入总额和现金流出总额相抵后的差额。现金流量总额和净额反映的信息不同，一般现金流量总额对公司经营活动现金流状况的评判能提供更多信息，现金流量净额对于投资活动的现金流量状况的评判能提供更多信息。因为二者的考量目标不同，前者倾向于均衡稳定的流动以期长期发展，后者倾向于尽快收回投资成本和获取投资回报。

公司应合理区分经营活动、投资活动和筹资活动，现金流量总额和净额法可以灵活选择，一般建议投资活动和现金流出可以忽略的小项目采用净额法。对于某些界定不十分明确的项目，可以在初期视情况和性质进行划分，后期一贯性地遵循这一划分标准。

表 4–3　现金流量表

编制单位：　　　　　　　　　　　　　　　　　　　　单位：元

项　　目	期初余额	期末余额	补充资料	期初余额	期末余额
一、经营活动产生的现金流量：			1. 将净利润调节为经营活动现金流量：		
销售商品、提供劳务收到的现金			净利润		
收到的税费返还			加：计提的资产减值准备		
收到的其他与经营活动有关的现金			固定资产折旧		
现金流入小计			无形资产摊销		
购买商品、接受劳务支付的现金			长期待摊费用摊销		
支付给职工以及为职工支付的现金			处置固定资产、无形资产和其他长期资产的损失（减：收益）		
支付的各项税费			固定资产报废损失		
支付的其他与经营活动有关的现金			公允价值变动损失（收益以“–”号填列）		
现金流出小计			财务费用		
经营活动产生的现金流量净额			投资损失（减：收益）		
二、投资活动产生的现金流量：			递延所得税资产减少（增加以“–”号填列）		
收回投资所收到的现金			递延所得税负债增加（减少以“–”号填列）		
取得投资收益所收到的现金			存货的减少（减：增加）		
处置固定资产、无形资产和其他长期资产所收回的现金净额			经营性应收项目的减少（减：增加）		
收到的其他与投资活动有关的现金			经营性应付项目的增加（减：减少）		
现金流入小计			其他		

续表 4-3

项　　目	期初余额	期末余额	补充资料	期初余额	期末余额
购建固定资产、无形资产和其他长期资产所支付的现金			经营活动产生的现金流量净额		
投资所支付的现金					
支付的其他与投资活动有关的现金					
现金流出小计					
投资活动产生的现金流量净额			2. 不涉及现金收支的投资和筹资活动：		
三、筹资活动产生的现金流量：			债务转为资本		
吸收投资所收到的现金			一年内到期的可转换公司债券		
借款所收到的现金			融资租入固定资产		
收到的其他与筹资活动有关的现金					
现金流入小计					
偿还债务所支付的现金					
分配股利、利润或偿付利息所支付的现金			3. 现金及现金等价物净增加情况：		
支付的其他与筹资活动有关的现金			现金的期末余额		
现金流出小计			减：现金的期初余额		
筹资活动产生的现金流量净额			加：现金等价物的期末余额		
四、汇率变动对现金的影响			减：现金等价物的期初余额		
五、现金及现金等价物净增加额			现金及现金等价物净增加额		

4. 关于《会计准则》

我国现行的《会计法》是2017年第十二届全国人民代表大会常务委员会第三十次会议最新修订的，自2017年11月5日起施行。《会计法》是我国对境内所有从事经济活动的主体，在会计工作中所要遵守的最高法律规定。《会计准则》是在会计法的基础上，经济主体的会计人员在会计工作中所要遵循的基本原则，是会计核算工作的规范，用于保证会计信息的质量，它的目的在于把会计处理建立在公允、合理的基础之上，并使不同会计期间或不同主体之间的会计结果有比较的可能。《会计准则》由国务院会计准则委员会制定和修订，会计准则有营利组织和非营利组织之分。

最新版《会计准则》是在原有准则基础上经过梳理和征求意见后建立的比较完善的会计准则体系，更加贴近国际《会计准则》，于2007年1月1日起在上市公司中执行，其他公司鼓励执行。

《会计准则》分为基本准则和具体准则，基本准则用于全面指导，具体准则侧重具体应用指导，比如存货、长期股权投资、无形资产等等。表4–4内容摘自《会计准则》的基本准则部分。

表4–4 会计基本准则

（一）真实性
真实性原则是指会计核算应当以实际发生的经济业务为依据，如实地反映经济业务、财务状况和经营成果，做到内容真实、数字准确、资料可靠。 真实性原则包括真实性、可靠性和可验证性三个方面，是对会计核算工作和会计信息的基本质量要求。真实的会计信息对国家宏观经济管理、投资人决策和公司内部管理都有着重要意义，会计核算的各个阶段都应遵循这个原则。
（二）实质重于形式原则
公司应当按照交易或事项的经济实质进行会计核算，而不应当仅仅按照它们的法律形式作为会计核算的依据。
（三）有用性
有用性原则是指会计信息应当符合国家宏观管理的要求，满足有关各方了解公司财务状况和经营成果的需要，满足公司加强内部经营管理的需要。 会计的主要目标就是向有关各方提供对决策有用的信息，如提供的信息与进行决策无关，不仅对决策者毫无价值，而且有时还会影响他们做出正确决策。所以会计核算的提供的信息资料必须对决策者有用才行。
（四）一致性
一致性原则是指会计处理方法前后各期应当一致，不得随意变更。这样才便于同一公司的不同会计期间的会计信息进行比较，从而对公司不同期间的经营管理成果有一个直观的了解。 一致性原则并不否定公司在必要时对会计处理方法作适当变更当公司的经营活动或国家的有关政策规定发生重大变化时，可以根据实际情况变更会计处理方法，但要将变更的情况、变更的原因及其对公司财务状况和经营成果的影响，在财务报表批注中加以说明。
（五）可比性
可比性原则是指会计核算应当按照规定的会计处理方法进行，会计指标应当口径一致，相互可比。只有遵循可比性原则，一个公司才可以同本行业的不同公司进行比较，了解自己在本行业中的地位，存在哪些优势和不足，从而制定出正确的发展战略。 另外指明一点，一致性和可比性实际上是同一问题的两个方面。一致性原则解决的是同一公司纵向可比问题，而可比性原则解决的是公司之间横向可比的问题。广义上说，两者均可称为可比性。

续表 4–4

（六）及时性
及时性原则是指会计核算应当及时进行，保证会计信息与所反映的对象在时间上保持一致，以免使会计信息失去时效。凡会计期内发生的经济事项，应当在该期内及时登记入账，不得拖至后期，并要做到按时结账，按期编报会计报表，以利于决策者使用。 特别是当今信息社会，会计资料若不及时记录，会计信息不及时加工、生成和报送，就会失去时效，变成一堆没用的信息，对进行决策也就不会有任何帮助。可见，会计信息的及时性要求，是其有用性的限制因素。
（七）清晰性
清晰性原则是指会计记录和会计报表都应当清晰明了，便于理解和利用，能清楚地反映公司经济活动的来龙去脉及其财务状况和经营成果。根据清晰性原则，会计记录应准确清晰，账户对应关系明确，文字摘要清楚，数字金额准确，手续齐备，程序合理，以便信息使用者准确完整地把握信息的内容，更好地加以利用。
（八）权责发生制
权责发生制原则是指会计核算应当以权责发生制作为会计确认的时间基础，即收入或费用是否计入某会计期间，不是以是否在该期间内收到或付出现金为标志，而是依据收入是否归属该期间的成果、费用是否由该期间负担来确定。凡是当期已经实现的收入和已经发生或应当负担的费用，不论款项是否收付，都应当作为当期的收入和费用；凡是不属于当期的收入和费用，即使款项已在当期收付，也不应当作为当期的收入和费用。权责发生制是一种记账基础，建立在该基础之上的会计模式可以正确地将收入与费用相配合，正确地计算损益。
（九）配比性
收入与费用配比原则是指收入与其相关的成本费用应当配比。这一原则是以会计分期为前提的。当确定某一会计期间已经实现收入之后，就必须确定与该收入有关的已经发生了的费用，这样才能完整地反映特定时期的经营成果，从而有助于正确评价公司的经营业绩。 配比原则包括两层含义。一是因果配比，即将收入与对应的成本相配比；二是时间配比，即将一定时期的收入与同时期的费用相配比。
（十）实际成本
实际成本原则，也称历史成本原则，是指公司的各项财产物资应当按取得时的实际成本计价，物价如有变动，除有特殊规定外，不得调整账面价值。按照此原则，公司的资产应以取得时所花费的实际成本作为入账和计价的基础。历史成本不仅是一切资产据以入账的基础，而且是其以后分摊转为费用的基础。
（十一）划分收益性支出与资本性支出
划分收益性支出与资本性支出的原则是指在会计核算中合理划分收益性支出与资本性支出。如果支出所带来得经济收益只与本会计年度有关，那么该项支出就是收益性支出；如果支出所带来的经济收益不仅与本年度有关，而且同时与几个会计年度有关，那么该项支出就是资本性支出。区分收益性支出与资本性支出，有助于正确地确认当期的损益和资产的价值，保持会计信息的客观性。
（十二）谨慎性
谨慎性原则是指在有不确定因素的情况下做出判断时，保持必要的谨慎，不抬高资产或收益，也不压低负债或费用。对于可能发生的损失和费用，应当加以合理估计。实施谨慎性原则能对公司经营存在的风险加以合理估计，在风险实际发生之前将之化解，并对防范风险起到预警作用，有利于公司做出正确的经营决策，有利于保护所有者和债权人利益，有利于提高公司在市场上的竞争力。

续表 4–4

（十三）重要性
重要性原则是指在选择会计方法和程序时，要考虑经济业务本身的性质和规模，根据特定经济业务对经济决策影响的大小，来选择合适的会计方法和程序。 重要性原则与会计信息成本效益直接相关。坚持重要性原则就能够保证会计信息的收益大于成本，如对于不重要的项目，也采用严格的会计程序，分别核算，分项反映，就可能会导致会计信息成本高于收益。在评价某些项目的重要性时，一般来说，应从质和量两个方面来分析。从质上来说，当某一事项有可能对决策产生一定影响时，就属于重要项目；从量上来说，当某一项目的数量达到一定规模时，就可能对决策产生影响。

5. 动物医院的财务管理指标

财务指标是总结和评价公司财务状况与经营成果的指示性参数，包括衡量偿债能力的指标、衡量营运能力的指标、衡量盈利能力的指标和衡量发展能力的指标。财务指标为相对指标，一般是由一个值与另一个值比较得出的，参见表 4–5。

表 4–5 指标计算公式中有颜色标记的字体，同种颜色的两个词相近但是有所区别。

■ 所有者权益 VS 净资产：一般情况下，净资产等于所有者权益。在某些特定情况下，公司权益方面不仅仅包含通常的负债和所有者权益，还包括既不是负债也不是所有者权益的项目，如公司合并会计报表中的“少数股东权益”。

■ 营业利润 VS 利润总额：指公司从事生产经营活动中取得的利润，是公司利润的主要来源。利润总额除了营业利润，还包括营业外利润。

■ 总营业额 VS 营业收入：需缴纳营业税的公司，其总营业额是价内税，营业额与营业收入是相等的；而其他需要缴纳增值税的公司，营业额是包含增值税的，营业收入则扣除了增值税。

■ 息税前利润 VS 净利润：前者比后者多出了利息收入。

6. 财务分析

衡量公司的财务状况，要综合考虑偿债、营运、盈利和发展能力指标，见表 4–6。指标看似相互孤立，实质上相互存在千丝万缕的联系。财务指标均来自财务报表，孤立的指标也能说明一定问题，但是理解是片面的，应该将各个报表的关联性、报表与指标间的关联性、指标与指标间的关联性充分考量，结合公司经营活动的具体情况，得出数据背后的解读信息。

图 4–1 为各报表之间的关系，资产负债表为静态表，所以图 4–1 中列出了期初和期末两张资产负债表。

表 4–5　财务指标

报表	指标类别	指标	图示
资产负债表 一、资产 流动资产 非流动资产 二、负债 流动负债 非流动负债 三、所有者权益	偿债能力指标	流动比率 = 流动资产 / 流动负债 ×100% 速动比率 = 速动资产 / 流动负债 ×100% 资产负债率 = 负债总额 / 资产总额 ×100% 产权比率 = 负债总额 / 所有者权益总额 ×100%	速动资产 流动负债总额　所有者权益总额 资产总额
	运营能力指标	资产周转率 = 总营业额 / 资产平均余额 ×100%	
损益表 一、营业收入 主营业务收入 其他业务收入 减： 主营业务成本 其他业务成本 二、营业利润 三、净利润 四、每股收益 五、其他综合收益 六、综合收益总额	获利能力指标	营业利润率 = 营业利润 / 营业收入 ×100% 成本费用利润率 = 利润总额 / 成本费用总额 ×100% 总资产报酬率 = 息税前利润总额 / 平均资产总额 ×100% 净资产收益率 = 净利润 / 平均净资产 ×100%	营业收入 成本费用总额　营业利润 净利润
现金流量表 一、经营活动产生的现金流 现金流入小计 现金流出小计 现金流净额 二、投资活动产生的现金流 现金流入小计 现金流出小计 现金流净额 三、筹资活动产生的现金流 现金流入小计 现金流出小计 现金流净额 四、汇率变动的影响 五、现金及其等价物的净增额	发展能力指标	营业收入增长率 = 本年营业收入增长额 / 上年营业收入 ×100% 资本保值增值率 = 扣除客观因素后的年末所有者权益总额 / 年初所有者权益总额 ×100% 总资产增长率 = 本年总资产增长额 / 年初资产总额 ×100% 营业利润增长率 = 本年营业利润增长额 / 上年营业利润总额 ×100%	现金总额 现金流入　现金流出 现金流净额

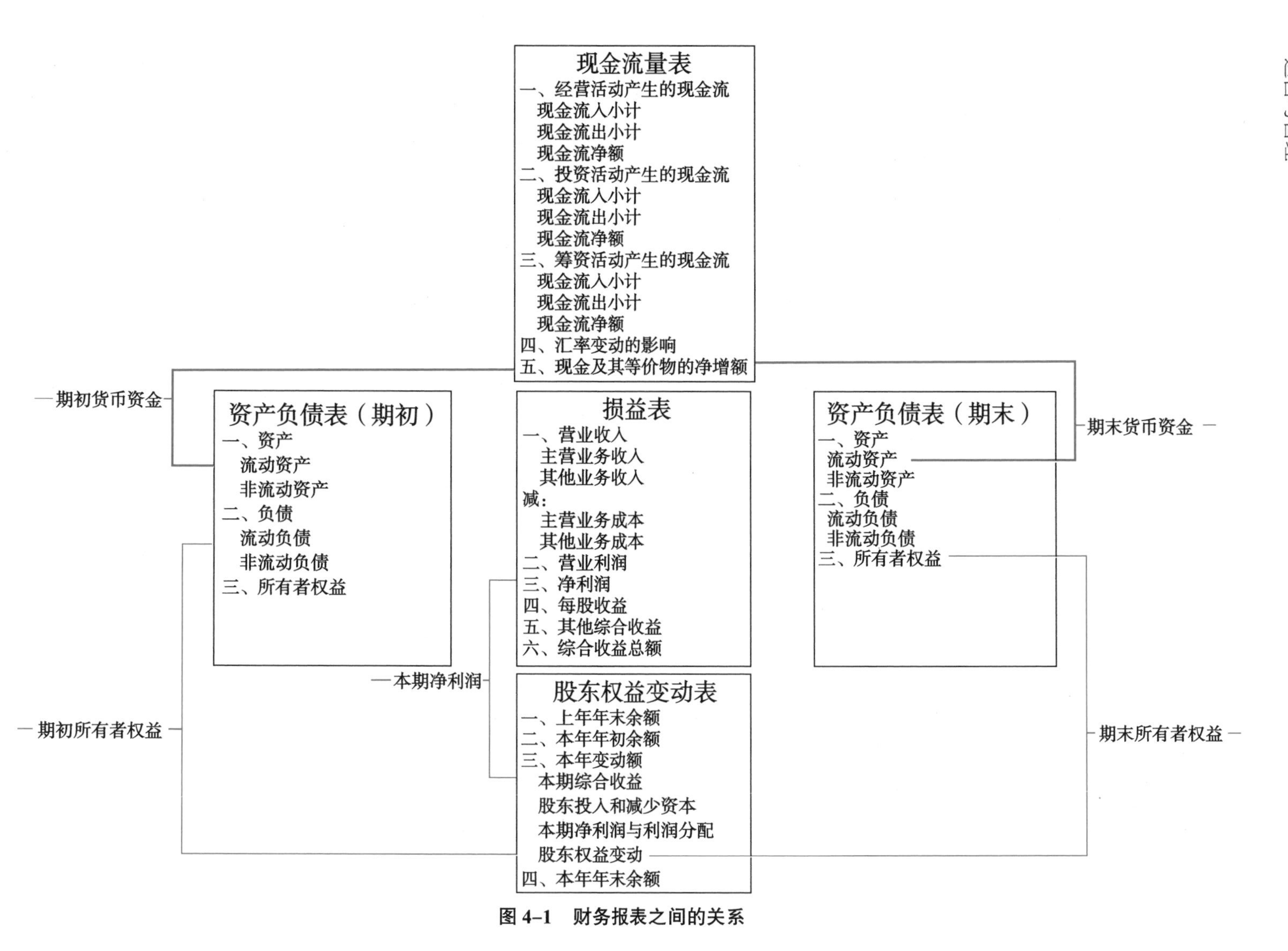

图 4-1 财务报表之间的关系

表 4–6　财务指标

指标	公式	分析	比较分析
一、偿债能力			
1. 短期偿债能力			
流动比率	流动比率 = 流动资产 / 流动负债 ×100%	流动比率越高，短期偿债能力越强，过高的流动比率，意味着机会成本的增加和获利能力的下降	都能说明短期偿债能力，都是数值越高代表公司的偿债能力越强。流动比率根据流动资产计算得出，速动比率根据速动资产计算得出。速动资产属于流动资产中能够快速变现的部分，属于高质量流动资产。可见，速动资产对短期偿债能力的衡量意义更加重要
速动比率	速动比率 = 速动资产 / 流动负债 ×100% 其中：速动资产 = 货币资金 + 交易性金融资产 + 应收账款 + 应收票据	速动比率越高，公司偿债能力越强；但却会因占用过多现金及应收账款而增加公司的机会成本	
2. 长期偿债能力指标			
资产负债率	资产负债率 = 负债总额 / 资产总额 ×100%	资产负债率越小，表明公司长期偿债能力越强；该指标过小表明对财务杠杆利用不够；公司的经营决策者应当将偿债能力指标与获利能力指标结合起来分析	都说明长期偿债能力，数值都是越小越好，前者考量的基础是资产总额，也就是单位资产的负债能力，后者考量的是单位所有者权益的负债能力。产权比率 = 资产负债率 × 权益乘数。产权比率可以衡量资金结构中是否股东所持股权过多或过少
产权比率	产权比率 = 负债总额 / 所有者权益总额 ×100%	产权比率越低，公司的长期偿债能力越强，但也表明公司不能充分地发挥负债的财务杠杆效应	
二、运营能力指标			
资产周转速度	周转率（周转次数）= 周转额 / 资产平均余额 周转期（周转天数）= 计算期天数 / 周转次数 = 资产平均余额 × 计算期天数 / 周转额	周转速度越快，资产的使用效率越高，则运营能力越强。资产周转速度通常用周转率和周转期（周转天数）来表示	考察资产运营效率的指标，可以发现闲置资产和利用不充分的资产，用于判断公司财务安全性及资产的收益能力，从而提高资产利用效率以改善经营业绩
三、获利能力指标			
营业利润率	营业利润率 = 营业利润 / 营业收入 ×100%	该指标越高，表明公司市场竞争力越强，发展潜力越大，盈利能力越强	首先，两者考量的范畴不同，前者只考虑营业范围，后者考量的还有营业外的范围；其次，两者考量的基础不同，前者考量单位收入中包含的利润，后者考量的是单位成本费用的利润。同样是数值越高，盈利能力越强，前者只说明经营性获利能力，后者则说明单位成本费用的总获利能力。贸易型公司显然更关注前者，制造型公司更关心后者
成本费用利润率	成本费用利润率 = 利润总额 / 成本费用总额 ×100% 成本费用总额 = 营业成本 + 营业税金及附加 + 销售费用 + 管理费用 + 财务费用	该指标越高，表明公司为取得利润而付出的代价越小，成本费用控制得越好，盈利能力越强	

续表 4-6

指标	公式	分析	比较分析
总资产报酬率	总资产报酬率 = 息税前利润总额 / 平均资产总额 ×100% 息税前利润总额 = 利润总额 + 利息支出	该指标越高，表明公司的资产利用效益越好，整个公司盈利能力越强	两者考量的基础不同，后者为单位净资产的获利能力，该指标反映股东权益的收益水平，用以衡量公司运用自有资本的效率。总资产报酬率的高低直接反映了公司的竞争实力和发展能力，也是决定公司是否应举债经营的重要依据。可以根据两者的差距来说明公司经营的风险程度；对于净资产所剩无几的公司来说，虽然它们的指标数值相对较高，但仍不能说明它们的风险程度较小；而净资产收益率作为配股的必要条件之一，是公司调整利润的重要参考指标
净资产收益率	净资产收益率 = 净利润 / 平均净资产 ×100%	净资产收益率越高，公司自有资本获取收益的能力越强，运营效益越好，对公司投资人、债权人的保证程度越高	
四、发展能力指标			
营业收入增长率	营业收入增长率 = 本年营业收入增长额 / 上年营业收入 ×100%	营业收入增长率大于零，表示公司本年营业收入有所增长，指标值越高表明增长速度越快，公司市场前景越好	四个指标都衡量发展能力，但是关乎内涵外延、质和量的比重不同，营业收入增长率和营业利润增长率是外延增长和内涵增长的关系，资本保值增值率和总资产增长率是质和量的关系，实际上内涵和外延、质和量需要统筹考虑
资本保值增值率	资本保值增值率 = 扣除客观因素后的年末所有者权益总额 / 年初所有者权益总额 ×100%	资本保值增值率越高，表明公司的资本保全状况越好，所有者权益增长越快；债权人的债务越有保障。该指标通常应大于100%	
总资产增长率	总资产增长率 = 本年总资产增长额 / 年初资产总额 ×100%	(1)该指标越高，表明公司一定时期内资产经营规模扩张的速度越快； (2)分析时，需要关注资产规模扩张的质和量的关系，以及公司的后续发展能力，避免盲目扩张	
营业利润增长率	营业利润增长率 = 本年营业利润增长额 / 上年营业利润总额 ×100%	本年营业利润增长额 = 本年营业利润总额－上年营业利润总额	

案例 4-1　财务报表解读

表 4-7 至表 4-10 为 A 公司和 B 公司在同一会计周期的财务报表和财务指标对比，两家公司均以从事动物诊疗业务为主营业务。货币单位：元。

表 4-7　资产负债表对比

元

	A 公司		B 公司	
	本期	上期	本期	上期
营业收入	297,328,868.57	190,716,796.25	63,557,105.44	52,488,424.25
主营业务收入	297,177,541.00	188,924,552.00	55,213,677.34	45,677,333.49
医疗	192,600,726.00	121,832,468.00	51,511,012.24	42,352,767.20
美容	51,172,119.00	37,505,461.00	0.00	0.00
食品用品销售	47,865,321.00	29,148,587.00	8,343,428.10	6,367,041.25
设备销售	5,313,808.00	438,034.00	0.00	0.00
咨询服务	225,565.00	0.00	2,070,909.43	1,795,130.88
其他业务收入	151,326.00	1,792,243.00	0.00	0.00
营业成本	279,834,483.19	171,660,152.96	35,442,299.12	27,228,550.20
主营业务成本	212,075,473.00	128,185,586.00	29,075,257.87	22,165,200.52
其他业务成本	0.00	0.00	0.00	0.00
管理费用	63,829,355.00	38,566,413.00	7,218,372.63	8,782,690.15
销售费用	1,868,637.00	1,547,187.00	3,045,911.53	3,340,494.69
财务费用	1,141,426.00	547,043.00	–2,738.20	–180,181.26
营业利润	23,220,525.00	18,844,342.00	17,736,183.83	12,421,778.04
营业外收入	130,000.00	2,200,000.00	2,401.90	154,255.06
营业外支出	334,865.00	13,856.00	82,236.00	13,060.00
净利润	22,000,000.00	20,700,000.00	13,195,940.05	9,422,229.82

表 4–8　损益表对比

资产	A 公司		B 公司		负债和所有权益	A 公司		B 公司	
	期初余额	期末余额	期初余额	期末余额		期初余额	期末余额	期初余额	期末余额
流动资产：					**流动负债：**	1,000,000.00	1,000,000.00		
货币资金	15,230,707.38	272,628,646.88	22,655,381.38	34,894,805.31	短期借款				
应收账款	4,023,680.28	5,567,488.05	441,935.46	1,236,707.49	应付账款	3,085,160.82	9,724,228.56	2,709,140.66	4,073,347.41
预付款项	4,915,859.17	10,625,307.88	417,517.33	24,737.25	预收款项	4,730,489.48	12,505,665.63	71,984.20	96,186.90
应收利息	7,707,954.24	16,127,180.49			应付职工薪酬	5,472,199.90	6,568,109.73	3,391,268.81	3,326,188.64
应收股利	14,679,866.85	24,913,303.56			应交税费	1,341,016.32	2,383,236.94	1,196,776.21	867,097.96
其他应收款	5,990,133.25		122,274.40	414,829.66	应付股利			500,000.00	1,324,823.95
存货	3,054,440.30	9,944,609.29	2,560,924.40	2,961,020.91	其他应付款	16,941,205.25	24,188,741.18	1,271,857.75	2,968,079.77
一年内到期的非流动资产	7,707,954.24	16,127,180.49			其他流动负债			2,247,753.79	
流动资产合计	55,602,641.47	339,806,536.15	26,198,032.97	39,532,100.62	**流动负债合计**	32,570,071.77	56,369,982.04	11,388,781.42	12,655,724.63
长期股权投资	35,520,762.69	41,097,207.15			递延收益	288,985.77	157,241.35		
投资性房地产					递延所得税负债				
固定资产	23,841,592.21	46,800,512.29	7,446,969.87	9,355,444.35	其他非流动负债				
减：累计折旧					**非流动负债合计**	288,985.77	157,241.35		
固定资产净值	23,841,592.21	46,800,512.29			**负债合计**	32,859,057.54	56,527,223.39	11,388,781.42	12,655,724.63
固定资产净额	23,841,592.21	46,800,512.29			**所有者权益**				
无形资产	507,660.50	377,988.37	53,911.36	43,021.36	实收资本	50,000,000.00	58,572,800.00	2,000,000.00	2,000,000.00
无形资产					资本公积	22,592,834.79	316,067,134.79		
商誉	2,171,743.90	2,171,743.90			盈余公积		2,708,355.33	1,127,305.06	1,127,305.06

续表 4-8

	A 公司		B 公司			A 公司		B 公司	
资产	期初余额	期末余额	期初余额	期末余额	负债和所有权益	期初余额	期末余额	期初余额	期末余额
长期待摊费用	25,372,254.67	57,061,132.60			未分配利润	34,420,990.02	54,673,225.93	19,182,827.72	33,149,529.05
递延所得税资产	58,622.02	92.74.80		1,992.41	归属于母公司的所有者权益合计	107,013,824.81	432,021,516.05		
其他非流动资产		4,056,669.43			少数股东权益	3,202,392.61	2,915,124.75		
非流动资产合计	135,155,820.41	245,166,278.32	7,500,881.23	9,400,458.12	**所有者权益合计**	110,216,217.42	434,936,640.80	22,310,132.78	36,276,834.11
资产总计	190,758,461.88	584,972,814.47	33,698,914.20	48,932,558.74	**负债和所有者权益合计**	139,872,882.35	488,548,739.44	33,698,914.20	48,932,558.74

表 4-9　现金流量表对比

	A 公司		B 公司	
项目	本期金额	上期金额	本期数	上期数
一、经营活动产生的现金流量：				
销售商品、提供劳务收到的现金	317,943,641.04	209,385,400.29	66,142,956.36	53,703,378.87
收到的税费返还	1,362.51		2,537,808.21	1,792,257.78
收到其他与经营活动有关的现金	18,659,763.11	6,918,489.65	2,185,954.68	2,330,443.60
经营活动现金流入小计	336,604,766.66	216,303,889.94	70,866,719.25	57,826,080.25
购买商品、接受劳务支付的现金	104,402,566.74	58,119,658.94	15,494,241.81	12,904,992.25
支付给职工以及为职工支付的现金	111,801,685.47	56,881,161.76	22,027,600.36	18,803,673.83
支付的各项税费	7,469,219.01	6,399,277.02	9,477,699.04	7,462,467.56
支付其他与经营活动有关的现金	88,054,089.96	74,034,182.48	7,578,639.03	6,756,869.49

续表 4-9

	A 公司		B 公司	
项目	本期金额	上期金额	本期数	上期数
经营活动现金流出小计	311,727,561.18	195,434,280.20	54,578,180.24	45,928,003.13
经营活动产生的现金流量净额	24,877,205.48	20,869,609.74	16,288,539.01	11,898,077.12
二、**投资活动产生的现金流量：**				
收回投资收到的现金				
取得投资收益收到的现金		–		
处置固定资产、无形资产和其他长期资产收回的现金净额	100.00	4,460.00		
收到其他与投资活动有关的现金		2,097,649.11	26,350.00	
投资活动现金流入小计	100.00	2,102,109.11	26,350.00	
购建固定资产、无形资产和其他长期资产支付的现金	64,241,337.50	22,760,624.89	3,133,242.10	4,050,605.10
投资支付的现金	7,420,000.00	35,700,000.00		
支付其他与投资活动有关的现金		–		
投资活动现金流出小计	71,661,337.50	58,460,624.89	3,133,242.10	4,050,605.10
投资活动产生的现金流量净额	–71,661,237.50	–56,358,515.78	–3,106,892.10	–4,050,605.10
三、**筹资活动产生的现金流量：**				
吸收投资收到的现金	305,091,500.00	2,252,500.00		
	641,500.00			
取得借款收到的现金	1,000,000.00	1,000,000.00		
收到其他与筹资活动有关的现金		–		
筹资活动现金流入小计	306,091,500.00	3,252,500.00		

续表 4–9

项目	A 公司		B 公司	
	本期金额	上期金额	本期数	上期数
偿还债务支付的现金	1,000,000.00	2,850,000.00	942,222.98	500,000.00
分配股利、利润或偿付利息支付的现金	8,526.48	4,556,252.37		
支付其他与筹资活动有关的现金	901,000.00	–	942,222.98	500,000.00
筹资活动现金流出小计	1,909,526.48	7,406,252.37	–942,222.98	–500,000.00
筹资活动产生的现金流量净额	304,181,973.52	–4,153,752.37		
四、汇率变动对现金及现金等价物的影响			12,239,423.93	7,347,472.02
五、现金及现金等价物净增加额	257,397,941.50	–39,642,658.41	22,655,381.38	15,307,909.36
加：期初现金及现金等价物余额	15,230,704.88	54,873,362.98	34,894,805.31	22,655,381.38
六、期末现金及现金等价物余额	272,628,646.38	15,230,704.57		

表 4–10　财务指标对比

两家公司的财务指标对比如下：

		指标名称		A 公司		B 公司	
				本年	上年	本年	上年
一、短期偿债能力	1	流动比率	流动资产 ÷ 流动负债	602.81%	170.72%	312.37%	230.03%
	2	速动比率	(货币资金 + 交易性金融资产 + 应收账款 + 应收票据) ÷ 流动负债	540.98%	97.88%	288.77%	203.88%
	3	现金流动负债比	年经营现金净流量 ÷ 年末流动负债	76.38%	37.02%	–24.55%	–35.57%

续表 4–10

		指标名称		A 公司		B 公司	
				本年	上年	本年	上年
二、长期偿债能力	4	资产负债率	负债总额 ÷ 资产总额	11.57%	23.49%	25.86%	33.80%
	5	产权比率	负债总额 ÷ 所有者权益	13.00%	29.81%	34.89%	51.05%
	6	或有负债比率	或有负债 ÷ 所有者权益				
	7	已获利息倍数	息税前利润总额 ÷ 利息支出				
	8	带息负债比率	带息负债 ÷ 负债总额				
三、运营能力	9	应收账款周转率	营业收入净额 ÷ 平均应收账款	1 550.01%		1 921.05%	
	10	应收账款周转天数	360 天 ÷ 应收账款周转率，或平均应收账款余额 ×360/ 营业收入	2 322.56%		1 873.97%	
	11	存货周转率	销售成本 ÷ 平均存货	1 413.55%		320.92%	
	12	存货周转期（天）	360 天 ÷ 存货周转率	2 546.78%		11 217.67%	
	13	流动资产周转率	营业收入净额 ÷ 平均流动资产	150.39%		80.39%	
	14	流动资产周转期（天）	360 天 ÷ 流动资产周转率	23 937.69%		44 783.53%	
	15	固定资产周转率	营业收入净额 ÷ 平均固定资产净值	841.79%		189.13%	
	16	固定资产周转期（天）	360 天 ÷ 固定资产周转率	4 276.60%		19 034.44%	
	17	总资产周转率	营业收入净额 ÷ 平均总资产	76.66%		38.46%	
	18	总资产周转期（天）	360 天 ÷ 总资产周转率	46 962.02%		93 608.20%	
	19	不良资产比率	（减值准备余额 + 应提未提应摊未摊潜亏挂账 + 未处理资产损失）/（资产总额 + 减值准备余额）				
	20	资产现金回收率	年经营现金净流量 ÷ 平均资产余额	6.41%		–0.57%	

续表 4-10

		指标名称		A 公司		B 公司	
				本年	上年	本年	上年
四、获利能力	21	营业利润率	营业利润 ÷ 营业收入	7.81%		27.91%	
	22	营业净利率	净利润 ÷ 营业收入	7.41%		20.76%	
	23	销售毛利率	（收入 – 成本）÷ 收入	5.88%		27.91%	
	24	成本费用利润率	利润总额 ÷ 成本费用总额	6.62%		38.42%	
	25	盈余现金保障倍数	经营现金净流量 ÷ 净利润	112.91%		–7.14%	
	26	总资产报酬率	息税前利润总额 ÷ 平均总资产	6.23%		10.68%	
	27	净资产收益率	净利润 ÷ 平均净资产	8.17%		7.98%	
	28	资本收益率	净利润 ÷ 平均资本，实收资本和资本公积溢价				
	29	基本每股收益	归属于普通股股东的当期净利润 / 当期发生在外普通股的加权数				
	30	每股收益	净利润 ÷ 普通股平均股数				
	31	每股股利	普通股股利总额 ÷ 年末普通股股数				
	32	市盈率	普通股每股市价 ÷ 普通股每股收益				
	33	每股净资产	年末股东权益 ÷ 年末普通股总数				

续表 4–10

		指标名称		A 公司		B 公司	
				本年	上年	本年	上年
五、发展能力	34	营业收入增长率	（本年营业收入 – 上年收入）/ 上年收入	35.86%		21.09%	
	35	资本保值增值率	扣除客观因素后年末所有者权益 ÷ 年初所有者权益	394.62%		145.21%	
	36	资本积累率	本年所有者权益增长额 ÷ 年初所有者权益，亦可上述 –1	294.62%		45.21%	
	37	总资产增长率	本年总资产增长额 ÷ 年初资产总额	206.66%		45.21%	
	38	营业利润增长率	本年营业利润增长额 ÷ 上年营业利润总额	23.22%		29.96%	
	39	技术投入比率	本年科技支出 ÷ 本年营业收入净额				
	40	营业收入三年平均增长率	（本年营业收入 ÷ 三年前收入）开 3 次方 –1				
	41	资本三年平均增长率	（年末所有者权益总额 ÷ 三年年末所有者权益总额）开 3 次方 –1				
六、综合	42	杜邦分析	净资产收益率 = 总资产净利率 · 权益乘数 = 营业净利率 · 总资产周转率 · 权益乘数				
七、其他比率	43	固定资产综合折旧率	年度折旧额 ÷ 固定资产原值				

在没有其他更多信息可以获取的情况下，单纯看两家公司的财务简表和财务指标对比，可以得出以下初步结论：

■ A公司的总体收入规模大于B公司，业务模块多于B公司。本期和上期业务对比，A公司和B公司宠物食品用品销售份额均有小幅上升，A公司美容业务、设备销售业务占比有所上升，B公司诊疗业务占比小幅下降，见图4–2。

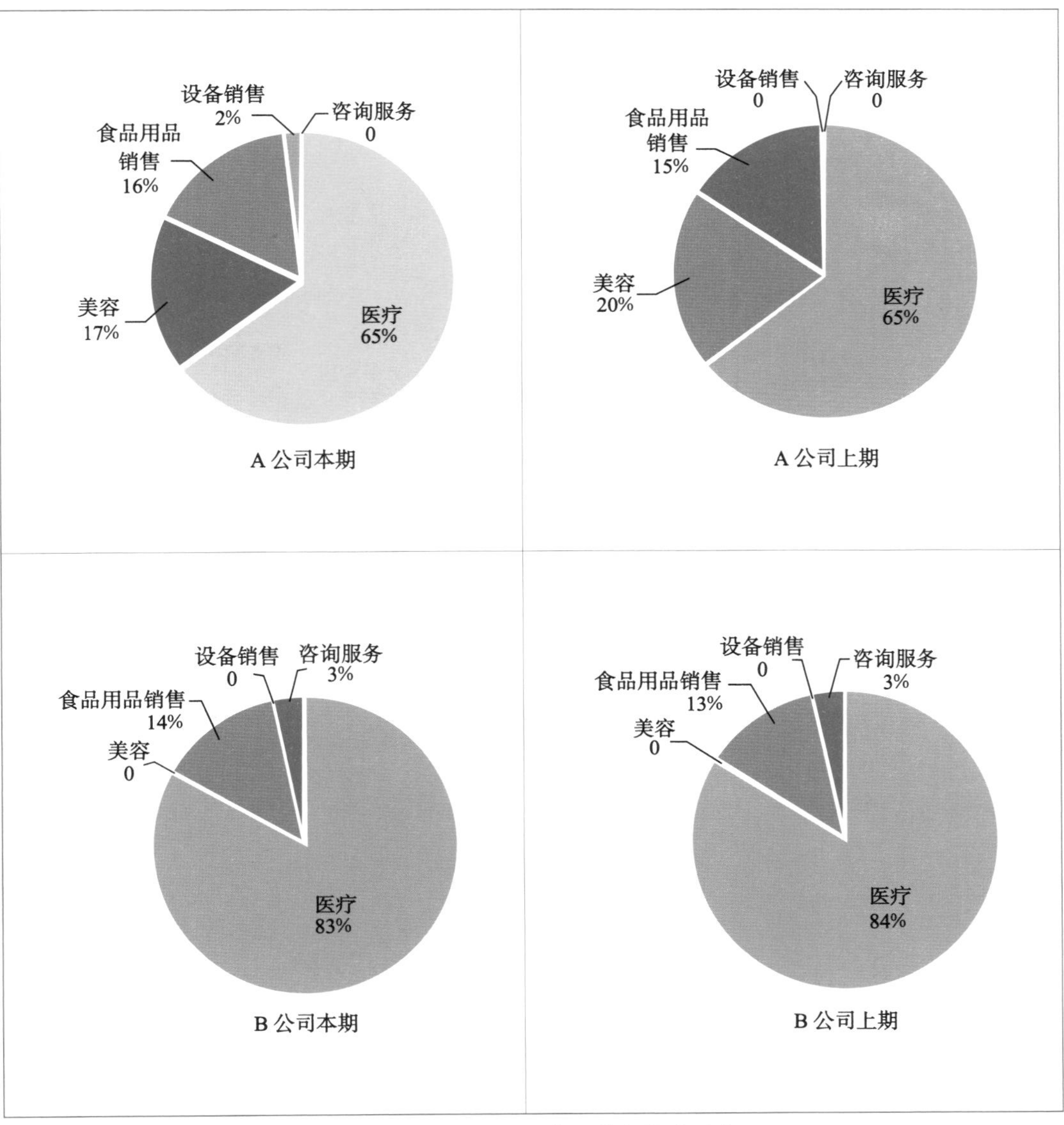

图4–2　A和B公司营业收入构成对比

■ 两公司成本由于会计科目划分的原因有所不同，A公司本期和上期成本结构稳定，B公司则在主营业务成本上发生较大波动，见图4–3。

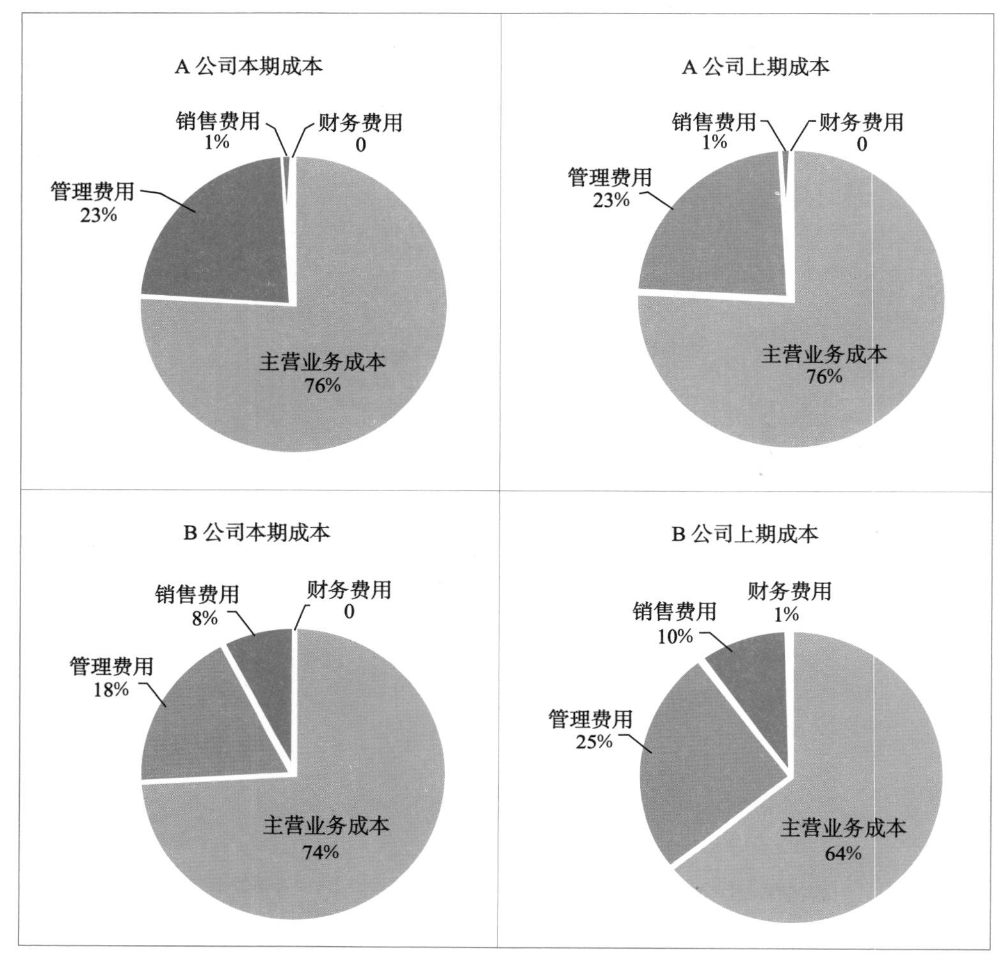

图 4–3 A 和 B 公司成本构成对比

■ 两公司在利润率上有很大区别，B公司利润率相关指标明显高于A公司，见表4–11。

表 4–11 利润率对比

指标	公式	A 公司	B 公司
营业利润率	营业利润 ÷ 营业收入	9.88%	27.91%
营业净利率	净利润 ÷ 营业收入	10.85%	20.76%
销售毛利率	（收入 – 成本）÷ 收入	9.99%	27.91%
成本费用利润率	利润总额 ÷ 成本费用总额	9.76%	38.42%

■ 两公司本期收入和利润均比上期有大幅增长，A 公司收入增长高于 B 公司，B 公司营业利润增长高于 A 公司，见表 4–12。

表 4-12　收入和利润指标对比

指标	公式	A 公司	B 公司
营业收入增长率	$\frac{本年营业收入-上年收入}{上年收入}$	35.86%	21.09%
营业利润增长率	本年营业利润增长额 ÷ 上年营业利润总额	23.22%	29.96%

■ 两家公司的长短期偿债能力状况均较好，A 公司本期比照上期有明显改善。

■ 两家公司的运营能力状况均较好，A 公司比 B 公司的运营能力更佳。

■ 两家公司的获利能力和发展能力表现良好，A 公司与资本相关的指标表现均比 B 公司更佳，说明 A 公司在资本的运作方面表现更优秀。

经了解，A 公司为一家连锁经营公司，下辖数百家动物医院，A 公司的财务报表实际为集团公司合并报表。会计期间 A 公司旗下几家主要的动物医院经营业绩良好，收购、开设数十家医院，对外投资控股两家高科技公司。B 公司为一家规模化的单体动物医院，会计期间经营稳定，未发生任何投融资。A 公司与 B 公司最大的不同在于，A 公司参与了商品市场和资本市场，B 公司只参与商品市场，在商品市场 B 公司和 A 公司主要动物医院的经营情况基本相似，由于 A 公司在商品市场的扩张导致 A 公司短期盈利能力下降，但是保证了商品市场的长期盈利能力。A 公司在资本市场的投资行为，只能在下一个或几个会计周期才能看到回报。

三、投资与融资

1. 投资

投资企业投资是指企业投入货币或技术、资源等资产替代货币，以期获取其他资产或权益的经济活动。投资的目的是为了获得投资回报，投资的同时也要承担相应的风险。投资分为直接投资和间接投资。直接投资直接进入经营环节，在商品市场中获取投资回报；间接投资进入金融市场，通过股利或利息获利。

无论是哪种投资方式，都要考虑投资回报率。获得最佳投资回报的前提，是在投资前充分评估投资的风险和收益，制定正确的投资决策。

◇ 投资论证

投资论证要解决两个问题，一是投资需求是否成立，二是投资方案是否可行。投资有时候是必需的，有时候则不是必需的，或者至少不是眼下必需的。投资就存在风险，有可能达不到预期收益，有时甚至血本无归。预估投资收益，评估投资风险，设法提高收益的同时降低风险，是投资方案要解决的问题。

◇ 决策组织和程序

《公司法》对于股东权利有明确规定，《公司章程》《董事会议事规则》《监事会议事规则》等对股东权利、董监事权利、决策组织和决策程序进一步明确。公司的最高决策机构是股东大会，股东也可以选出董事组成董事会代为行使股东权利，董 / 监事按照程序行使表决权，生成董事会决议。股东还可以授权一定金额以下的经营性投资决策由总经理和经营班子做出决定，以提高决策效率。

◇ 投资评估

投资评估是在投资项目运行一段时间后，对投资效果进行评估的过程，包括对投资实施的情况、收益情况进行评估，与投资方案的实施方案、进度计划、收益预期进行对比，从而评判投资是否成功。

2. 融资

融资分为广义和狭义两种，广义融资是指资金融通，也叫金融，狭义融资是指资金筹措。企业融资的目的是为了获取外部资金用于生产经营或是偿债，同时要支付相应的利息。了解融资先从了解金融市场开始，金融市场是资金融通的市场，包括资本市场和货币市场两部分。资本市场用于长期资金融通，货币市场用于一年以下资金融通。无论在哪个市场，融资都可以分为直接融资和间接融资。直接融资发生在资金融通供需双方之间，间接融资发生在资金融通需方与金融机构之间。

无论是借入或是贷放都存在一定的风险，可能无力偿还借款或损失本金，因此融资是企业的重要经营决策，需要经营团队对是否融资、以何种方式融资进行评估和撰写融资计划，由股东进行决策。用于投资的融资，往往结合投资项目计划书编制融资计划，主要考量投资收益与融资成本的对比，在收益与风险之间权衡决策；用于维持生产的融资，往往结合产品的市场预期，以收入能够涵盖融资成本以及正常生产的成本、利润为标准进行权衡；用于偿债的融资，则需要权衡风险利弊，决策以不动摇企业经营的根本为前提，或是缩小企业经营规模为前提。

第二节　人力资源管理

人力资源是公司最重要的资源，是最富创造性的资源，是可以吸收和开发其他资源的资源。

同时，人也是公司中最不确定的因素，需要不断地约束、引导、培养和激励。人和人之间以什么样的方式相处，就意味着公司有什么样的氛围和文化气息，这些又影响着公司的效率与产出。

目前通常的动物医院人力资源具有以下特点：

■ 以医师为核心人才，其他人员围绕医师提供辅助服务。医院人员的定额也是以医生的数量为基数，每个医生配备 2 ～ 3 名助理的方式确定的。

■ 医师既是主要的价值创造者，也是主要的价值传递者。病例量的多少，很大程度上和医师的水平有关。

■ 职责未完全独立，尤其是管理职能，可能由不同的人分担不同的职能，也可能由一人担任多个职能。

基于以上原因，目前相当动物医院的人力资源管理还处于比较初级的阶段，招聘、培训、薪酬、绩效没有整合成体系化。事实上，伴随资本遍地开花带来的竞争加剧和人才流动加剧，动物医院亟须改进人力资源开发管理工作，为形成竞争优势和储备人才做好充分准备。

一、招聘与任用

人员招聘是公司人力资源开发与管理的第一道环节，人力资源的素质如何？是否符合公司需求？是否能适应公司未来发展需要？都与人力资源经理的招聘成效有关。

当公司出现岗位空缺，从拟定招聘需求，发布职位信息，到筛选简历，面试，最终确定人选，大约需要数天到数周的时间。岗位空窗期的时间长短和行业的流动性、岗位技术含量以及人才供需情况有关，有时也和机遇有关。

越是高级和稀缺的人才，流动性越差，供需矛盾越突出，岗位空窗期可能越长。尽快找到适合的人才，既是对人力资源经理招聘能力的考验，也是对公司人才储备和人脉积累的考验。

人才和血液一样需要流动更新，维持合适的流动比率是人力资源经理的工作目标之一。流动率太低，意味着人员容易因循守旧，缺乏追求和上进心，既没有动力也缺少压力。流动率太高，难免影响业务正常开展，还会增加招聘工作量和用人失误的可能。

动物医疗行业是小众行业，兽医人才培养周期长，专业院校毕业生源不足的现象一直存在，近年来行业的快速发展提升了本专业生源从事本行业工作的比率，但是无法改变供需缺口越来越大的现实。人才饥荒加剧了兽医人才流动，也带动了猎头和培训机构的发展。

作为一名人力资源经理，合理的人才流动比例控制在多少合适？采用何种招聘渠道？按什么比例储备人才合适？如何提高招聘的成功率？一切先要从岗位设置说起。

在进行岗位设置时，人力资源的配备是根据职能和工作量进行的。不仅每一项工作要有人做，还要在工作时间内保质保量完成。也就是说岗位的设置要满足正常生产需要，人员的配备要考虑生病、休假和工作量临时增加因素。所以要保证一定的人员储备，尤其是重要岗位的人员必须储备，以免出现人员流失的情况下影响正常生产。

假设人员的基数是 100 人 15 个岗位，每个岗位都不允许出现空岗，且每个岗位是无法替代的，那么储备人员的数量至少是 15 名。15 名储备人员无疑会大幅度增加人力成本，且容易出现工作量统计和薪酬分配问题。实践中，并不是每个岗位都不能空置，也不是不能相互替代。所以，能够相互替代的岗位保留部分储备，如果人才按照梯队去培养的话，可以不保留储备人才。储备人才数量充足，允许的流动率就高，流动率基本和储备率持平。如果储备率是 0，流动必然发生，就要保证招聘渠道的有效和高效运作，缩短岗位空窗期。

人才梯队是按照人员的能力划分等级，按需培养、逐级递进的人才管理方式。同一级别和临近级别的人才可以相互替代或补充。

动物医院目前常用的招聘渠道为网络招聘、校园招聘和熟人推荐。网络发布招聘信息是多数动物医院采用的招聘方式，无论应届毕业生还是社会从业人员，在获取招聘信息的同时发送求职简历，招聘平台无疑为人才供需两端搭起桥梁。动物医疗属于小众行业的局限性，导致行业参与者之间彼此不会太生疏，校友关系或熟人推荐成为很多动物医院招聘的重要方式。随着人才缺口加剧，用人需求量大的连锁动物医院干脆和学校合作建立委托培养关系，很多学生刚一入学就被预订一空。

刚走出校门的学生，如同一张白纸，个人成长的空间很大，公司可以根据需要定制培养，但是培养周期长、职位锚不确定等因素会导致公司投入大量精力培养的人才，在第 3 ～ 5 年大量流失。相比较而言，社会招聘人员具备从业经验，技术、心智更加成熟，但是有些习惯已经养成，很难改变和塑造，适应新环境的能力也较差。在使用新人与成手之间，其实没有绝对的好与坏，要依据岗位和人员的具体情况而定，人员与需求的匹配度高就是好的。通常人与岗位的匹配度，通过图 4–4 中的指标衡量。

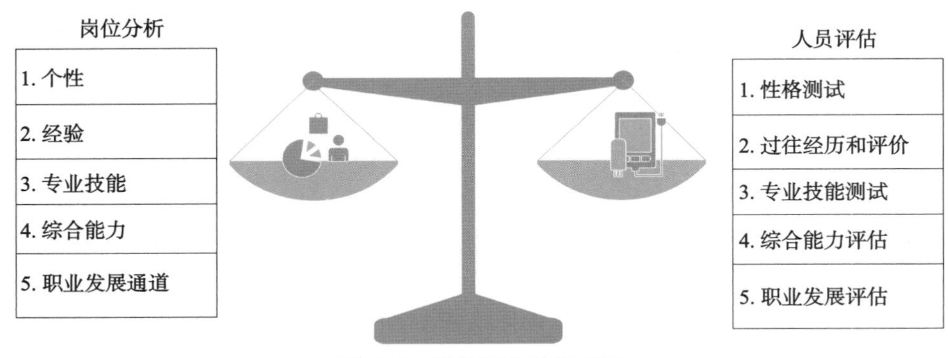

图 4–4　岗位和人员的匹配

因人设岗的情况毕竟是少数，所以通常情况下很难找到和岗位需求完全匹配的人。人力资源经理所能做的只是找出与最接近岗位需求、能满足岗位最重要的前几项需求的人选。

职位的待遇越优厚，发展空间越大，就能吸引越多的求职者，招聘到优秀人才的可能性越高。一味地追求人才质量，不仅需要付出更高的人力成本，也意味着人才能力的浪费，对公司来说并不划算。

二、人才培养

人员和岗位的不匹配，可以通过人才培养弥补。公司投入大量财力和精力进行人才培养，提高人员的工作能力只是途径，提高公司的效率和工作成果才是最终目的。在这个过程中，员工和公司实现双赢。

人才培养如果能够做到有的放矢并且适度，无疑会为公司带来竞争优势和可持续发展动力。无的放矢和过度培养只能带来资源浪费，过度培养的另一面可能促成员工提前离开谋求更好的职位。

人才培养需要长期摸索和在积累经验的基础上才能形成体系，有一些成熟的人才培养体系可以被广泛借鉴，如医疗行业的住院医培养体系，外资公司的管理培训生培养体系，等等。在没有成熟的体系可以借鉴的情况下，公司可以通过评估、定制、再评估的办法分类、定向培养人才。

一般公司培养人才的计划应以年度为单位制定，包含培训时间、内容、方式的安排及其预算。公司培养人才可以内部培养和外送培养相结合，外部培训资源和本公司培训资源互补。内外部培训都要产生一定的经费投入，所以要对受训者的情况进行评估，形成培训需求，优化配置资金与师资资源，以达到最佳培训效果。公司可以和受训人员签订培训协议，通过约定服务年限的方式保障培训投入的回报。公司内部培训可以分为集中培训和在岗培训两种，对于可以共享的知识，组织人员集中学习，利用公司内部或外部的教师资源，不仅成本低廉，还能保证效果。对于无法共享的知识，可以通过传、帮、带等方式定制培养。图 4–5 为公司人员接受培训的流程。

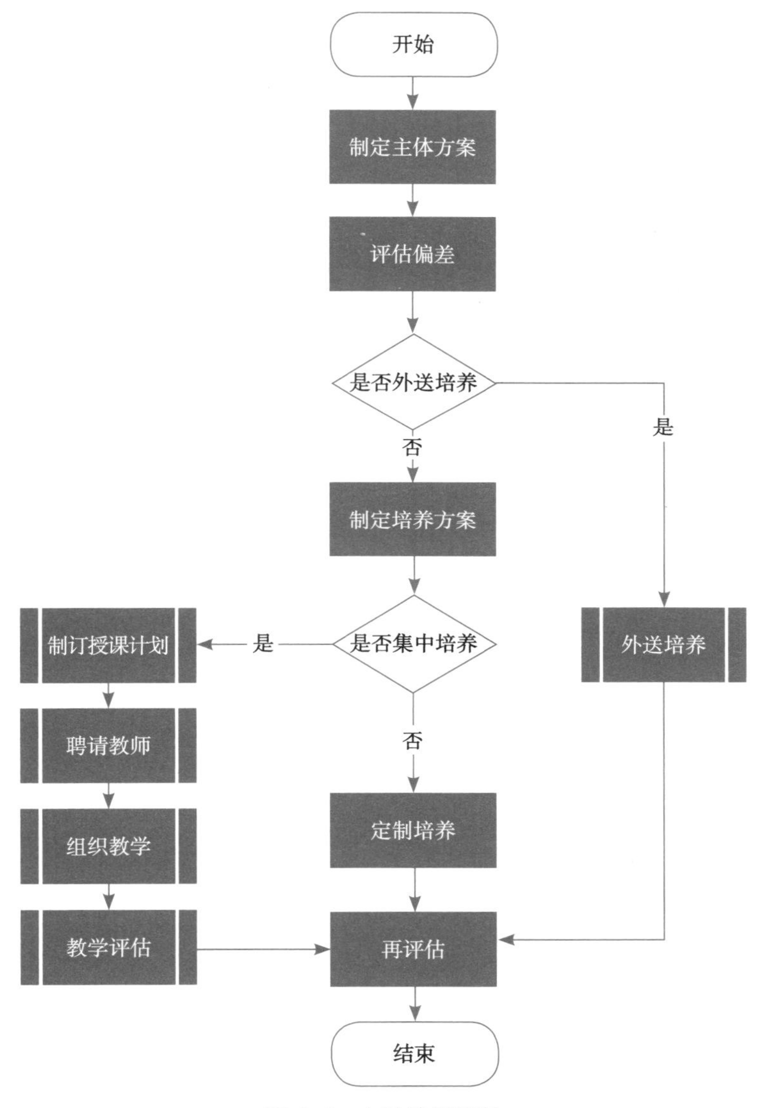

图 4–5　人员培训流程

三、薪酬设计

按照我国 GB/T 4754—2017《国民经济行业分类》的划分方式，动物医疗服务属于 O 类居民服务、修理和其他服务业中的第 82 项其他服务业。

从政府管控的角度，动物医院和人类医院是有本质区别的（表 4–13，表 4–14），前者归属农业农村部兽医局管理，后者归属卫计委管理。

表 4–13 动物医院的行业划分

代码				类别名称	说明
门类	大类	中类	小类		
O	82	821		清洁服务	指对建筑物、办公用品、家庭用品的清洗和消毒服务；包括专业公司和个人提供的清洗服务
			8211	建筑物清洁服务	指对建筑物内外墙、玻璃幕墙、地面、天花板及烟囱的清洗活动
			8219	其他清洁服务	指专业清洗人员为企业的机器、办公设备的清洗活动，以及为居民的日用品、器具及设备的清洗活动，包括清扫、消毒等服务
		822		宠物服务	
			8221	宠物饲养	指专门以观赏、领养（出售）为目的的宠物饲养活动
			8222	宠物医院服务	
			8223	宠物美容服务	
			8224	宠物寄托收养服务	
			8229	其他宠物服务	指宠物运输、宠物培训及其他未列明的宠物活动
		829	8290	其他未列明服务业	

表 4–14 人医医院的行业划分

代码				类别名称	说明
门类	大类	中类	小类		
Q				卫生和社会工作	本门类包括 84 和 85 大类
	84			卫生	
		841		医院	
			8411	综合医院	
			8412	中医医院	
			8413	中西医结合医院	
			8414	民族医院	指民族医医院
			8415	专科医院	
			8416	疗养院	指以疗养、康复为主，治疗为辅的医疗服务活动
		842		基层医疗卫生服务	
			8421	社区卫生服务中心（站）	
			8422	街道卫生院	
			8423	乡镇卫生院	
			8424	村卫生室	
			8425	门诊部（所）	指门诊部、诊所、医务室、卫生站、护理院等卫生机构的活动
		843		专业公共卫生服务	
			8431	疾病预防控制中心	指卫生防疫站、卫生防病中心、预防保健中心等活动

虽然服务主体不同，但是服务内容相似。总体来说都属于医疗技术服务类，核心词“技术 + 服务”，都与“人”有关。人力资源成本也是动物医院最主要的成本。

通常与人有关的成本费用包括薪酬、社会保险、福利、教育经费、劳保经费、工会经费等。一个公司平均在每个员工身上的投入约为员工薪酬的 1.8 ～ 2 倍，动物医院的人工成本费用更是高达总成本费用的 30% 左右。参见图 4–6。

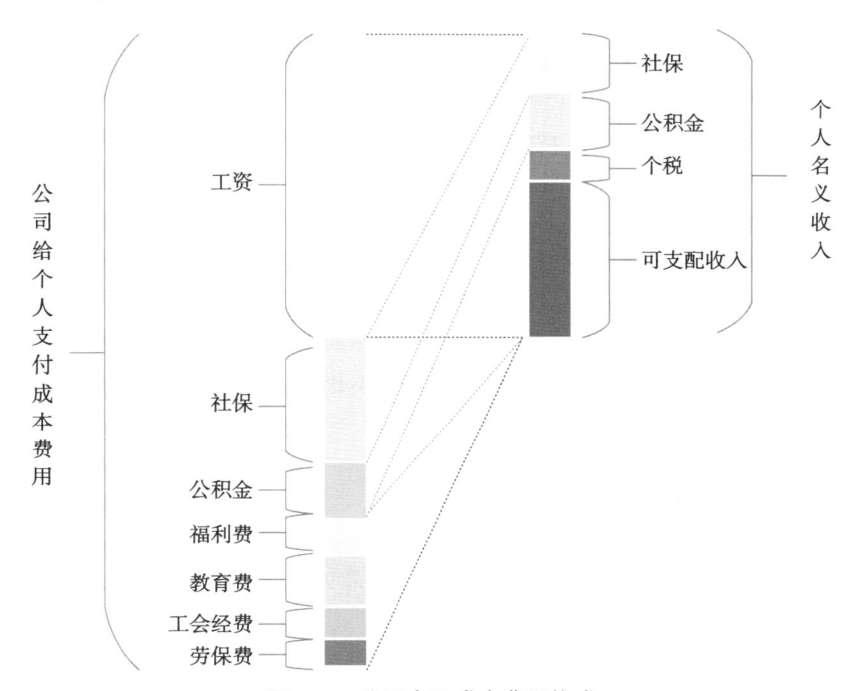

图 4–6　公司人工成本费用构成

以上公司支付给个人的成本费用，都是必须发生的和按照人头支付的。个人往往无法想象或无法感受到在个人身上的投入，但是这些投入客观存在，所以科学地进行薪酬规划设计非常必要。薪酬规划设计的目的不仅仅是为了节约，更是为了获得最佳的投入产出比。

薪酬设计的基础是岗位设计，通常说的按劳取酬、多劳多得都是针对人，为什么会出现这样的差异呢？因为这里面有个假设，就是假设公司在聘用员工的时候，员工和岗位刚好可以完全匹配，这是同岗同酬的理论基础。但是事实上为什么同工不同酬呢？因为人和人之间存在能力、责任心和意愿的差异，因此相同岗位的人员其工作效率和成果不可能完全相同，所以通常在进行薪酬设计时，要考虑以下因素。

1. 薪酬总额

控制薪酬总额的目的是为了控制总成本。薪酬占比过高或过低都会带来负面效果。过高则成本压力大，过低则导致人员素质差、满意度低、流失率高。

2. 薪酬结构

薪酬结构一般是指薪酬由哪几部分构成的。多数公司采用“固定工资 + 浮动工资 + 奖金”的方式，占比取决于岗位工作是什么样的属性，比如职能管理人员的工资相对固定，浮动工资的占比较小；销售人员的工资和业绩挂钩，浮动工资的比例较大；高级管理人员的业绩需要较长考核期间，所以年度奖金的占比较大。

3. 薪酬标准

薪酬标准是兼顾岗位因素、在岗员工个人因素和工作成果因素的情况下，确定按什么标准支付员工报酬的依据。图 4–7 所示的是一个简单的薪酬设计方案，员工薪酬分为岗位工资、技能工资和业绩工资三部分，每部分设三个档级。其中岗位工资和技能工资属于固定部分，按月度发放；业绩工资属于浮动部分，分别以月度提成、月度奖金和年终奖金的方式发放。岗位工资根据岗位工作量、工作难度、责任和风险确定，同一岗位的岗位工资标准相同。技能工资根据员工的经验、技能确定，由技术委员会评定。人员技能需定期评定，技能工资相应调整。同一岗位需要不同年龄层次和经验、技能的人形成梯队结构，就是所谓的人才梯队。同一岗位的人员经验能力成长，公司可以为其提供薪酬提升和职位晋升的可能，就是所谓的薪酬提升和职位晋升通道。奖金也是工资的一部分，无论以什么形式发放。提成一般专指销售人员的奖金，和销售业绩直接挂钩，其他人员的奖金无法直接和业绩或流水挂钩，因此评定办法相对复杂。薪酬标准的制定工作，最好由专门的薪酬委员会承担。

案例 4–2 薪酬设计

我们以医院 C 为例，年诊疗营业额为 2 000 余万元，共有员工 50 人，设有医师、技师、护师、行政四个岗位序列，每个序列设有 2 ～ 3 个级别。

图 4–7 和表 4–5 是人力资源经理设计的薪酬结构模型，该公司员工的薪酬由岗位工资、技能工资和业绩工资构成，占比和级差见表 4–5。

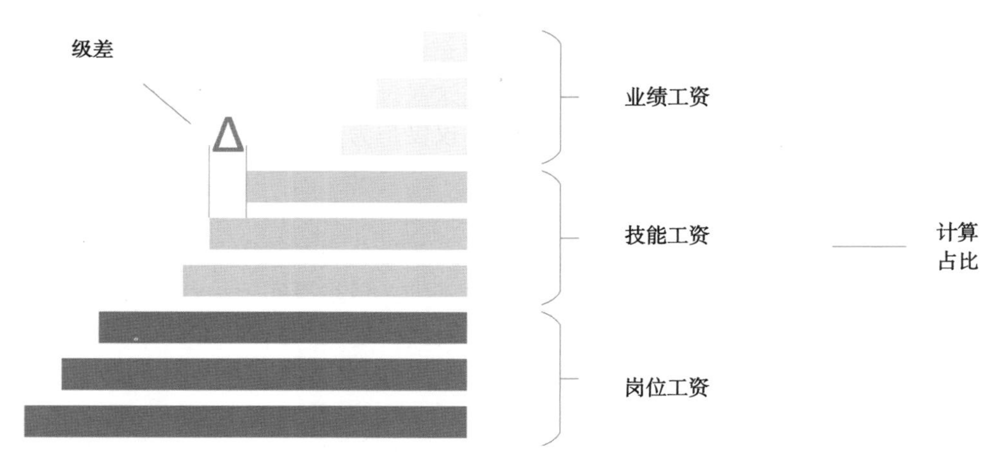

图 4–7　工资构成

表 4–15　工资结构

项目	岗位工资			技能工资			业绩工资		
	起薪	级差	级数	起薪	级差	级数	起薪	级差	级数
医师序列	5 000	500	4	4 000	200	7	4 000	500	10
技师序列	4 000	500	4	3 000	200	7	3 000	500	10
护师序列	3 000	500	4	2 000	200	7	2 000	500	10
行政序列	2 000	500	4	1 000	200	7	1 000	500	10

人力资源经理考虑员工中多为年轻人，成长快，技能工资调整的可能性最大，所以人力资源经理设置了较小的技能工资级差和较多的技能工资级数，当人员技术等级上升 7 个级数时，就可以调整岗位，调整岗位的难度更大，所以岗位工资级差较大而技能工资级差较少。为了发挥业绩工资的激励作用，人力资源经理设计了较大的业绩工资级差和系数范围。按照这个设计方案，如果绩效系数在 0 ～ 2，员工中最低收入在 4 000 元左右，最高收入可达 30 400 元。工资结构中，业绩工资占比最大，其次是岗位工资和技能工资。员工月平均薪酬约为 7 000 元，年总薪酬为 450 万元，总人工成本费用约为 800 万元，约为公司年总收入的 30%。

四、绩效考核

人员具备的能力没有得到很好的运用，这个问题在管理实践中普遍存在。究其原因，既有主观因素，又有客观因素。作为公司管理者，一方面为员工创造发挥个人能力的条件，另一方面利用考核和激励因素，调动员工发挥能力的意愿。

几乎所有的公司都在做绩效考核，绝大多数公司的绩效考核结果都不令人满意，多数把考核做成了形式，少数把考核做成了桎梏。除了技术层面的因素，还有认识层面的因素。

岗位分析是绩效考核的基础。对岗位工作有正确的认识，才能制定正确的岗位人员工作标准，才能对人员的实际表现有所比较。真正的技术问题是如何为千差万别的岗位制定出相对一致的标准，结果又具有可比性和可接受性。

绩效考核的方法有很多，常见的有目标管理（MBO）、关键绩效指标法（KPI）、平衡积分卡（BSC）、360 度测评等。实践中绩效考评的方法更为灵活，比如在 KPI 中设定和目标有关的关键指标，或者将 KPI 或 MBO 与行为、关键事件考核结合起来，或者增加非关键绩效指标的考核分项等。

无论采用哪种绩效考核方法，就像量体裁衣一样，如果强调舒适性，就要牺牲一些美观性，既舒适又美观也可以做到，但是成本就会很高。所以，衣服只要适合就是好的，绩效考核只要有效就是好的。

 案例 4-3 绩效考核方案设计

我们以医院 C 为例，年诊疗营业额为 2 000 万元，共有员工 50 人，设有医师、技师、护师、行政四个岗位序列，每个序列设有 2 ～ 3 个级别。

人力资源经理分别针对不同的岗位序列设计了四套考核方案，每一套具有相同的 KPI 指标，但是权重分配不同，以医师序列为例，他设计了如表 4-16 所示的评分标准。

人力资源经理在设计方案时，考虑到每个序列的人员承担的同类别工作，但是工作难度和所承担的责任不同，级别越高，难度和责任越大。人力资源为不同级别的人员设定了不同的绩效工资基数，再以绩效考评分数作为绩效工资系数。需要指出的是，绩效考评不一定非要百分制，在控制绩效工资总额的前提下，系数可以在 0 ～ 2，体现有奖有罚、奖罚分明的中心思想。

表 4-16 月度绩效考核表

考评人:________、________、________、________ 得分:______

考核项目	细分指标	权重	评分依据（计算公式/统计数据/报告）	提供人	评分标准	分数等级
病例量指标	总病例量	10%	月总病例数，日均病例数	财务	300 个达标，每正负偏差 1%，单项得分加减 1%	
	客单量	10%	每客检查项目 / 每单检查项目	财务	平均 15 个达标，每正负偏差 1%，单项得分加减 1%	
收入指标	流水	15%	月总流水，日均流水	财务	300 000 元达标，每正负偏差 1%，单项得分加减 1%	
	客单价	15%	每客流水	财务	平均 1 000 元达标，每正负偏差 1%，单项得分加减 1%	
处方质量指标	规范性	5%	信息完整，药品、计量信息准确	药房 / 注射室	医师间排序，按排序等比核算单项分数	
	处方错误	5%	处方错误、漏项，配伍禁忌	药房 / 注射室	每处错误单项分减 10%	
满意度指标	内部满意度	10%	适当指导，出现问题及时沟通、解决	前台	医师间排序，按排序等比核算单项分数	
	客户满意度投诉率	10%	复诊率 / 测评分数	前台	（复诊占比 +1）× 测评排序得分核算单项分数	
		10%	投诉率 / 事故率	前台	每起投诉减 10%/ 每起事故单项分减 30%	
个人指标（10 分）	出勤、纪律	10%	出勤率、纪律	人力资源	医师间排序，按排序等比核算单项分数	
合计		100%				
特别奖罚（20 分）	奖励	20%	特殊事项加分	院长 / 副院长		
	惩罚	20%	特殊事项减分	院长 / 副院长		

这是一套简单有效的绩效考核方案，适用于人员少、分工简单的小型公司。既考虑考核指标与公司整体目标之间的因果关系；又考虑岗位之间的横向对比，体现公平性；同时在 KPI 的基础上增加了行为分项和关键事件分项。

第三节　行政管理

“行政”在汉语中的解释可以分为“行”和“政”两个部分，“行”有推行、执行的意思，“政”有权利、命令的意思。可见，行政职能对于政府和公共事业组织尤为重要，是权利的保障体系。

对企业而言，行政管理是执行体系的重要组成，是与企业计划、组织、控制和实施等管理活动密切相关的部分。相对于人事管理和财务管理专注于人和资金管理，行政管理更偏向于资产与权益的管理。

广义的行政管理包括办公室管理和行政管理。狭义行政管理泛指一切行政事务的管理，包括资产管理，卫生、安保、食堂等后勤管理，信息系统管理等。

一、办公室管理

办公室是公司最重要的管理部门，如果把行政管理比作神经体系，那么办公室管理就是神经中枢。各个公司根据实际情况对办公室职能的定义有所不同，比如有些公司的办公室综合了行政、采购、市场等功能，有些公司的办公室单纯处理总经理事务。通常根据办公室的基本职能对办公室定义如下：公司对外联络和来访接洽的转承部门，总经理事务的秘书部门，公文、制度的拟定下发部门，公司会议的组织记录部门，公司印信、档案的管理部门。

1. 外联事务管理

任何一家公司都要接受政府部门的监管，同时也会因为经营的需要接触投资人、合作伙伴、供应商、消费者、新闻媒体等机构，此类对公事务的联络以及外部访客的接待工作，都由办公室统一接洽转承。

就像两国邦交必须通过外交部一样，公司与公司之间官方的接洽首先要通过两个公司的办公室。这样做的原因有两个，一是出于礼节，办公室对公务往来的礼节、流程更为了解；二是为了统筹协调，上传下达的渠道更为便利，更方便操控局面。

◇ 股东事务

股东是企业的真正所有者，股东权益严格受法律保护。股东不一定直接参与公司管理，但是股东对公司的经营有知情权、质询权、选取权、决策权和收益权。股东行使股东权利的途径有多种，包括：通过股东会行使重大事项决策权，任命和罢免董事、监事、高级管理人员，召集定期或不定期会议听取经营汇报，过问、检查企业的经营情况，主张利益分配等。

股东会是公司最高权利机构，董事会是公司决策机构。股东和董事的关系可以理解为董事由股东选举或推荐产生，董事不一定是股东，董事代表股东实际执行股东的决策权。监事会是公司的监督机构，监事由股东选举或推荐产生，监事会行使对董事会、总经理的监督权，确保权利不被滥用，保护股东权益。董事会和监事会是相互制衡的关系，各自独立行使权利，所以董事和监事不能由同一人担任。

董事会秘书协助董事处理日常事务，并通过办公室上承下达股东决议、董事会决议和监事会决议。

◇ 政府管理事务

企业在依法经营的过程中要接受来自政府管理部门的监督、检查，这些政府部门包括：各级工商局、环保局、卫生局、人力资源和社会保障局、税务局等，作为动物医院，还要接受农业农村部兽医局以及下属的动物卫生监督所、动物疫病防控中心等的监督、检查。

政府管理部门同时拥有对所辖区域职权范围内事务的行政执法权。以法律和行政法规为准绳，监督企业和个人的行为，规范经营秩序，保障社会安定和谐。

◇ 行业管理事务

企业除了接受政府机构的监管，还要通过行业协会进行自律管理。实践证明，行业协会在规范企业行为、制定行业标准、维持行业秩序、引导行业发展方向等方面发挥重要作用。动物医疗这样的新兴行业亟待通过行业协会的快速发展推动整个行业的进步。

◇ 法律事务

公司经营的过程中时刻需要保持警惕，切勿触碰法律的底线。法律既可以保护他人的利益，也可以成为企业保护自身利益的武器。当企业达到一定规模后，法律顾问变得非常必要。日常的合同纠纷、劳资纠纷、重大决策、重要合同等等都需要律师参与处理，当发生诉讼时，还需要代理律师或辩护律师参与诉讼。

◇ 媒体采访事务

公共媒体在现代社会扮演着极为重要的作用，公共媒体的作用是新闻和舆论传播，它有公共性和商业性双重属性，无论是何种属性都起着舆论导向的作用。作为社会中的一员，所有个体或集体都有可能成为媒体事件的中心或是媒体采访的对象，对于企业更要重视在公众视线的每一次亮相，努力呈现正面形象和积极向上的风貌。办公室负责公共媒体采访的对接，采访对象、日程、内容以及新闻稿件审核均由办公室归口管理，其他任何个人无权擅自代表公司邀请或接受媒体采访。

◇ 接待事务

公司外部个人或团体的参观、访问由办公室统一归口管理，包括接收参观申请、呈报申请，以及对批准的参观、访问活动进行安排。安排的具体事项包括：接待日程设计，确定接待人及陪同人，下发通知，安排会议室及酒店，车辆预约，安排摄录，撰写新闻报道等。

案例 4-4　外事接洽

资深销售经理小 K 计划邀请一位造访中国的重要客户的高层在华期间参观公司，他通过邮件热诚恳切地向对方发出了邀请，可是对方反应平淡，直到回国前一天的下午才突然回复可以抽出两个小时时间拜访小 K 的公司，事实上小 K 并没有做任何接待安排，仓促间小 K 只好求助于上级领导，由上级领导协调办公室接待。

事后，小 K 的上级领导找到小 K，要求他做三件事。

① 学习公司的外事管理制度。

② 了解外事接待的礼节和流程。

③ 补交一份本次来访活动的接待计划。

小 K 经过几天时间的冥思苦想，又请教了办公室的同事，慎重提交了一份接待计划，计划中包括以下内容：

① 和主持接待的领导确认时间。

② 出具一份正式的有领导署名的邀请函。

③ 设计参观行程。

④ 安排接待、陪同和翻译人员。

⑤ 预定会议室、餐厅和酒店。

⑥ 准备会议资料。

⑦ 联系宣传部准备新闻稿件。

2. 公文管理

公文管理是办公室的另一项重要职能。通常的小型动物医院公文应用被极大简化，在连锁经营体系，公文管理体系则相对完善。

公文即公务文书，是公司对外与其他机构联络或对内发布讯息时采用的，以特定的形式体现、通过特定的程序生成、代表公司效力的书面文件。

（1）公文的种类

◇ 公告

适用于政府、团体对重大事件向国内外的正式公开宣告。公告内容的重要性、形式的正式程度、告知的必要性和范围的广泛性高于其他形式的告知性公文。公告具有一定的强制性。例如：《中华人民共和国国家发展和改革委员会公告》2018 年第 3 号。

◇ 通告

适用于在一定范围内公布应当遵守或者周知事项的周知性公文。通告不具有强制性。例如：中国船级社发布的《关于新建国内航行海船入级服务的技术通告》。

◇ 通知

适用于批转的公文，传达要求下级单位办理和需要有关单位周知或者执行的事项，任免人员。例如：农业部（现农业农村部）《关于印发非洲猪瘟疫情应急预案的通知》。

◇ 通报

适用于表彰先进，批评错误，传达重要精神或者情况。例如：《安全事故通报》《通报表扬》等等。

◇ 报告

适用于向上级单位汇报工作，反映情况，答复上级单位的询问。例如：《政府工作报告》《总经理工作报告》等。

◇ 公报

适用于公布重要决定或重大事项。例如：《国务院公报》《最高人民法院公报》《国家统计局年度统计公报》等。

◇ 请示

适用于向上级单位就某些重大事项或超越自身权限事项请求指示、批准。例如：《关于申请使用“中农大”字号的请示》。

◇ 批复

适用于答复下级单位的请示事项。例如：《关于对 ×××× 有限公司项目环境影响登记表的批复》。

◇ 决定

适用于对重要事项或者重大行动做出安排，奖惩有关单位及人员，变更或者撤销的决定事项。例如：《关于对 ××× 等同志任免的决定》。

◇ 议案

适用于各级人民政府按照法律程序向同级人民代表大会或人民代表大会常务委员会提请审议事项。例如：《关于 ×××× 公司 2019 年利润分配计划的议案》。

◇ 意见

适用于对重要问题提出见解和处理办法。例如：《国务院办公厅关于推进政务新媒体健康有序发展的意见》。

◇ 函

适用于不相隶属单位之间商洽工作，询问和答复问题，请求批准和答复审批事项。比如：农业部（现农业农村部）办公厅向广西壮族自治区水产畜牧兽医局发出的《关于病死及病害动物和相关动物产品无害化处理有关问题的函》。

◇ 纪要

适用于记载、传达会议情况和议定事项。例如：《全国法院审理金融犯罪案件工作座谈会纪要》。

◇ 决议

适用于会议讨论通过的重大决策事项。例如：《联合国安理会第 1267 号决议》。

（2）公文密级

公文除了根据种类进行划分，还可以根据保密程度分为绝密、机密、秘密和普通文件。密级越高，开放的范围越小。

公司公文与政府公文虽然在文体上没有区别，但是一个面向企业、一个面向社会，所以实践当中行文方式差异很大。

（3）行文管理

办公室有拟订和下发公文的权利，公文需要经过逐级签批才能生效并下发。公文依据密级规定的范围传阅，依据密级规定由收阅人留存或由办公室回收。公文的原件由办公室统一存档。

3. 制度管理

制度并非公文，但是公司制度需要经过发文的形式公布生效。制度对公司治理来说至关重要。它的重要性不在文件本身，而是制度对公司治理的规范作用。制度分为说明、规范、标准和流程四个类别。还可以按照适用范围分为公司制度和部门制度。公司制度的效力高于部门制度。本书后文将对公司规章制度做更细致的讲解。

◇ 说明类

说明类制度属于描述性文件，用于描述某个对象的内容、属性，或对其进行界定和分类。最常见的说明类制度是《岗位说明书》，对于特定事务的说明也比较常见，如：《关于……实施细则的说明》等。

◇ 规范类

规范是要求员工遵照执行的制度。有规范、规定、细则、要求等形式。常见的如《薪酬制度》《考勤制度》等。

◇ 标准类

标准是要求员工严格遵照执行的制度，有标准、规程等形式。一般用于生产环节的比较多，如《ISO 9001 质量标准》《安全操作规程》等。

◇ 流程类

流程是对工作程序做出的规定，要求员工遵照规定的次序或顺序开展工作。如《就诊流程》《费用报销流程》等。

4. 会议管理

会议管理是办公室的另一职能。策划、安排、组织会议，下发会议通知，安排会议场地，组织会议，记录会议内容，传达会议精神，这些都是会议管理的一部分。会议是公司组织人员对重要事项的汇报、讨论、审议、决定过程，在公司管理过程中占据重要位置。

5. 印信、证照管理

印信、证照是公司重要的资信证明物件，包括公司公章、法人章、合同章、营业执照、经营许可等等，对印信、证照的保管和使用都有严格的规定，使用前需审批，使用时需登记。印信代表的是公司立场、观点和态度，文书、契约加盖印信便被赋予了法律效力。证照是公司重要的资信证明，应妥善保管，防止丢失或被冒用。

6. 档案资料管理

重要的公文、往来信函、协议文书、合约文件、审批文件、项目文件、人事档案、任命文件、规划方案、预算文件、销售数据等都属于公司档案，需要长期保存。档案资料既是公司传承有序的记录，也是可追溯的证据。档案根据密级有不同的保管要求，根据重要程度有不同的保管时限要求，即便是销毁也要留下销毁记录。

二、资产管理

资产是公司价值的度量，包括有形资产和无形资产。管理者除了关心账面上资产的价值以外，固定资产的实物管理、无形资产的维护，以及固定资产和无形资产的保值增值更加重要。公司资产（含无形资产）应有人员专门进行管理。固定资产包括公司的厂房、设施、设备等，对固定资产要及时登记、定期盘点、合理维护、优化利用和妥善处置。无形资产包括品牌、商标、知识产权等，对无形资产则需要定期评估、善加利用和维护。固定资产的账面价值和固定资产的实物价值理论上应该相等，但不可能做到完全相等。因为账面上固定资产按照一定的规律进行折旧，而实物价值取决于损耗情况。通常的账物相符强调的是固定资产数量相符。无形资产评估可以通过专业的评估机构进行，恰当地评估和利用无形资产的价值，可以为公司带来相应的无形资产收益，提升企业形象。

动物医院最常见的固定资产为医疗设备类固定资产，如 X 光机、CT 机、生化分析仪、血细胞仪等。

实践中固定资产管理经常会出现各种问题或误区：

- 手术器械很贵，属于固定资产。
- 电话机、椅子可以用很多年，属于固定资产。
- 低值易耗品不需要管理。

■ 电子设备更新快，提前报废很正常。

■ 设备没到报废年限，但是使用价值已经不大了，想申请报废，财务人员不同意。

以上问题看似凌乱，其实无外乎涉及几个方面：

■ 如何界定固定资产和低值易耗品？

■ 如何折旧最科学？

■ 如何处置最合理？

对于固定资产的定义一般有以下几个条件：

■ 使用年限一年以上。

■ 单位价值在一定金额以上（各单位定义不同）。

■ 有固定资产形态。

可见，手术器械不符合固定资产定义的条件。首先，器械很小；其次，可重复使用的次数不多。所以在账务处理上与低值易耗品一样，当期就转作费用。电话机、打印机、椅子要视情况而定，高于规定金额的，就要当作固定资产登记管理，账务上按照年限折旧，固定资产由财务部门、行政部门和使用部门协同管理；低于规定金额的可以按照准固定资产或低值易耗品管理，账务上一次性转为当期费用，实物与固定资产区分管理。低值易耗品只需领用登记，无须盘点；准固定资产需要登记、盘点、处置，准固定资产只需行政部门和使用部门共同管理即可。

对于更新换代较快的设备，比如电子设备、输液泵、离心机等，有些会在达到报废年限前就已经被淘汰，这种情况要在实践中灵活处理，对于确实需要提前淘汰的，要么调拨或搁置，直到符合报废条件时再报废，要么履行提前报废流程，由财务在当期将残余价值全部转为费用。提前报废无疑会给公司带来损失，在税务处理上也较麻烦，所以还是要秉着厉行节约的原则使用，科学设置折旧年限，让资产发挥最大价值。

三、后勤管理

后勤管理在公司运营中看似没有诊疗业务和职能管理那么重要，实际上对动物医院来说不仅不可缺少，而且对其他业务起着保障性的作用，动物医院环境的整洁有序一刻也离不开后勤保障人员的辛勤付出。为了得到高质量的后勤服务，动物医院每年要支出大笔费用请专业物业管理公司、保洁公司、保安公司提供服务。

对于后勤服务要不要外包，不同的人持不同的看法。对于小规模的动物医院，一般采取由小时工或几个全职工人承担后勤工作的办法。如果是规模较大的动物医院，外包的方式更为合理。外包有利于社会的专业化分工，让更专业的人做更专业的事，动物医院可以节省出时间和精力做动物医疗，还可以通过外包公司的专业化服务，更好地保障动物医疗有序开展。当然，也可能需要支付更高的费用。

动物医院可以外包的服务很多，不仅仅是物业管理、保安、保洁等后勤服务，还有法律、财务、人力资源等都可以进行外包，当动物医院发展到一定规模，也许会出现专业化的导医服务等新型外包服务。

1. 安全保卫管理

安全管理是后勤管理工作的重点，贯穿企业运营的各个环节，是企业管理工作中的重中之重，是企业生存和发展的基础。安全管理不仅要由专人直接管理，还应该由副总经理或总经理亲自主抓。企业的消防安全、生产安全和职业卫生安全必须接受政府部门监管。

安全管理的工作重点包括三个方面：明确责任，预防为主，措施到位。

◇ 明确责任

安全管理的基础是明确责任。建立安全管理责任制，逐级签署《安全管理责任书》，让每个人明确自己对安全负有的责任。安全事故的隐患可能就在细微之处，也可能无处不在，只有最接近它的人才有可能发现。每个人都有发现安全隐患的责任，也都有向上一环节汇报的义务。当事故发生的初期，最先发现的人应该最先处置或首先汇报。所以，每个人都是安全责任体系中的一环，安全责任体系自下而上依次为直接责任人、直接管理责任人、管理责任人和领导责任人（图 4–8）。直接责任被明确指定给按岗位、属地、时间段或对象划定的具体人员，管理责任被明确指定给他们的管理者以及主管安全的职能人员，分管安全的总经理或副总经理负有领导责任。在这个责任体系中，必须确保安全责任在时间、空间、岗位、对象等维度得到全面落实，没有死角。例如，当班医生对他所在诊室的安全负有责任，影像科贵重设备被指定给专人负责，指定人员每天负责下班前检查门窗、切断电源，等等。

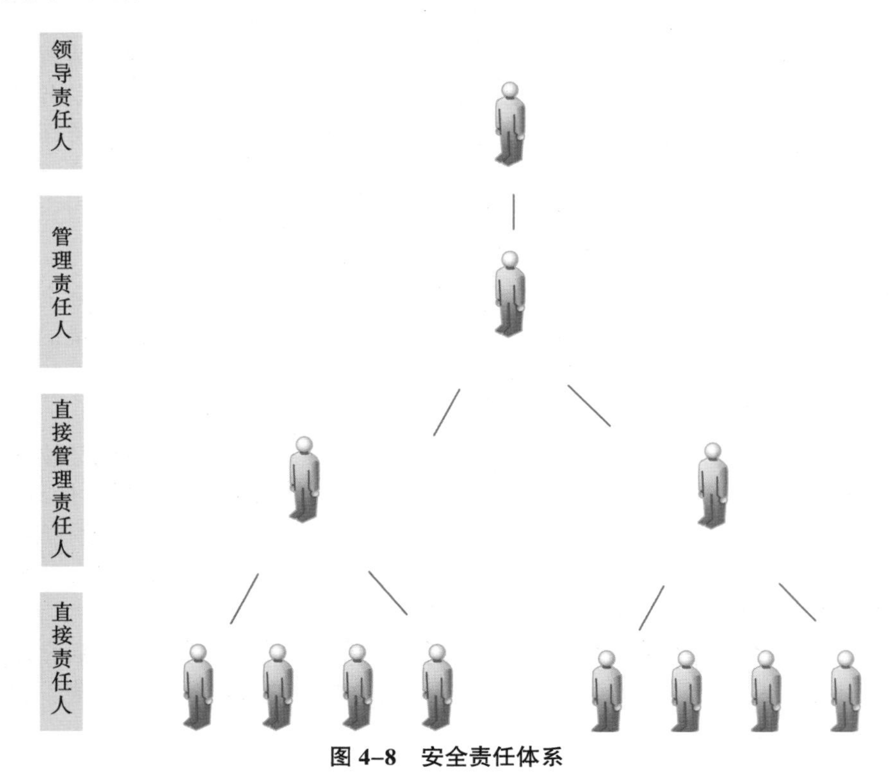

图 4–8　安全责任体系

明确安全责任的方式包括《安全管理责任书》和《安全管理制度》。明确安全责任的目的是让每个人知晓自己负有责任，需要承担相应后果。

◇ 预防为主

安全无小事，一旦发生事故，很难用金钱补偿。所以，预防是安全管理的重心。预防工作包括：健全安全责任管理体系，组织安全培训和演练，定期排查安全隐患，制定处置预案等。健全安全责任管理体系除了建立安全管理责任制，还包括建立各项规章制度，健全安全隐患排查和整改记录，检查、更新安全设施，等等。

◇ 措施到位

安全措施既包括防范措施也包括发生安全责任事故时的处置措施，以及对待失职行为的处罚措施。

需要明确的是，安全不仅仅包括上述领域的安全，也包括经营安全，经营安全不属于后勤管理的范畴，而是属于运营管理的内部风险控制范畴。

2. 保洁管理

外包服务的产生基于动物医院对服务的需求，无论服务工作是否外包，服务需求是相同的。评估就是得出或修正服务需求的过程。

案例 4-5 保洁服务需求评估

动物医院 C 的营业面积为 1 500 m^2，院区面积为 1 000 m^2，有 100 名员工，公共空间包括：院区、楼道、会议室、卫生间、更衣室。总务部主任经过分析拟定了如下保洁服务需求，见表 4-17。

表 4-17 保洁服务需求

一、服务内容
1. 诊室（除手术室、住院部）、会议室、教室及楼内公共走廊、卫生间的卫生保洁、清理工作。 2. 公共区域的卫生保洁、清理工作。 3. 绿植浇灌、修剪、驱虫等。 4. 动物饲养区（遛狗区）的卫生保洁、清理工作。 5. 清洗工作服装、毛巾等。 6. 提供所有的保洁工具、保洁耗材、清洗药剂等。
二、工作范围
1. 定期及不定时清理和打扫地面、墙面、门窗、窗台。 2. 定期及不定期清洁玻璃。 3. 定期及不定时清理和打扫临床兽医楼外围区域。 4. 定期及不定时清扫清理各区域垃圾及垃圾回收桶。 5. 定期及不定时进行绿植浇灌工作。

续表 4–15

二、工作范围
6. 定期清洗、消毒工作服和住院部毛巾。 7. 春秋两季定期收集清扫楼顶棉絮、树叶等杂物。 8. 门前三包工作。
三、保洁工作标准
1. 统一着装，仪表整洁；文明用语，行为规范，服务热情。 2. 墙面、门窗玻璃保证洁净、光亮，无灰尘、蜘蛛网、污渍、乱贴乱画，门窗玻璃每月保洁两次，公共区域玻璃每月保洁 1 次。 3. 垃圾清理：垃圾箱随满随清；医疗废物和生活垃圾分类分装运送。 4. 卫生间：每 1 小时进行全面保洁 1 次，加强巡视，随脏随洁。洗手池、大小便池、拖布池、扶手等消毒处理。保持卫生间无积水、污渍、杂物；洗手盆池、拖布池、水龙头干净明亮；便器无水垢、印迹、尿碱、异味；瓷片墙面、镜面干净明亮，纸篓及时倾倒并更换垃圾袋。 5. 公共区域走廊、大厅门厅、楼梯间、各诊室全面保洁每日至少 2 次，平时随脏随洁，地面每日消毒 1 次。公共区域走廊、诊室墙面每日保洁，包括各种制度牌、门牌、橱窗等。 6. 室外区域：清洁公共区域座椅、灯柱、栏杆、标识等，每日清扫 2 次，随脏随洁。 7. 在院方的各种重大活动、临时通知及装修工程期间，做好各项应急需要的保洁工作，尤其极端天气造成工作量加大，应及时应对增添人员，确保工作质量。 8. 全院深度保洁每月 1 次。 9. 绿植定期浇灌、修剪，绿植叶片灰尘及时清理。 10. 每天定时收集需要清洗的工作服，清洗、消毒、熨烫、缝补后送还各科室。

总务主任对保洁服务是否需要外包进行了如下对比（表 4–16）。

表 4–16　保洁内部服务和外部服务对比

项目	内部服务	外包服务
需要人员	5 名保洁人员构成的团队，由管理人员兼管	专职管理人员及 5 名保洁人员
服务水准	若管理到位可以达到专业水准	一般可以达到专业水准
成本投入	约 60 000 元 / 月	约 65 000 元 / 月
其中：人工成本	管理及保洁人员的薪酬福利支出约 7 000 × 5=35 000（元 / 月）	管理及保洁人员的薪酬福利支出 6 000 × 5+8 000=38 000（元 / 月）
设备摊销成本	洗地机、烘干机等，一次性投入约 10 000 元，按照使用年限摊销	洗地机、烘干机等投入约 5 000 元，按使用年限摊销
耗材费用	清洗剂、消毒剂、劳保用品等约 5 000 元 / 月	清洗剂、消毒剂、劳保用品等约 3 000 元 / 月
管理费用	约 10 000 元 / 月	约 5 000 元 / 月
其他	—	归属外包方的利润
潜在风险	劳动合同纠纷或工伤等	外包合同纠纷或工伤等

从表4–16可知，两种情况看似差不多，其实如果这部分工作由自己的人员承担，还会产生一些隐性成本。比如：隐性管理工作、员工关怀成本等。保洁外包服务公司通过人员、设备、物料的集约化采购和使用管理，可以降低成本扩大利润空间，使动物医院的成本投入增加不大，而且外包服务更可能做到专业水准，也分担了动物医院的部分风险。

外包服务方根据保洁服务需求对服务项目进行评估，评估的目的是为项目合理配备人员、设备、物料，制定服务方案，满足使用方需求，同时尽量降低成本。保洁服务方案应至少包括：人员配备与管理计划、设备配备与维护计划、物料供应与使用计划、服务监督与质量保障计划、项目预算等。

保洁需求通常在合同期内不会出现大的变化，如果因为布局调整、功能变化、装修、搬家等因素临时出现调整，一般由供求双方临时协商解决，如果出现较大调整则需要签署补充协议，进行合同内容和价格变更。

服务可以外包，对服务的管理无法外包，所以动物医院的后勤管理工作仍然要有专人负责。通常服务外包方会有1名现场经理负责外包服务项目的管理，动物医院的管理者对外包服务的管理更多的是评估、监督，与外包方项目经理的沟通和协调。

四、物业管理

物业管理是指对企业经营场所和设施运营的维护管理。包括建筑物维护修缮，水、电、暖等设施的维护、维修，停车场和空置用房的商业运营管理等。

动物医院的物业规模一般不会很大，如果坐落在成熟的商业社区，物业维护的问题就比较简单，可以交由社区物业中心管理。反之，如果是一座独立管理的建筑，物业管理则很棘手。首先，体量小，没有专门的物业管理公司愿意接收托管；其次，维修量小，聘用一个小型团队不划算；再次，维修琐碎繁杂，原材料成本高，维修质量得不到保证。

动物医院的物业管理该何去何从，还需要管理者用心琢磨。

五、信息管理系统

1. 动物医院信息管理系统的理念

动物医院信息管理系统（VHIS）是动物医院信息管理自动化的工具。除了为医疗服务流程提供信息服务，完整的动物医院信息管理系统还应包括财务管理系统、进销存管理系统、HR管理系统、固定资产管理系统、OA管理系统等。

VHIS通过自动化办公在一定程度上减轻了书写和纸质文件传递带来的不便，实现了流程自动控制、跟踪和可视化，操作的规范化，海量数据的存储、共享以及自动分析。

VHIS是公司用于内部管理类的信息系统，但它又不是孤立的。公司内部管理通过内部局域网（LAN网）实现，要实现远程数据交换，则需要接入以太网。大数据时代的到来，更可以将数据存储于云端，公司在享有大数据带来的便利时，也为大数据分析提供数据源（图4–9）。

各个动物医院的商业模式不同，业务模块和工作流程不同，决定了VHIS不是通用的，而是在一些可以组合的模块的基础上进行个性化设计形成的构架、功能独一无二的系统。

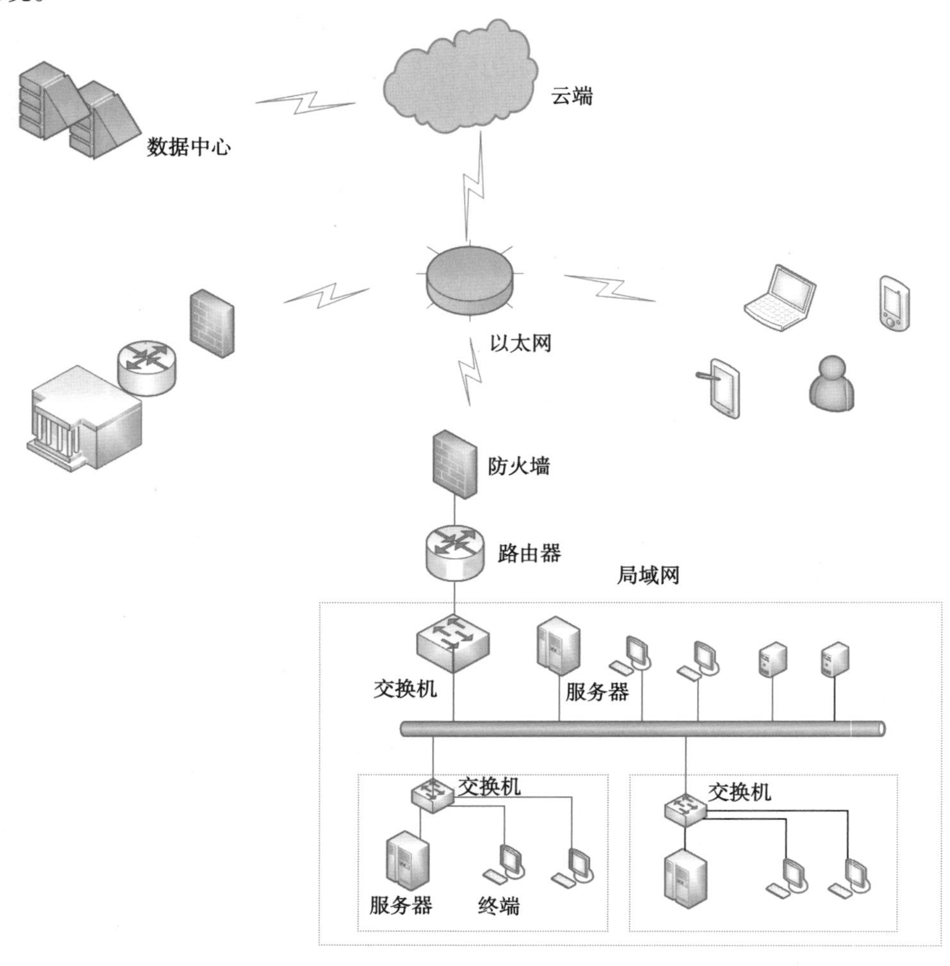

图 4-9　信息系统构架

以太网的应用和数据共享使信息安全成为大数据时代最引人关注的问题。数据在上传、存储、应用、销毁的过程中都存在被滥用的情况，尤其伴随着各类移动终端和 App 的使用，包含地理位置、行为习惯、消费习惯、支付信息等属于个人隐私的信息，都被 App 提供方、数据存储服务商等记录、分析和使用。经由人们使用信息管理系统的移动终端，以及信息管理系统主动存储于云端的数据存在安全漏洞，公司的数据安全状况堪忧。

数据存储于云端，当发生服务器受到攻击、服务器中毒、服务器损坏或人为入侵时，都会导致数据丢失或泄露。这种状况类似于你把金子存放在银行保险箱，银行也不是万无一失的，银行丢了金子会给你补偿，数据丢了连补偿的机会都没有。金子丢了价值可以估量，数据丢了价值难以估量。

2. 动物医院信息管理系统的建设

实践中，动物医院管理系统的应用因为动物医院个体差异有很大区别，基本按照服务于连锁动物医院和单体动物医院划分为两类。其中单体动物医院又分为社区动物医院和综合性动物医院两种。连锁动物医院则又包含社区动物医院和转诊中心两种。基于不同的商业模式，两类动物医院信息管理系统的网络框架不同，连锁动物医院的信息管理系统更注重数据共享、分析和远程应用。在网络框架内，连锁和非连锁的社区动物医院之间，综合性动物医院和转诊中心之间，信息管理系统的应用层面本质上并没有太大区别。

社区动物医院的员工人数可能在 5 ～ 50 名，除了规模差异，在基本诊疗功能上并无本质区别。小型社区动物医院的岗位设置并没有那么全面，但是分工是必要的。规模越大的动物医院对管理的需要越迫切，业务流程越复杂，业务量越大，对信息管理系统的需要也越迫切。可见管理和信息管理系统间有必然的联系。从某种意义上说，信息管理系统可以把管理者的思想植入并贯彻执行。在这个过程中，流程被重新梳理，操作标准被重新定义，所有人要按照规定的流程规范进行操作，避免了不必要的错误，所有的操作都变得可以追溯，数据被自动记录和汇总分析。公司的运营效率因此得到提高，管理人员有更多时间处理非常规事务。

管理者通过与信息管理系统的设计者密切合作，将管理思想传递给软件的设计者，由软件开发者实现信息管理系统的搭建。软件开发完成，需要使用方和开发方用相当长的时间进行调试，才能投入正常使用。信息管理系统拓扑图如图 4–10 所示。

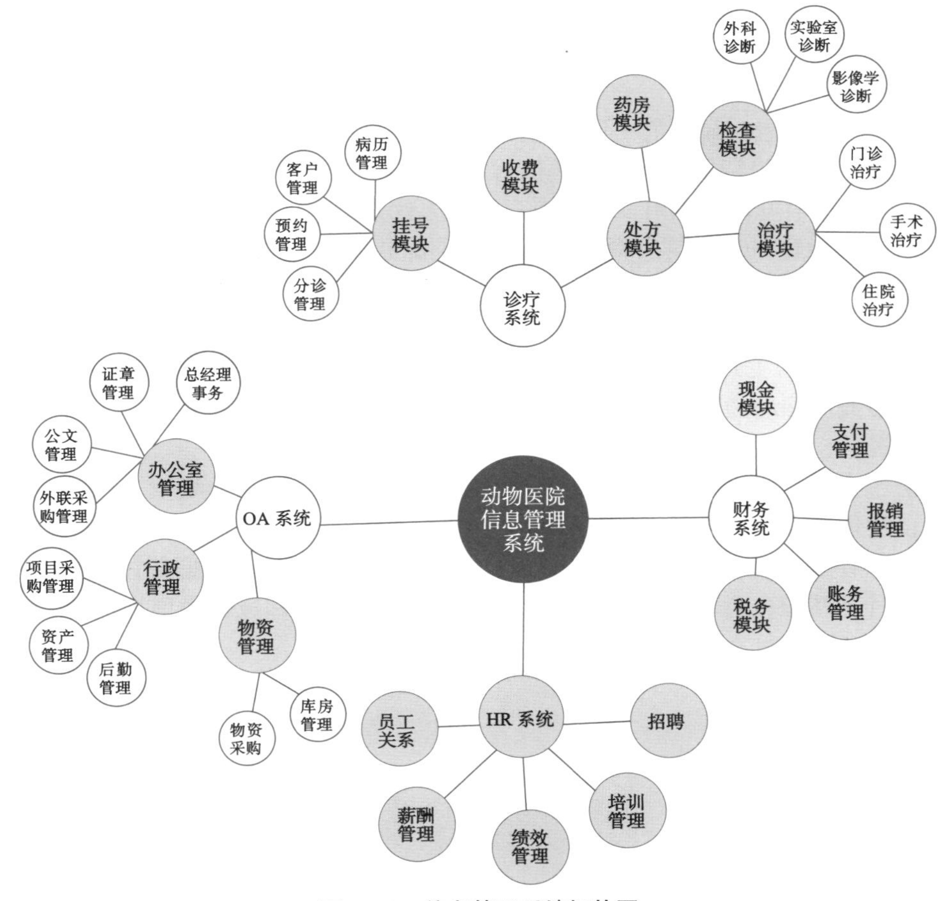

图 4–10　信息管理系统拓扑图

硬件是支持软件运行的服务器、路由器、交换机、存储设备等，硬件的功能直接影响软件的应用效果和安全性，所以在建设信息管理系统时，硬件和数据传输线路的搭建很重要，通常来说硬件在总成本中占用的比例越高，软件功能的发挥越能得到保障。

信息管理系统供应商的选择是基于动物医院管理者对市场调研的结果，综合考量供应商的资质、业绩、价格、口碑、服务、兼容性、人机友好程度、可扩展性等因素，最终做出选择。

信息管理系统的价格和覆盖范围多少、系统模块的数量、流程中监视或操作环节的多少、监视或操作人员的数量、数据分析功能、数据存储时间长短等因素有关系，系统越复杂，信息管理系统的价格越昂贵。

3. 动物医院信息管理系统的应用

动物医院的信息管理系统需要专人维护，在信息管理系统投入使用前，需要对使用者进行详细讲解培训，确保人员能够正确操作。

动物医院信息管理系统的操作者包括前台人员、医师、实验室技师或影像技师、收费人员、财务人员、采购人员、宠物用品销售人员、人事经理、行政经理等。

相当一部分涉及公司运营的岗位必须通过信息管理系统去完成工作。操作权限和操作顺序是信息管理系统需要严格界定的。在一个流程的某个环节中，只有拥有权限的人员才能进行相应的操作，系统为相应的人员设置了登录密码和操作权限。通常只有上一个环节操作完毕，才允许下一个环节进行操作。系统会为管理员以及下一环节的操作人员发布信息，显示上一环节的操作结果，提示由该环节操作人员进行操作。

当一个环节因为特别的原因无法执行，是不是后续的环节就无法进行了呢？有些重要事项是的，有些事项则可以通过授权由他人代为操作，以便流程完结。

客观上可能存在通过信息管理系统操作需要更长时间的问题，比如审批环节，但是也给远程办公和过程的规范提供了可能。

动物医院信息管理系统不仅可以为医生提供操作终端，还可以为动物主人提供移动操作终端。动物主人可以通过手机或电脑下载App应用软件，动物主人通过注册、输入病历号或就诊动物的ID号，实现预约挂号、查询过往病例、在线咨询以及就诊过程中候诊提示、导医、查询检查结果、缴费等操作。

对医生和动物主人来说，动物医院信息管理系统为医生和动物主人提供了很大的便利性，实现了流程可视化、过程监控、记录查询和调用。对动物医院的所有者来说，有效的信息管理系统使公司的安全、秩序、效率、效益都得到了提高。同时，建设和维护信息管理系统也会增加公司的成本，如果效益的增加和成本的增加相当，至少还收获了安全、秩序和效率。

第四节 采购管理

一、采购管理概述

动物医院的正常运营需要对基础设施进行修缮，需要从外部获取设备、器械、药品等物资，也需要后勤、安保等外包服务，这些工程、物资、服务都需要通过采购的方式获得。采购是公司经营活动的重要构成部分，从保障自身需要和保证生产经营活动正常开展的角度，从采购成本在公司成本结构中占有很大的比例的角度，从质量控制、成本控制和风险控制的角度，采购管理都应足以引起医院管理者的重视。

纵观中国商业社会的发展，计划经济到市场经济的转变对政府和企业的采购行为产生了根本性的影响。

计划经济时代，国民经济总体需求大于供给，无论是生产资料还是生活资料，以国家为主体的配给供应是不得已而为之的办法，最大限度地满足了国民经济发展需要，避免了社会动荡。生活资料以家庭为单位配给，生产资料以企业产能为单位配给，企业的发展呈现由物资供应推动生产，有了产品不愁卖的一边倒格局。

市场经济时代，社会供需按照市场经济规律调节，总体上能够实现自我平衡。销售在企业经营活动中发挥的作用越来越大，采购的作用渐渐退居为保障地位。企业的发展呈现需求拉动生产，物资保障生产的环环相扣格局。市场经济发挥了宏观资源满足社会整体需求的最佳配置和成果最大化。

现实生活中人人都会消费，似乎采购工作人人都可以做，实际情况并非如此。采购是一项非常专业的工作，除了需要一定的专业知识和技能，也需要经验积累，以及与经销商沟通和博弈的技巧。

工业化生产的发展和现代商业社会的发展使得包括供应商平台、电子商务平台、物流平台在内的供应链体系高度发达，合作的多边化和去直销化一方面导致采购唾手可得；另一方面给采购活动带来不可预知性。这就对采购人员的能力提出了更高要求。

那么什么样的人才适合在动物医院担当采购职责呢？动物医院的采购人员至少要具备以下能力和特点：

- 具有动物医学专业或物资相关专业背景。
- 了解商务知识，熟悉采购流程。
- 具有一定沟通能力和谈判技巧。
- 熟悉商业合同签署，具备合同管理经验。
- 熟悉动物诊疗行业和动物医院经营特点。
- 具有一定供应商资源和采购渠道。
- 为人正直，原则性强。

根据采购性质的不同，公司的采购活动可以分为项目采购和计划经营性物资采购（表 4–19）。

表 4-19　项目采购与计划经营性物资采购对比

项目	项目采购	计划经营性物资采购	说明
采购频率	不经常发生	经常发生，周期性	
采购对象	1. 设施建设工程 2. 设备等固定资产 3. 重要服务项目	1. 消耗性物资 2. 定期或经常性服务	
金额	单位金额较大	1. 单位金额较小 2. 品类较多	
决策	项目需要立项审批	按计划采购，计划需要审批，包括年度和月度计划	
采购方式	1. 招标采购 2. 供应商不确定 3. 采购合约方式	1. 相对固定供应商 2. 订单形式	
采购流程	1. 立项 2. 预算 3. 拟定需求 4. 招标 5. 签署合同 6. 实施采购 7. 项目验收 8. 售后服务	1. 订单 2. 付款 3. 供货 4. 验收	
采购周期	1. 采购周期长 2. 实施周期长	1. 采购周期短 2. 服务周期短	从产生采购需求到采购完成
人员要求	1. 需要招标采购知识 2. 需要项目管理知识或借助外部进行项目管理	需要一定的医疗知识及询价比价技能	

从表 4-19 可见，项目采购涉及金额比较大，不经常发生；计划经营性物资采购属于生产保障型，需要定期采购。

通常动物医院成本费用由人工成本、原材料成本、固定资产折旧和其他费用构成，其他费用包含税费、项目和服务采购费用等。固定资产涉及摊销问题，服务和工程项目采购被列入其他费用，所以用成本构成衡量项目采购、计划经营性物资采购的占比不科学。我们将工程、服务费用从其他费用中剥离，连同固定资产采购合并成为项目采购，用现金流出进行对比，见图 4-11。项目采购的现金流出和计划经营性物资采购的现金流出占用了公司现金流出的近一半，可见采购工作的重要性。

动物医院发展初期，采购、库管和销售的职能不一定完全独立，一手买、一手卖的情况十分普遍，有些甚至采购、入库、出库、销售一条龙。从内部控制角度看，采购员、库管和销售人员属于不相容职务，应该各自独立，以便相互监督和牵制。

项目采购和计划经营性物资采购的采购方式迥异，采购对象不同，采购流程不同。当公司规模足够大时，可以考虑将两种采购职能独立。项目采购的工作重心在采购前，市场调研和立项论证很大程度上决定了采购项目的质量，包括产品是否符合要求、价格是否合理、售后服务是否有保障等。计划经营性物资采购的工作重心在日常采购过程中，询价、订货、验收等都是与成本、质量密切相关的环节。

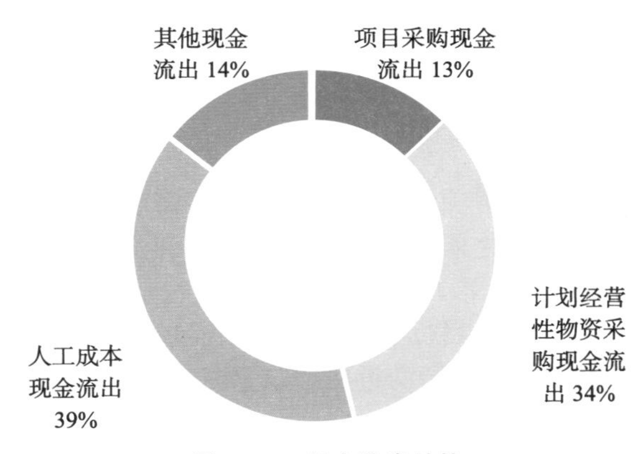

图 4–11　现金流出结构

二、项目采购管理

项目采购一般是指公司不常发生的，涉及金额较大的以项目方式进行的采购，包括固定资产类、工程类和服务类项目（表 4–20）。

表 4–20　不同类型项目采购对比

项目	固定资产类	工程类	服务类
常见项目	设备、家具、车辆、大宗物资等	土建工程、装修工程、消防监控、水处理工程等	法律咨询服务、审计服务、施工设计服务、监理服务、保洁服务、保安服务等
采购内容	购买产品，通过品牌、性能、数量、质量等衡量价格	购买项目建设，通过工程包含的项目、数量、材质、工艺、工期等衡量价格	购买服务，通过服务性质、服务人员数量、服务内容、服务时间、服务标准等衡量价格
项目周期	交付周期取决于产品的生产、运输、安装、调试时间总和	建设周期取决于工程量大小、施工难度和工艺复杂性	维修服务以次为单位，服务结束，项目结束；维护以年度为单位，可以采购一年或几年服务
采购方式	委托招标代理采购或自行采购，资金来源为财政资金的需进行政府集中采购		
付款方式	按交付进度分阶段付款	按施工进度分阶段付款	一次结算或定期结算
验收方式	使用人验收，特殊设备委托第三方验收	建设单位、监理单位、施工单位三方验收。必要时设计单位参与验收。设计项目和监理项目需单独采购	维修由使用方验收，维护主要是日常管理和验收
售后服务	通常保修期为一年。服务包括：维修、备品备件和耗材供应等	按照墙体、防水、电路、水路等保修期 2 ～ 5 年不等。服务以维修为主	无

项目采购需要立项论证，并履行项目立项申请审批流程，项目预算列入年度采购

预算中，按照计划的时间进行采购。

1. 项目论证

项目论证是对采购是否应该发生、采购的货物参数及功能、采购预算金额以及采购方式的集体讨论和集体决策过程。通过项目论证，可以达到以下目的：

◇ 促进资源集约化使用

企业资源是有限的，采购事项的发生往往伴随着需求。资源无法满足所有需求是必然的，这就需要资源在需求之间平衡和权衡，以达到资源集约化运用和发挥最大效益的目的。

需求必然伴随公司的目标，目标有主次之分，需求有轻重缓急之分，把有限的资源优先用于满足有利于实现主要目标的重要和紧急需求上，就是项目论证的意义所在。

◇ 避免决策失误

由于项目采购一般涉及较大金额，决策失误会给公司带来严重后果，同时采购本身牵扯各方利益，采购过程中容易出现职权滥用或职务犯罪行为。

决策失误包括把资源投入错误的项目，也包括对项目标的、采购方式等的决策失误。同类产品的性能各有侧重，价格分三六九等，它们能得以生存说明能够满足不同客户群体的需求。通过市场调研了解不同产品的性能、价格、优缺点。市场调研的目的不是挑选最优秀的产品，而是挑选最适合的产品。

◇ 提高采购效率

项目论证由采购需求部门发起，经过由技术专家和采购部门、使用部门、保障部门人员构成的论证小组共同论证，形成可行的项目需求和采购计划。

以采购重大设备为例，影像科有着动物医院最重要的两大设备——CT 和磁共振成像。不仅仅因为设备本身价格昂贵、技术含量高，这两种设备对空间、机房防护、周边环境、动力电供应以及室内温度都有严格要求。所以设备采购前期的市场调研和立项论证格外重要。有时一个细微的疏忽也可能是致命的错误。比如，建设磁共振成像机房时忽视了机房与周边地铁线路的距离，导致磁共振成像无法正常投入使用；机房动力电源未设置双路备用电，导致设备可能因停电遭受严重损坏，等等。

市场调研是采购环节的前期准备环节。企业在市场调研的过程中获取市场内相关产品的市场占有率、技术、性能、参数、价格、服务、用户反馈等，通过综合对比明确采购需求并划定能提供理想产品的供应商范围，为进入项目论证环节做好准备。

为什么是供应商范围而不是供应商，那是因为要给供应商留有选择不进入采购环节和进入采购环节后调整产品价格的余地。

如果认为一对一的买卖能得到更低的价格，那就大错特错了。既然你已经是跑不掉的买家，卖家心里只想着卖个好价钱。一旦进入采购环节，供应商的目的就只有一个——成功将产品销售出去。有时候，成为众多买家中的赢家，比将产品销售出去更具意义。为了提高成功的机会，他们会在可以接受的范围内尽量压低价格。报价的依据是对买家的支付能力和其他卖家报价的预期。

案例 4-6 项目立项论证

参见表 4-21。

表 4-21 项目立项可行性论证

填报日期：2018 年 3 月 1 日

申请部门	影像科	申请人	韩梅
需采购货物 / 服务 / 工程名称	磁共振成像	数量	1 套
预算金额	费用总预算金额：10 000 000.00 元，大写：壹仟万元整。		
申请理由（能创造的经济价值或科研价值）	科室现有设备无法满足以下系统疾病的高阶及最终诊断，包括神经系统、骨骼肌肉系统、肿瘤疾病等。为了丰富检查手段，推进相关疾病治疗和对疾病的研究，拟购买磁共振成像一台。磁共振成像可以弥补目前影像科设备的不足，代表影像科的设备水平已经达到国内领先水平，同时直接或间接增加检查项目，提高公司经济效益		
主要技术参数要求	磁共振成像参数 1. 工作原理：超导型磁共振成像 2. 技术参数：见附表		
配套设施（包括拟安装地点、空间环境要求、基础设施配套等）	磁共振成像室空间要求 45 m^2，包含工作站；环境要求：远离干扰；根据机器大小及摆放，进行场地改造及核磁屏蔽防护		
主要配件及运行维护费用（含维修、耗材费用 / 年）	配件：电力系统、后处理工作站 维护费用：每年 30 万～45 万元		
使用、管理仪器的技术力量（姓名、职称、专管还是兼管）	任海 兼管 张礼、黄静（防护监督及培训）、肖敏捷（使用管理）、常瑞（设备维护）		
采购计划： 本次采购计划 2018 年 11 月启动采购，前期调研走访六家主流供应商，综合性能、价格以及技术前瞻性，考虑购买价位在 1 000 万元的设备 1 套（包含磁共振成像、工作站、打印机、机房防护、防护用具等）。采购立项经过审批后由招标代理公司进行公开招标。本次采购交货周期约 60 天；付款方式：50% 交货款，50% 验收款；质保期三年，质保金 5%			
总经理办公室论证意见： 签字： 日期： 年 月 日			

2. 项目审批

项目论证通过，只意味着采购的初步意向达成，即该项采购有必要发生，公司现有的条件也可以支撑该项采购，该项采购大体方向确定。重大项目的采购或未列入预算在规定金额以上的采购应进行立项论证。

一般来说，项目论证只发生在一定金额以上的重要项目采购，公司不会将每项采购都经过立项论证，可以由相应权限的审批人通过立项申请的形式决定是否可以采购。

经过立项论证的项目，要相应履行立项申请流程。立项申请应该按照不同的审批权限设置不同的审批流程。

案例 4-7 立项审批

C公司对固定资产采购审批权限和是否需要论证做如下规定（表4-22）。

表 4-22 固定资产采购批准权限

金额 / 万元	副总经理	总经理	董事长	董事会	立项论证
X < 5	Y				
5 ≤ X ≤ 50		Y			
50 < X ≤ 100			Y		Y
100 < X				Y	Y

各采购审批流程见表4-23和图4-12。

表 4-23 固定资产采购审批流程

金额 / 万元	行政经理	财务经理	副总经理	总经理	董事长	董事会
X < 5	审核	复核	批准			
5 ≤ X ≤ 50	审核	复核	复核	批准		
50 < X ≤ 100	审核	复核	复核	复核	批准	
100 < X	审核	复核	复核	复核	复核	批准

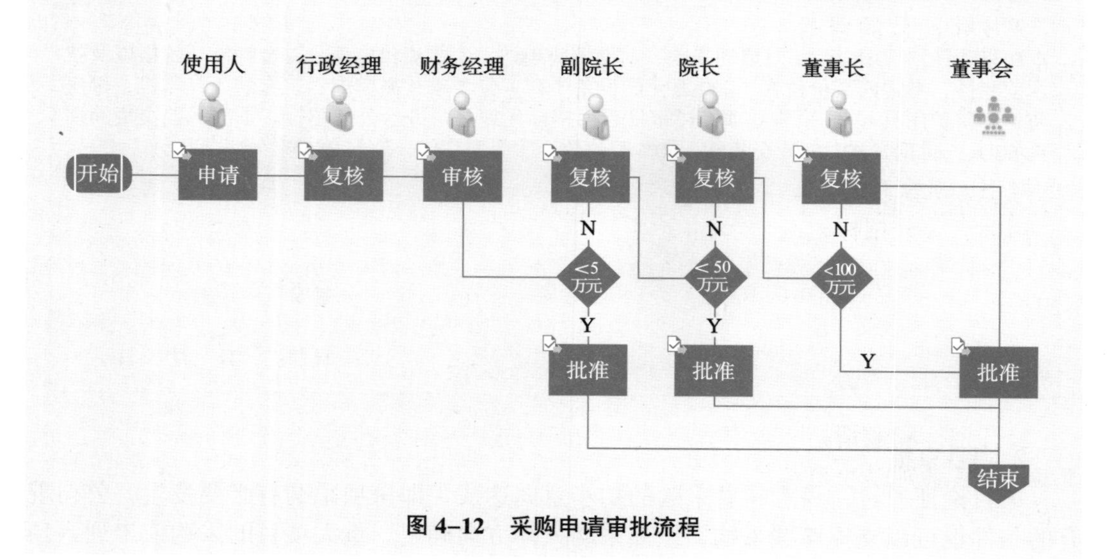

图 4-12 采购申请审批流程

按照预算采购对财务管理非常重要，同样对采购经理也非常重要，没有预算，采购经理将无法采购，预算的使用是对采购经理进行绩效考核的重要指标。

3. 项目招标

项目招标采购有自主招标和委托招标两种方式。对于非国有资金，采用哪种招标方式可以由动物医院运营者自己选择。对于国有资金，国家有明确的国有资金使用办法。

招标代理公司是为公司提供招标代理服务的第三方公司，委托招标代理公司进行采购有以下优势：

（1）更加公开透明

招标代理公司更加专业，有自己的行业规范和监管部门，因此采购流程更加科学，过程更加公开、透明。

（2）招标信息送达的范围更广

招标代理公司会在专门的招标信息发布平台上发布标讯，这类平台一般采取会员制，买方和卖方利用平台寻求合作机会。某大型招标平台的数据显示：

“网站建设项目信息数据库超过 600 万条，每年发布建设项目信息超过 60 万条，每年挑选 3 万个优质项目进行持续追踪报道，这些项目覆盖了大部分国家财政性投资项目和重大项目，涵盖了建筑行业、城市设施、农林水利、交通能源、冶金化工、机械、电力等建设领域。Google 数据评测的网站内容 PR 值为 6；日独立 IP 超过 4 万，日页面浏览量超过 50 万次。”

（3）专家库更大，拥有充足的专家储备和专业知识保障

采购方委托招标代理公司进行采购，并不需要支付额外的费用，但是要签署委托书，将选择供应商的权利让渡给了招标代理公司，招标流程和招标结果是受法律保护的，采购方要有条件接受招标结果。

招标代理公司在专门的网站发布招标信息，需要投标人注册成为会员并购买标书，按照招标书要求编制投标书，并需要缴纳与报价相关的投标保证金。有人认为这会让投标人支付额外的费用，最终这部分费用会转嫁给采购方。这种看法只有部分是正确的。

投标好比几个人在一起玩[illegible]，游戏的规则由招标代理制定，并充分告知投标人，投标人为了赢得游戏要进行[illegible]弈。博弈的结果存在很大的不确定性，为了提高获胜的概率，玩家倾向于让渡利[illegible]这个过程中，采购人有很大可能性成为获益者。

招标有公开招标、邀请[illegible]竞争性谈判、竞争性磋商、单独采购等方式。招标方可以根据项目性质、采购需[illegible]应商情况选择采取何种招标方式（表 4–24）。评标流程会因为招标方式的不同而[illegible]不同。

◇ 公开招标和邀请招标

公开招标和邀请招标的区别在于潜在供应商的范围，前者潜在投标人是广泛和不确定的，后者则是小范围和确定的。邀请招标和公开招标在流程上没有区别，都遵循以下流程：

表 4–24　招标方式

招标方式	发布范围	投标人数量	适用条件	招标流程	评标办法	评分标准	采购周期 / 天	备注
公开招标	公开发布	三家及以上	一定金额以上	发布招标信息—编制标书—开标和评标—公示中标信息	单人数评标小组	综合评分法或最低价中标	35	公开、透明、竞争性
邀请招标	邀请特定对象	三家及以上	因特定原因需要在小范围内招标，如出于保密、价格、采购周期等原因	发布邀请信息—编制标书—开标和评标—公示中标信息	单人数评标小组	综合评分法或最低价中标	40	降低不确定性
竞争性谈判	公开发布	两家及以上	公开招标达不到三家，技术参数难以确定	成立谈判小组—确定谈判文件—确定谈判对象—谈判—确定谈判结果	谈判小组	最低价中标	20	周期短、效率高
竞争性磋商	公开发布	两家及以上	公开招标达不到三家，技术参数难以确定	成立磋商小组—确定磋商文件—确定磋商对象—磋商—确定磋商结果	磋商小组	综合评分法	20	周期短、效率高
单独采购	邀请唯一对象	一家	能力允许范围供应商来源单一，特定条件限制的供应商来源单一	谈判—确定谈判结果	—	—	7	无竞争性
询价采购	邀请特定对象	三家及以上	经常采购，产品和供应商来源稳定，价格浮动小	询价—报价—比价—确定比价结果	—	最低价中标	10	效率高、周期短、节省成本

检查投标文件密封情况→开标→检查投标文件是否完整→公布报价→投标评分→公布分数→确定中标人→公示中标人。

评标委员会人员一般从专家库中随机抽选，数量为单数。评分标准早在编制招标书时就已经确定，包括商务分和技术分。如果是综合评分法，商务分和技术分各分数按得分和权重汇总成总分，得分最高的投标人被优先推荐为中标人。如果是最低价中标法，则在满足技术参数要求的情况下，报价最低的投标人优先被推荐为中标人。

◇ 竞争性谈判和竞争性磋商

竞争性谈判和竞争性磋商一般针对的是招标参数或价格难以确定的项目，比如特定领域的高精尖技术或参数高度不确定的项目。二者均存在谈判或磋商后二次报价的环节，其中竞争性谈判采用最低价中标法，竞争性磋商则采用综合评分法，竞争性磋商多适用于服务类项目的采购。

◇ 单独采购

单独采购应用的情况比较特殊，一般用于供应商来源单一，或虽然供应商来源众多，但是由于受特定条件限制，可供选择的供应商来源单一。

三、计划经营性物资采购管理

计划经营性物资是满足动物医院日常运营所需的生产资料，包括药品、试剂、耗材、劳保用品、办公用品等。为了维持正常的生产需要，计划经营性物资的采购围绕生产计划进行，属于常规性采购，周期性发生，采购物资的品类和数量相对固定，面向相对固定的供应商。

◇ 药品

药品包括各类口服药、外用药、注射用药。药品是动物医院最重要的生产性物资之一，无论从药品质量监控、处方规范性、药品疗效的角度，还是从公司运营安全、成本控制的角度，药品都占有非常重要的地位。

◇ 试剂

试剂主要用于医学诊断中特定指标的检测，如血液指标、激素指标、病毒检测、过敏原检测、抗体检测等，以实验室诊断为主。试剂的质量直接关系到设备安全和检测结果的准确性，在实验室诊断的成本构成中占有很大比例。

◇ 耗材

耗材的种类数量比较繁杂，手术室有器械、骨钉、缝合线、消毒剂等，注射室有针头、针管、隔离垫等，化验室有玻片、器皿、吸管等，有些价格低廉，有些非常昂贵，比如义眼、血管支架。

◇ 劳保用品

劳保用品通常不用于诊疗目的，而是用于诊疗过程中对工作人员的保护，如工作服、辐射防护用具、防护手套、医学口罩。

◇ 办公用品

办公用品不用于诊疗目的，主要用于员工个人日常工作中所发生的与公务相关的消耗，包括纸张、文具、计算器等。

1. 经营计划和采购计划

经营计划是从公司经营的角度，综合考虑市场需求、销售状况、生产能力和原材料供应等综合因素制订的计划。生产计划则是从满足公司经营需要角度制订的产出计划。采购计划则是从满足生产需要的角度制订的物料获取计划。所以采购计划的制订依据是公司的经营计划。

动物医院属于服务型公司，生产和交付在同一流程内完成，生产基于需求被动发生。为了保障经营，计划经营性物资都会保证一定的库存，库存量在使用消耗和采购补充之间维持动态平衡。所以采购计划是基于当前库存量和预测的下一次采购前的消耗量制订的。采购周期可长可短，采购量可大可小。越来越多的动物医院倾向于增加采购频率，以达到压缩库存，减少库存占用资金的目的。加速库存周转的另一个好处是便于管理物资效期，降低库存损失。

2. 计划经营性物资采购流程

计划经营性物资采购的流程为：制订采购计划→制作询价单→比价→确定供应商→下订单→收货→验收→入库→出库。

计划经营性物资采购一般针对相对固定的物资品类和供应商。所以询价的范围相对固定。有些人也许会问：为什么不选定一家供应商直接把价格杀到底?

其实原因很简单，买卖双方既是利益的共同体也是矛盾的共同体。在利益与矛盾之间通过博弈寻求制衡，才能维系供需体系的长期稳定。

◇ “三”为上

如果供应商唯一，潜在的风险会很大，风险来自以下几个方面。一是供货中断，二是坐地起价，三是以次充好。归根结底，就是被供应商牵制的可能性比较大，或者受供应商经营不利的影响牵连，即便是买卖双方结盟，这些风险依然不可避免。

如果有两家供应商，以上风险就小多了，但是两家供应商结盟的可能性依然存在，到时采购方的损失会更大。

综合以上原因，无论是公开招标采购，还是计划经营性物资采购的询价比价采购，一般都在三家及以上的供应商范围内进行。虽然供应商结盟的可能性依然存在，至少可能性已经大大降低，结盟的稳固性降低。

◇ 贪贱吃穷人

一次性大量采购的好处是讨价还价能力更强，可以低价获得货物，表面上降低了采购成本。然而，从公司经营的角度一次性大量采购并非明智之举。

一次性支出大笔资金，干扰了公司正常的现金流出，增大资金压力；一次性增加大量库存，库房租金、管理费用和库存损失都会增加，货物也可能因为生产压缩并转直接变成废物。

◇ 价低未必质次

“一分钱一分货”的理念在很多人心目中根深蒂固，但事实并非真的如此，物美价廉者不乏其数。质量并非影响价格的单一因素，影响买方讨价还价能力的因素还包括服务要求、采购数量、合作关系、付款方式、信誉度、社会影响力等等。

采购方询价比价的基础是在满足质量要求的条件下，选择最低价者作为供应商。只有在质量达不到要求时，采购方才会考虑退而求其次，用更高的价格换取理想的质量或服务。

◇ 战略结盟

和供应商战略结盟，帮助供应商改进质量，是某些对供应商高度依赖的公司的通行做法。将供应商作为竞争战略的一部分，以此获取竞争优势，甚至形成资源垄断，树立竞争壁垒。

3. 质量控制

对动物医院来说，药品、试剂、耗材的质量直接关系到诊疗服务质量。药品、试剂、耗材存在质量问题，不仅仅是客户满意度受到影响，严重时会导致医患纠纷和医疗事故。

忽视计划经营性物资的质量控制，就会事倍功半，效率下降，成本上升。选择正确的供应商只完成了质量控制的一部分，在订货、签订合同以及履行合同的过程中，更多后续的工作需要跟进。

■ 在订货时提供更明确的产品需求和质量标准。
■ 明确货物运输的方式、路线、所有权和责任划分。
■ 明确货物的交接人、交接流程。
■ 明确货物的验收标准、验收机构或验收人、验收流程。
■ 明确验收报告的格式、内容，约定对不合格货物的处理方法。
■ 明确货物存储条件，保质期限和退换货原则。
■ 明确货物的使用条件和使用方法。
■ 约定对不可预见的产品质量问题及带来后果的处理方法。

4. 库存管理

对于有些生产型公司，原材料库存在资产构成中占有很大的比例。库存控制在合理的范围内，才能在保障生产的同时降低资金占用量。库存属于公司资产的一部分，需要妥善保管，定期盘点。

盘点的目的不仅是确定账物是否相符，还可以捎带检查货物的保存状况以及有效期。对于二级库（使用部门从物资部出库的药品、试剂、耗材在部门单独保管）的管理更要严格，由于二级库库存随用随取，记录难以完善，且不断有新的物资补充进来，因此需要定期进行盘点，以存定耗，并将消耗与产出进行比对，以防管理漏洞。

动物医院的库存并不会占用太多的资金，但是库存管理非常重要（表 4-25）。因为有一部分药品、试剂和耗材对存储条件、存储期限的要求非常苛刻。比如，疫苗、有毒药品、麻醉药品、试纸等。

表 4–25 库存管理要求

库存方式	类别	存储要求
常规库存	常规药物、试剂、耗材等	1. 防盗 2. 配备必要的消防设施 3. 室内防潮，屋顶防水，货架底部距离地面 20 cm 以上 4. 室内防虫、防鼠 5. 药品分类摆放，同类药品分批次摆放，先进先出
特殊库存	疫苗 / 试纸 / 试剂类	冷藏存储
	毒、麻药品类	保险柜存储，双人双锁管理，进出库、使用记录完整
	易燃品	单独存放，配备防火设施

四、供应商管理

供应商管理是物资采购工作的重要组成部分。进行供应商遴选是保障物资供应的第一步。选择资质健全、信誉良好的供应商，能大大降低采购过程的风险。通过设立科学的标准，对供应商的资质和服务进行评级，对高级别的供应商给予采购优先、付款优先等政策，可以提高优秀供应商的积极性，促使供应商自我改进，实现优胜劣汰。

规模较大的公司可以每年组织供应商召开年度大会，吸引新的供应商，对上年度的优秀供应商给予奖励，同时向供应商传达政策，提出要求，为新年度的物资供应工作奠定基础。

把供应商管理作为采购管理的重要部分是企业把采购从事务性工作向战略性工作转化的重要标志。采购过程中买方与卖方的关系是买卖关系、供求关系还是合作关系，对供应链的有效性有着截然不同的影响。

企业运营成功的标志是企业持续、稳定地盈利。持续性来自市场需求和生产资料的保障，稳定性来自企业的计划性和控制性，盈利来自企业的竞争力和成本优势。供应商在保障生产资料的供应、生产计划的执行和成本控制方面发挥重要作用。可见，供应商管理对企业运营成功与否非常关键。

◇ 买卖关系

企业与供应商合作首先基于的就是买卖关系，一个作为卖方提供产品，一个作为买方支付价格，买卖达成之后双方再无瓜葛，这种供应商就如同我们通常所说的游商。开店经商的，因为要长久地经营下去，所以注重信誉。游商没有固定店铺，走街串巷兜售商品，多数都是一锤子买卖。

◇ 供求关系

企业需要长期稳定地经营，对于生产资料供应的数量和质量都有一定要求，显然企业与供应商停留在买卖关系十分不可取，而是需要建立更稳定的供求关系。

供求关系的建立是以买卖为基础的契约关系，一旦双方缔约，就形成了对彼此的权利义务约束，双方都有履约的义务，也会为失信行为付出代价。

◇ 合作关系

企业和供应商的合作关系脱离了买卖基础，超越了契约关系，企业或供应商可能是另一方的代理人、合伙人或是投资人，双方形成了战略合作关系或利益共同体，因而可以享有某些特权，也要背负某些责任。

供应商管理要从以下几个方面着手进行。

1. 供应商资格审查

动物医院计划经营性物资的供应商主要来自药品、耗材、食品和其他用品供应商（图 4–13）。每年涉及物资种类可达数千个，由上百个供应商供货。

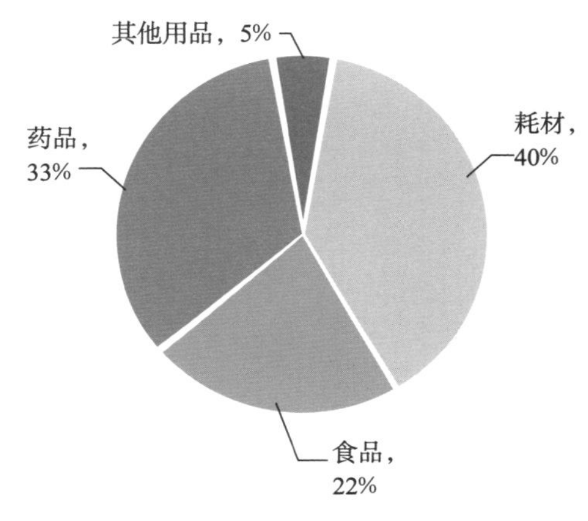

图 4–13　货物采购金额占比

要想成为动物医院的供应商，首先要通过供应商资质审查，审查的目的是为了考察供应商是否具备相应的资质，比如，公司是否合法经营、是否具有生产或经营许可、经营状况如何、市场份额多大等。筛选出符合条件的供应商纳入供应商名录，以便在需要采购产品时进行询价。表 4–26 为某动物医院的供应商资质审查表。

2. 供应商遴选

供应商根据经营的产品进行分类，同类产品储备供应商的数量不能少于三家，以便货比三家。供应商储备的数量并非越多越好，如果申请资质审核的供应商数量过多，可以将供应商进行分级，对于高级别供应商优先考虑询价和采购。表 4–27 为供应商分级评分表。企业将通过资质审核的供应商按照分级情况列入“年度供应商名录”。

在对供应商资质进行审核和对供应商进行分级的同时还有一项重要工作要做，就是对供应商所供产品进行审核，将通过审核的产品纳入“年度产品目录”。当同类产品数量较多时，还要对产品的价格和服务进行评分分级，当发生采购需求时优先从高级别供应商处采购评分最高的产品，见表 4–28。原则上，年度内只能从“年度供应商名录”中选择供应商，只能采购列入“年度产品目录”的物资。当现有供应商和产品不能满足采购需要时，需要履行更为严格的流程吸纳新的供应商和吸收新的产品。

表 4-26　供应商资质审查表

公司名称：			
公司类型：	□生产商　□代理商　（在□处打√）		
公司代码：			
经营范围：			
注册地址：			
办公地址：			
法人代表：		电　话：	
邮　箱：		传　真：	
注册资本：		注册时间：	
销售代表：		身份证号：	
电　话：		邮　箱：	
占地面积：		员工人数：	
开户银行：		银行账号：	
质量、安全、环境、健康管理体系认证：		认证机构、有效期限：	
许可证获证情况：		有效期限及编号：	
近三年资产、销售收入状况：			
公司简介：			
申请准入的产品类别：			
申请单位（公司公章）： 申请人（法人 / 授权代理人签字）： 申请日期：　年　月　日			
审核意见：			

注：

（1）本表需附以下文件复印件并加盖公章，密封提交。

①企业生产经营许可证；②营业执照副本；③资质等级证书；④质量、安全、环境、健康管理体系认证证书；⑤产品认证证书；⑥资信等级证明；⑦近三年财务报表；⑧销售代表法人授权书；⑨开票信息（盖章）；⑩法人及销售代表身份证。

（2）所有信息必须真实填写，如虚填一经查出，取消供应商准入资格。

（3）如代理商申请准入，需填写制造商的管理体系认证及许可证情况。

表 4-27 供应商分级评分表

供应商代码：

公司资质	A	营业执照	1分								
许可情况	B	经营许可	1分	生产许可	1分	卫生许可	1分	代理授权	1分	进出口许可	1分
供应商类别	C	生产商	10分	经销商	5分						
公司类型	D	外资公司	10分	上市公司	10分	国有企业	10分	其他	5分		
规模	E	50人以下	2分	50～200人	4分	201～500人	6分	501～1 000人	8分	1 000人以上	10分
成立年限	F	1～3年	2分	3～5年	4分	5～10年	6分	10年以上	8分		10分
经营类别	G	1～5产品系列	2分	6～10产品系列	4分	11～15产品系列	6分	16～20产品系列	8分	20产品系列以上	10分
年销售额	H	50万元以下	2分	50万～200万元	4分	201万～500万元	6分	501万～1 000万元	8分	1 000万元以上	10分
管理体系认证	I	无	2分	质量管理体系	4分	环境管理体系	6分	全管理体系	8分	监控管理体系	10分
资信等级	J	BB及以下	2分	BBB	4分	A	6分	AA	8分	AAA	10分
知识产权	K	无	2分	1～5项	4分	6～10项	6分	11～20项	8分	20项以上	10分
国家或部级荣誉奖项	L	无	2分	1项	4分	2项	6分	3项	8分	3项以上	10分
不良信息记录	M	无	1分	1条	0.9分	2条	0.8分	3条	0.7分	3条以上	0.6分
评级标准		Ⅰ级80分以上；Ⅱ级60～80分；Ⅲ级40～60分；Ⅳ级20～40分；Ⅴ级20分以下									
供应商评分		=A×B×（C+D+E+F+G+H+I+J+K+L）×M （说明：A、B两项为必备条件，供应商必须获得相应资质和许可，哪项不具备则该项为0分。）									
供应商评级		级									

表 4–28　产品评分表

项目	产品 A		产品 B		产品 C		产品 D		产品 E		权重（国产）	权重（进口）
供应商等级	□ I	分	□ I	分	□ I	分	□ I	分	□ I	分	0.2	0.2
	□ Ⅱ	分	□ Ⅱ	分	□ Ⅱ	分	□ Ⅱ	分	□ Ⅱ	分		
	□ Ⅲ	分	□ Ⅲ	分	□ Ⅲ	分	□ Ⅲ	分	□ Ⅲ	分		
疗效	□ I	分	□ I	分	□ I	分	□ I	分	□ I	分	0.2	0.2
	□ Ⅱ	分	□ Ⅱ	分	□ Ⅱ	分	□ Ⅱ	分	□ Ⅱ	分		
	□ Ⅲ	分	□ Ⅲ	分	□ Ⅲ	分	□ Ⅲ	分	□ Ⅲ	分		
*适用范围	□人用	分	□人用	分	□人用	分	□人用	分	□人用	分	0.1	0.1
	□兽用	分	□兽用	分	□兽用	分	□兽用	分	□兽用	分		
价格	□ I	分	□ I	分	□ I	分	□ I	分	□ I	分	0.3	0.2
	□ Ⅱ	分	□ Ⅱ	分	□ Ⅱ	分	□ Ⅱ	分	□ Ⅱ	分		
	□ Ⅲ	分	□ Ⅲ	分	□ Ⅲ	分	□ Ⅲ	分	□ Ⅲ	分		
原产地批号（进口）	□有	分	□有	分	□有	分	□有	分	□有	分	0	0.1
	□无	分	□无	分	□无	分	□无	分	□无	分		
*进出口证明（进口）	□有	分	□有	分	□有	分	□有	分	□有	分	0	0.1
	□无	分	□无	分	□无	分	□无	分	□无	分		
*国内批号	□有	分	□有	分	□有	分	□有	分	□有	分	0.2	0.1
	□无	分	□无	分	□无	分	□无	分	□无	分		
产品评分											1	1

*药品选用优先顺序是：1.国内有批号或有进出口证明、原产国有批号；2.兽用；3.评分结果。

3. 签署供货合同

对于纳入“年度供应商目录”的供应商，企业要与供应商进行进一步的接洽，对产品、价格和服务的细节磋商，并签署“年度供货合同”。年度供货合同至少包括以下内容：

- 合同期限；
- 供货范围与供货价格；
- 订货方式；
- 货物交付、验收方式；
- 货款支付方式；
- 售后服务条款；
- 违约责任；
- 其他约定。

通常供货合同采用同一模板，双方对于价格优惠、退换货等特殊约定在其他约定中体现。在合同期间内，双方严格按照合同约定履行权利义务，原则上年度内供货价格不发生变化。市场因素或原材料因素必须进行价格调整时，也要在双方协商的基础上达成一致意见方可调整。

4. 供应商履约管理与评价

企业要对供应商日常履约情况进行监督，并定期对供应商行为进行评估，见表4–29。供应商的履约行为如何可以作为下一年度供应商遴选的评级因素之一。

表 4–29　供应商年度评估

供应商代码：

项目	评估内容	代号	评分	分值
合同执行（60分）	供货及时情况	a		10 分
	货品质量	b		10 分
	货源充足情况	c		10 分
	货品价格稳定情况	d		5 分
	商业诚信状况	e		10 分
	合同签署情况	f		5 分
	发票开具情况	g		5 分
	其他履约情况	h		5 分
销售代表（20分）	销售代表服务态度	i		3 分
	销售代表技能	j		3 分
	销售代表品德	k		4 分
	销售代表响应速度	l		5 分
	销售代表通报商业信息及时、准确性	m		5 分
企业（20分）	供应商成长	n		10 分
	供应商不良信誉记录	o		10 分
	供应商年度评分合计			100 分
	供应商评级调差（90 分及以上评级上调一级，60 分以下下调一级）			

5. 召开供应商大会

企业的采购行为是持续发生的，年复一年周而复始，从年度供应商大会开始，到供应商年度评估结束，然后进入下一年度的供应商大会。企业召开供应商大会可以实现以下目的：

- 通报上一年度采购情况。
- 通报上一年度供应商评估情况。
- 通报企业本年度采购工作方针及产品需求计划。
- 通报本年度供应商遴选标准及评级标准。

■ 通报本年度产品遴选标准及评级标准。

企业可以选择在供应商大会期间或大会之后通知供应商评级结果和产品评级结果。企业根据评级结果最终形成“年度供应商名录”和“年度产品目录”。由于涉及商业秘密，“年度供应商名录”和“年度产品目录”的内容仅用于采购人员使用，不对其他人员开放。鉴于会有供应商对评级结果产生异议，所以供应商遴选过程应当规范，凡事有章可循、有据可查。

供应商遴选的工作应该由分管采购工作的副院长牵头，由采购部、财务部、使用部门抽调人员组成遴选评审小组，同时请纪委、审计人员或律师对评审过程进行监督以及对评审结果进行检查。

6. 新型采购

伴随商业社会的纵深化发展，以集约化为目的的新型采购方式不断涌现。

◇ 集中采购

集中采购是集约化经营的典型行为，适用于连锁经营模式的集团内部采购。连锁动物医院一般设有集团采购中心，针对集团内部各个动物医院的物资采购需求，由采购中心统一采购，再分别配送和服务。

◇ 采购联盟

不同公司就同类需求组成采购联盟，通过批量采购或是借用合作方的采购渠道、采购技巧等获得讨价还价能力，实现降低单位采购成本、获得质量服务保障、提高采购效率的目的。采购联盟可以是松散的或是紧密的，可以是长期的或是一次性的，地位可以是对等的或是以少数单位为核心的，总之采购联盟的组织方式灵活，目的性明确。

◇ 采购服务公司

伴随社会分工的纵深化，已经有第三方采购外包服务公司出现，他们有更专业的技术、更广泛的途径从事采购活动，也能为公司分担采购风险。

第五节　市场营销管理

一、动物医院的市场营销

中国居民家庭饲养宠物数量的快速增长促进了动物诊疗行业的飞速发展，动物医院在客源持续稳定的增长中衣食无忧，导致很多医院管理者对行业、对公司过分乐观，竞争意识淡漠。有些动物医院管理者甚至认为，动物医院无须主动营销，只要保持店铺整洁，医生服务周到，自然会有客人上门，留住客人也不是什么难事。

事实上，从 2018 年第二季度开始，有相当一部分动物医院管理者发现，病例量正在悄悄下降，连续数月低于 2017 年同期病例量。虽然总流水还能维持稳定甚至有所增长，但是支撑总流水继续增长的根基已经开始动摇。

另一方面，经过数年大手笔投资和大肆收购后，动物医院投资方急于看到投资回报，连锁经营体系的动物医院早已为抢夺市场厉兵秣马。免费驱虫、9 块 9 体检、299 元公猫绝育等，一些明显有违常理的价格一再出现。随之而来的是广告铺天盖地，各种造势、促销活动不断。其他动物医院的经营者终于真切地感受到了竞争的存在，无奈多年的闲适安逸让他们空有斗志却束手无策。有的经营者选择跟风降价，别人 1 元，我就免费；别人 299 元绝育，我就 199 元绝育。后果可想而知，降价终究不是长久之计，亏了本也未必赚来吆喝。

现实中，不是所有的动物医院经营者都有天生的经营头脑。出于本能，他们也许有一些竞争意识，但是市场营销是一门学问，需要潜心学习技巧和方法。

营销可以分为广义营销和狭义营销两种，广义营销是指从识别市场机会开始，针对机会开发新的产品，吸引客户，将产品销售给客户并设法保留客户的过程。狭义营销是指吸引客户并将产品销售给客户的过程。

从营销的字面来看，分为营和销两个环节，营是为了实现销。广义营销的定义更注重营的环节，狭义营销的定义更注重销的环节。

广义营销可以分为识别市场机会、衡量优势、寻找目标客户、制定策略、市场宣传、赢得客户、保持客户几个过程，见图 4–14。这个过程与公司规划有些类似，只是把它应用在特定市场环境下的行销行为上。

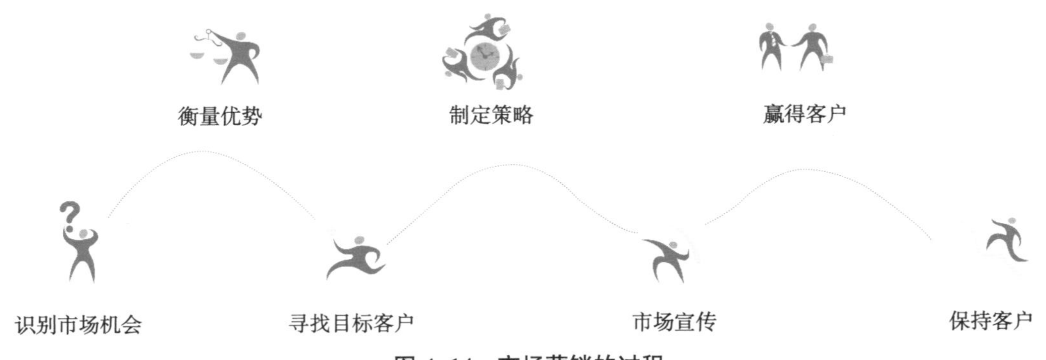

图 4–14　市场营销的过程

以前文的低价竞争为例，面对客户流失的情况，动物医院的经营者该怎样制定营销策略呢?

1. 识别市场机会

当竞争对手纷纷促销、降价时，不难发现有一种现象：一部分客户不会为促销所动，促销拉来的客户多数是忠诚度不高的客户，很容易再次被其他促销活动吸引。不可否认即便忠诚度很低，在动物医院消费时，也会在享受促销优惠时额外支付一些费用，医院总体不会亏本太多，甚至有一些赚头。

这时动物医院经营者面对两种机会：一是把握住那部分不为所动的客户，为他们提供物超所值的服务；二是效仿促销活动，由客户做出选择。

2. 衡量优势

机会对市场当中所有的竞争者都是平等的，只有少数人能够成功把握机会。你与竞争对手各有所长，以你之短搏人所长显然不是好主意。所以正确衡量和充分利用优势是取得成功的关键。比如，你的动物医院能提供哪些超值服务？或者你有哪些服务是竞争对手无法提供的？

3. 寻找目标客户

识别目标客群和识别机会、衡量优势一样，需要动物医院管理者有敏锐的商业头脑。客户群体各有所好，以仙桃赠予猛虎，显然不是好主意。了解客户群体的需求，对产品、服务、价格准确定位，有的放矢，精准营销，才能成功吸引和留住目标客户。

4. 制定竞争策略

拥有相对完善战略规划体系的动物医院，比如连锁动物医院或综合性动物医院的竞争策略相对稳定。个体动物医院在与竞争对手正面竞争时，竞争策略则往往根据小环境的竞争态势灵活运用，更倾向于战术层面的应用。

5. 市场宣传

市场宣传是市场营销的重要组成部分。市场宣传即可以服务于公司长期战略，也可以是小环境下竞争的战术行动。市场宣传的目的是向外界传递信息，吸引外界关注的同时展示良好公司形象。市场宣传不拘泥于形式，可以一掷万金铺天盖地，也可以不花分文身体力行。宣传的受众范围和留给受众的印象是衡量市场宣传效果的标准。当客户正好有消费的动机时，客户就会付诸购买行为。

6. 赢得客户

从获得潜在客户的关注，到把潜在客户变成客户，是检验市场营销是否成功的关键一步，成败的关键是客户与商家初次互动带给客户的感受。客户可能直接到店，也可能通过网络或电话咨询。当客户的感受良好时，就会将试一试的想法转变为长期消费行为。

7. 保持客户

伴随互联网和信息科技的发展，商家留给客户的感受包括线上和线下两部分，线下切身体验，线上分享他人体验的同时也向他人分享体验。这就要求商家既要致力提供优质服务，又要努力维护良好品牌形象。

消费者并非理性的消费者，有容易被商家忽悠的冲动消费者，也有闭着眼睛的盲目消费者，更多的则是夹杂情感因素的普通消费者。研究表明，与其说消费者钟爱某个产品或品牌，不如说是沉迷于产品或品牌带给自己的满足感，包括：舒适、刺激、吸睛、令人羡慕、与众不同等等。当某个产品或品牌能够带给大家相似的感觉时，就成了产品或品牌的标签，并可能转化成超额经济价值——商誉。

二、动物医院的客户关系管理

对于服务行业来说，顾客就是上帝。客户是企业收入的来源，客户关系需要用心维护，这是谁都懂得的道理。据统计，每开发一个新客户的平均费用，是维护一个老客户平均费用的6倍。所以，维护良好客户关系是降低公司运营费用，保障经营业绩稳定增长的有效手段。

客户关系，是企业和客户之间建立信任、互通信息、互有往来、互利互惠的持续过程。

首先，客户关系必须是相互的。剃头挑子一头热不是企业的错，也不是顾客的错，只是企业没有找准客户。所以，维护客户关系的过程也是筛选客户的过程。

其次，客户关系必须是对等的。我有所需，你有所求。客户需要服务，企业要求盈利。没有需求勉强促成的交易，或是利用了客户的心理需求诱导的交易，终归是空中楼阁。

最后，客户关系必须是互惠的。哪怕是各取所需，也要让客户觉得物有所值，让商家有利可图。盈利是企业持续发展的基础，哪怕是出于战术迂回的需要暂时不追求盈利，但是企业总要扭亏为盈，还要设法弥补之前的损失。

一旦客户走进动物医院，就在就诊过程中将个人和宠物信息留在病历里，这些信息不仅是动物医院的商业机密，更是动物医院的宝贵资源，充分挖掘和利用好客户资源，是动物医院经营者应予关注的事情。

客户信息管理工作一般由动物医院前台工作人员负责，包括病历档案（表 4–30）的建立、档案维护、电子信息录入、信息使用和数据统计分析。

表 4–30　病历档案

档案编号				
动物信息				
动物种类			名　字	
动物年龄			性　别	
病　史			药物过敏史	
动物主人信息				
姓　名		先生 / 女士	居住地	市　区
联系方式			备用电话	
就诊记录				
	就诊日期	就诊原因	主治医生	处方记录
1				
2				
3				
4				
5				
6				
7				
8				
9				
10				
备注信息：				

病历档案的意义是形成动物病史的完整记录，便于动物主人和医生对动物健康状况做出准确判断。

病历档案对于医生还有另一重重要意义，就是为动物疾病的发病机理、治疗方法及愈后状况等科学研究积累数据。

前台工作人员可以在动物就诊时，根据档案编号、动物名字、动物主人姓名等信息查询并提取档案，为动物主人预约、挂号，供医生查阅或是进行回访。

前台工作人员还可以通过对动物和动物主人的性格特点进行备注，提示医生接诊过程中注意防范医疗事故和医疗纠纷。此外，前台或医护人员可以与动物主人通过电话、网络保持沟通，例如：

- 病情沟通；
- 术后回访；
- 复诊提醒。

在市场营销管理环节，营销人员也可以与动物主人进行沟通，例如：

- 客户调查；
- 新产品推销；
- 促销活动提醒；
- 招募体验者。

如果恰巧在同一天动物主人接到了医生的复诊提醒和市场人员的新产品推销会产生什么效果呢？是双重惊喜、双重骚扰还是惊喜变骚扰都有可能。

与客户沟通要有适合的频度，“近之不逊，远之不得”，合适的频度加上适当的沟通技巧，提升客户忠诚度并非难事。

三、动物医院自媒体的开发与维护

动物医院可利用的公众媒体种类很多，包括门户网站、公众服务平台、电子商务平台等。就算是“微软”“耐克”这样的大品牌，如果不置顶，也会轻易被信息轰炸瞬间湮灭。信息时代，动物医院有必要建设自媒体平台，维护客户关系，提升品牌晓誉度。自媒体的形式多种多样，包括在公众平台上开设自媒体空间，以及开发自己的自媒体平台，比如官方微博、微信公众号、App 应用程序等。

自媒体应由专人负责维护，也可以通过外包方式请更加专业的人员开发和维护。维护良好的自媒体可以实现以下功能。

- 向公众展示公司良好形象，宣传公司文化，树立品牌形象，提升公众影响力。
- 吸收注册用户，将线上消费和线下服务结合起来。
- 向潜在客户推送产品和活动信息，维护良好客户关系。
- 实现线上互动，接受咨询，发送调查问卷，甚至远程诊疗。

自媒体的形式不同，展示内容、传播途径和互动方式也有所不同（表 4–31）。多种媒体形式相互映射、补充，才能更好地发挥作用。

表 4-31 各种类型媒体对比

项目	网站	微博	微信公众号	App 应用程序
内容	包含发布公司简介、新闻速递、产品介绍、活动公告，以及互动平台、会员管理平台和在线商城等	包含发布公司简介、新闻速递、产品介绍、活动公告，以及互动平台等	包含公司简介、新闻速递、产品介绍、活动公告，以及互动平台、会员管理、在线商城等	包含公司简介、新闻速递、产品介绍、活动公告，以及互动平台、会员管理、在线商城等
呈现方式	网站方式，可通过搜索域名或网址访问浏览	博文方式，可搜索微博名称或通过微博平台的索引浏览	公众号或推送方式，需要通过获取公众号名称并加关注后浏览	应用程序，需要通过App 应用平台下载安装后使用
包含元素	包含文字、图片、视频、在线互动、在线交易等			
形式特点	形式严谨，格式固定	形式松散，无固定格式	形式灵活，无固定格式	形式灵活，无固定格式
更新方式	补充、更新、删除原内容	发送新博文、删除原博文	发布新推送	程序更新、内容更新
访问方式	输入固定网址访问	通过固定网址的连接访问	接受推送后访问	
传播范围	无限	无限	限于已建立联系的人群	无限
申请方式	申请域名，官方网址唯一	申请微博账号，官方账号唯一	申请公众号，官方账号唯一	开发软件应用程序并获取许可及备案
维护	需要大量时间维护	无须大量时间和成本维护	需要一定的时间和成本投入	需要大量时间和成本投入

在动物医院的各类自媒体应用功能中，在线诊疗是未来发展空间最为广阔的一种，虽然在应用上有一定局限性，但是很被投资人和动物医院经营者看好。线下诊疗的检查和治疗环节无法被线上诊疗取代，但是在线诊疗可以在以下方面成为线下诊疗很好的补充。

- 增加客户与动物医院之间沟通的渠道和意愿，增加客户黏性。
- 便于医生远程观察动物在家中的行为，有助于准确判断病情。
- 开发动物诊疗以外的需求，如保健、免疫、宠物食品、用品、宠物社交等。
- 对于复杂疑难病症可以实现远程专家会诊，实现转诊或动用更多社会资源。

第六节　企业文化和品牌建设

一、文化与品牌的关系

文化是人类社会特有的现象，是人类精神活动及其产物的总称，为人类所特有。文化具有社会、地域和时期属性，内容可以包括历史、地理、风土人情、习俗、宗教信仰、文学艺术、价值观念等，文化可以带有一定的外部表象或符号，如建筑风格、审美情趣、精神图腾等等。

企业文化是属于企业和参与企业活动的人的精神及其产物，包括企业宗旨、企业核心价值观、企业精神等。从公司的发展历程来说，初期文化是自然而然形成的，带有企业成长过程中形成的质朴的思想、哲学和价值观雏形。当公司发展到一定阶段时，经营者认识到公司需要一种内在的精神去维系，于是有意识地提炼公司的思想、哲学和价值观，并将它提升、固化，打造成相对完善的文化体系。企业文化服务于经营，是维系公司传承发展和长治久安的内在因素。

品牌则是另一个完全不同的范畴，又与文化有着千丝万缕的联系。品牌是属于企业在市场活动中有意或无意形成的某种形象或属性。品牌源于文化，当公司有意识地打造文化时，为了让文化更好地服务于经营，会有意识地向外界传播文化，也可以形成品牌。

文化和品牌的关系密不可分（图 4–15）。品牌是文化的外部表象，文化是品牌的内在支撑。如果说泥土以下是树根，泥土以上是树冠，那么文化是树根，品牌是树冠。文化由内到外包括核心思想、行为规范和文化标识三个部分，品牌由外到内包括物质层、行为层和精神层。文化建设的途径是将企业文化凝练形成核心思想，继而形成行为符号和文化标识，是由内而外的过程。品牌建设是将文化精髓向外界传递，在公众心目中树立公司形象。公司形象首先是公众可见的品牌符号、标识，然后是可以感受到的公司人员的风貌、处事风格，最后可以领悟到的公司的经营哲学和价值观。

公司在发展，文化在不断完善的过程中传承和迁移，品牌跟随公司目标不断升级甚至重塑。品牌从某种程度上可以复制，但是文化无法复制。所以，公司的核心竞争力最终来自企业文化带来的差异化优势，并且独一无二难以模仿。纵观世界上屹立百年仍然生机勃勃的公司，与其说维系它的是创新，不如说是富有创新精神的文化底蕴。因为只有对突破和冒险行为高度包容和赏识的公司才有可能持续创新。

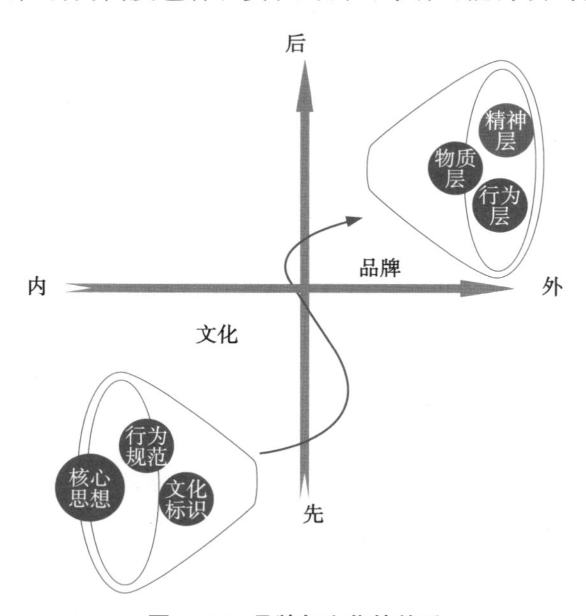

图 4–15　品牌与文化的关系

二、动物医院的企业文化建设

中国的小动物医疗行业形成和兴盛不过30年时间，资本不期而至充当了催熟剂的作用，但鲜有公司进入真正成熟的阶段。

公司的成长和人类的成长有着相似之处。孩子也有自己的性格，在小的时候加以正确引导，有助于帮助孩子养成良好的行为习惯和树立正确的人生观。公司也是一样的，在早期阶段对文化加以凝练和注入想要的元素，对公司的长期发展一定裨益无穷。中国的动物医院多数就处于这样的阶段，医院的经营者对企业文化是否有敏锐的视角，某种程度上已经决定了公司未来走什么样的路，能够走多远。

一个每天早上靠喊口号提振业绩的店，它的经营者恐怕无法专注于技术；一个每天专注于技术的经营者，恐怕无暇关心如何提升服务质量。经营者的作用不仅在于高瞻远瞩，还在于身体力行。毕竟他一个人的想法和行为，会影响一个团队的认知和行事风格。

企业文化建设过程中的认知偏差和错位非常常见，如同正常的人明知这样做不妥但是还会做一样。有些经营者错误领会了文化的内涵，有些经营者错误地植入了和自身完全不符的文化元素，美化、夸张的结果是错误和扭曲，最终给人的感觉变得不伦不类。

我们用一个比较极端的例子说明问题。陈某某曾经是媒体眼中的宠儿，也一度成为媒体集中声讨的对象，原因就是陈某某的高调慈善作秀行为。陈某某喜欢将自己标榜为慈善家，他还有另一个身份，就是某某再生资源利用有限公司的经营者。他身后的公司正是支持他高调作秀的本钱，而这家公司的实际盈利情况却根本无法支撑他这样的高调作秀。于是他通过作秀吸引公众注意，换取非常规的商业机会以维系商业运转，结果必然以陈某某个人形象以及他背后公司的轰然倒塌告终。我们无从得知某某再生资源利用有限公司的企业文化究竟如何，但是从陈某某无本之木的公司和无源之水的慈善，可以探知其表里不一、夸大其词的假大空文化。

我们再以华为和富士康为例（表4-32），两个公司在外界的眼里都有“狼”性，只是华为是自我标榜的狼性，富士康是外界赋予的狼性。两个公司的文化标语里都没有提及这一点。

表4-32　企业价值观对比

华为的价值观	富士康的价值观
■ 成就客户	■ 经营理念：爱心、信心、决心
■ 艰苦奋斗	■ 从业精神：融合、责任、进步
■ 自我批判	■ 成长定位：长期、稳定、发展、科技、国际
■ 开放进取	■ 核心竞争力：速度、品质、技术、弹性、成本
■ 至诚守信	
■ 团队合作	

两个公司都是同样的“狼”，留给外界的形象却截然相反（表4-33）。

表 4-33 企业文化对比

华为企业文化的特点	富士康企业文化的特点
■ 追求远大，作风求实 ■ 尊重个性，集体奋斗 ■ 结成利益共同体 ■ 公平竞争，合理分配	■ 军事化强硬管理策略 ■ 极低成本的血汗工厂 ■ 提倡“吃苦”“耐劳”“无任何借口”，不重视个性

两个公司都可能是自己领域里的佼佼者，因为这两种管理方式都与他们自己的目标契合。只是两个行业的性质有所不同，华为需要个人的创造力，富士康需要的是听话的劳动力，所以无所谓谁的文化好，谁的文化不好。只是留给外界人的感受和身处其中的人的感受有所不同。

动物医院的工作性质介于创造性和服从性之间，如果过分强调服从性，则会抑制员工的创造性；如果过分强调个人的创造性，则会丧失团队协作的基础。动物医院需要有限的风险可控范围内的创新和以配合为基础的服从。

从事医学工作需要严谨、持续学习、富有责任感和爱心。所以动物医院需要员工自发自觉地工作、学习和付出。这种内在的动力需要通过某种手段激发，企业文化无疑是最好的选择。

看似虚无缥缈的文化，该怎样建设呢？多数公司经营者，尤其是小公司经营者觉得无从下手。其实，再小的公司也有自己的文化。动物医院该怎样建设企业文化呢？

◇ 文化需要积累

文化是经过一段时间的积淀后，在物质背后留下的精神财富。在考古学中，同一时期同一地域出土的文物上的共同特征被赋予某种文化的符号，如红山文化的特征描述如下：

红山文化的社会形态初期处于母系氏族社会的全盛时期，主要社会结构是以女性血缘群体为纽带的部落集团，晚期逐渐向父系氏族过渡。经济形态以农业为主，兼以牧、渔、猎并存。它的遗存以独具特征的彩陶与之字形纹陶器共存、且兼有细石器的新石器时代文化。红山文化年代经碳 14 测定约为公元前 4 000 至前 3 000 年，主体为 5500 年前。红山文化的居民主要从事农业，还饲养猪、牛、羊等家畜，兼事渔猎。在石器中烟叶形、草履形的石耜，桂叶形双孔石刀是富有特征的农耕工具，还有磨制和打制的双孔石刀、石耜、有肩石锄、石磨盘、石磨棒和石镞等。

细石器工具发达，细石器中的刮削器、石刃、石镞等器物，小巧玲珑，工艺精湛。

陶器以压印和篦点的之字形纹和彩陶为特色，种类有罐、盆、瓮、无底筒形器等。陶器中的泥质红陶和夹砂褐陶的盆、钵、罐、瓮等各有自身的装饰纹样，而横“之”字形纹和直线纹是红山文化具有特征的纹饰。

红山文化的彩陶多为泥质，以红陶黑彩见长，花纹十分丰富，造型生动朴实。彩陶多饰涡纹、三角纹、鳞形纹和平行线纹。已出现结构进步的双火膛连室陶窑。

玉雕工艺水平较高，制作方法为磨制加工而成，玉器有猪龙形缶、玉龟、玉鸟、兽形玉、勾云形玉佩、箍形器、棒形玉等。据考古统计，红山文化的玉器已出土近百件之多，其中出土自内蒙古赤峰红山的大型碧玉C形龙，周身卷曲，吻部高昂，毛发飘举，极富动感。

还发现相当多的冶铜用坩埚残片，说明冶铜业已经产生。房址为方形半地穴式，分为大型与小型。

这段关于红山文化的描述，实际上描述的是一段浓缩的历史，包括它发生在什么时间、什么地域，包含的内容、传承的脉络、人类当时的生活方式、技术的发达程度，等等。

企业文化也是一样，经历一段时间的积累，就会形成人与人之间共同的认知、价值标准、行为规范等。当身处其中时，你未必有明显的感受，一旦你走出去，进入另一个群体，或者有人走进你的群体，你或他都能明显感受到这种文化差异的存在。

◇ 文化需要凝练

伴随时间积淀下来的不仅是财富，还有糟粕。社会文化如此，企业文化也如此。只是社会文化的历史更为长久，超出了人类可以选择控制的范围。在企业文化的凝练过程中，人们会有意地把负面的东西和多余的东西忽略掉，这是文化的人为选择部分，为了公司的使命和宗旨，把不符合公司目标和要求的文化剔除。

受人类对当下事物认知能力的限制，或是短视主义的影响，文化中难免掺杂一些糟粕，比如过分强调集权、服从、成本等，在短期内确实有利于公司达成目标，但是物极必反，一旦突破了人性、自然规律或经济规律的底线，这种文化就变成导致公司衰败的因素。

◇ 文化需要打造

企业文化建设中另一个需要人为干预的部分就是文化的打造。在凝练文化的同时，也要人为注入一些缺少的元素。前提是注入的部分和原有的部分能够相融。比如一个善于创新和充满活力的团队，往往在经历一连串的失败后，人们会变得士气低落，这时公司经营者有两个选择，一是加入严谨的成分，对创新鼓励但不放任，精心论证，降低失败率；二是加入包容的成分，告诉人们创新就有失败的可能，失败乃成功之母。这两种选择都是正确的，无论选择哪一种都有利于保持创新精神。

如果公司经营者想加入对创新失败进行惩罚的元素，那势必会让创新的员工有挫败感，从而制约了创新精神。

◇ 文化需要传承

企业文化具有延续性，一脉相承的文化才能发挥作用。历史上促成文化发生转折的，往往是左右历史的重大事件的发生，比如改朝换代、江山易主等等。对于公司来说，所有权变更、更换领导人、战略转型等同样会出现文化转折，转折期的动荡在所难免。以典型的跨文化经营公司为例，当公司从本土走向海外，势必面临两种文化的冲突。放弃与当地文化融合，就相当于放弃了当地市场，结果是死路一条。正确的做法是尊重原有企业文化，充分兼容当地文化，只有文化平稳过渡，才能保证公司平稳过渡。

三、动物医院的品牌建设

伴随着商业社会的纵深化和全球化发展，品牌建设的意义已经不仅仅局限于市场营销目的，而是成为公司经营战略的重要组成部分，是公司实现百年大计的重要保障。

品牌的定义有广义和狭义之分。广义的品牌属于经济范畴，代表与有形资产对立的无形资产；狭义的品牌属于意识范畴，是人为赋予的理念、行为、视觉、听觉等规范化的符号，代表特有的品质、文化、价值等属性。

用通俗的语言来解释，品牌是一种外在的符号，看见或听见它，就让人联想到某种内在的属性。比如："劳斯莱斯"让人联想到尊贵，"奔驰"让人联想到品质，"沃尔沃"让人联想到安全，"沃尔玛"让人联想到低价，"顺丰"让人联想到速度，等等。

动物诊疗的行业属性决定了连锁经营动物医院、大型综合性单体动物医院和社区动物医院品牌建设的意义不同。品牌建设的目的是为了增加品牌辨识度和行业影响力，单体动物医院受辐射范围制约，在更广范围内的品牌宣传对经营业绩的提升并没有大的影响。如果单体动物医院发展成为大型综合性动物医院，具备了转诊中心的特性，辐射半径就可以从一个社区扩大为一座城市，这时品牌建设的意义才能够体现。连锁动物医院因为布局优势，最适合统筹进行品牌规划和宣传，品牌建设能够达到事半功倍的效果。

成功的品牌至少要具备以下几个特征：

◇ 品牌与自身文化相符

品牌源自文化，所以在进行品牌规划时要正视和尊重文化，保持品牌与文化的一致性。

◇ 品牌与外部文化兼容

品牌能否在一个市场内落地生根，还要考虑品牌包含的文化与外部文化的兼容性。如果是相互冲突的文化，品牌必然不会得到市场的认同。

◇ 品牌与内在属性一致

消费者进行消费的目的是出于需求，满足需求的并非是品牌，而是某个品牌的产品。产品的内在属性与品牌一致，才能做到表里如一。表里不一的结果，只能让消费者失望。

◇ 品牌符号辨识度高

在同一个市场里，不仅充满了形形色色的产品，同类产品也很多。大家都在使出浑身解数宣传品牌，为什么效果截然不同？在同一个播出时段，经常有同类产品的广告播出，品牌特征明显，体现出差异化和个性化，才能令人记忆深刻；反之，品牌设计毫无特色可言，如同一颗豆子落入豆子堆中，注定会平淡无奇。

关于动物医院的品牌建设，前文关于企业文化与品牌关系的论述中有一部分涉及。事实上，品牌建设包含更为广泛的内容。品牌是有生命的，要想让品牌之树长青，需要用心对品牌进行规划、传播与管理。

1. 品牌规划

品牌规划是品牌建设工作的基础，基础稳固才能让品牌成果丰硕。单一品牌的规划包括品牌概念设计、行为规范设计、视觉识别系统设计和品牌传播途径设计等。品牌规划的中心是提炼品牌价值形成品牌的精神内核，再围绕品牌价值赋予品牌可见、可感受的标识符号。

品牌可以是一个，也可以是一个家族。品牌族的出现能够满足公司多元化发展或不同定位产品系列的需要。如果是品牌族规划，还要考虑品牌和品牌之间的关系，即品牌体系的设计。

以 P&G 公司为例，巅峰时期的 P&G 拥有的子品牌数量多达 300 余个，很多消费者可能想不到像飘柔、潘婷、海飞丝、沙宣、玉兰油、护舒宝、帮宝适、汰渍、碧浪这些耳熟能详的品牌都属于 P&G 品牌家族。多领域多品牌运作使 P&G 占领广泛的市场和争取不同需求的客户群体成为可能，事实证明宝洁公司的品牌战略不仅在中国，在世界范围内都是成功的。

然而就在 2019 年，突然传来 P&G 退出巴黎泛欧证券交易所的消息，理由是“成本和管理需求以及交易量下滑”。这又是一个成也萧何、败也萧何的案例。P&G 全线品牌开花的结果导致机构庞大、成本飙升，在应对实体店销售体系受到电商冲击这类问题时转型困难、力不从心；品牌老化、传播途径老套的结果使客户群体缩减，无法吸引在新媒体中混迹的年轻一代。

当 P&G 醒悟过来时，削减品牌、大幅裁员、整合机构的步伐可谓大刀阔斧，包括退出泛欧证券交易所的决定，也是缩减管理费用的举措之一。

2. 品牌传播

品牌传播的过程是品牌信息被消费者接收的过程，品牌传播过程必须满足四个要素：品牌信息、媒介、途径和消费者。

传统的传播媒介包括报纸、杂志、广播、电视、网络等，传统的传播途径包括广告传播、公关传播、促销传播和人际传播。伴随物流业和信息科技的发展，品牌传播由平面向立体发展、由广度向深度发展成为新的趋势。尤其是新媒体的出现，使得传播途径日益多样化，传播速度更加迅速，传播范围更加广泛。电梯间和卫生间里充斥着角落广告，电影大片里生拉硬拽地植入广告，会渐渐成为人们生活的常态。实践当中，人们发现围绕某些事物或人物的群体很容易受到他们所围绕的事物或人物影响，即便他们需求不同，也会因情感因素左右认知，比如：围绕明星的粉丝经济，围绕艺术、慈善、时尚的社交经济等。

3. 品牌管理

品牌在传播的过程中，会进行自我优化和品牌体系的自我选择，目的是让品牌效用最大化。消费者对角落广告和植入广告没有选择性，只能被动地接受，在多数时候他们可以自主选择接受或忽略。为了避免审美疲劳或招致反感，再精良的广告、再有效的活动也要适可而止。这就需要品牌建设在保持精神内核不变的前提下不断花样翻新，保持住消费者对品牌的关注度，不断强化品牌在消费者心中的印记。所以说品牌建设是持续、长期的过程，需要持续地投入资金、人力和物力。

伴随动物诊疗行业的发展和竞争加剧，动物医院的经营者越来越注重品牌建设，设置专门的岗位甚至团队管理品牌，投入大量资金维护和运作品牌。大型展会上的金牌展位，行业瞩目的冠名赛事，“挑战珠峰、相约南极”之类声势浩大的造势活动，经营者可谓不惜血本、不遗余力。我们再看看他们收获了什么，除了收获众多消费者，他们还收获了品牌价值的增值，公司连年攀升的无形资产价值就是证明。

第七节　内部风险评估与控制

关于内部控制的经典定义来自美国审计准则委员会（ASB）所做的《审计准则公告》，所谓内部控制，是指一个单位为了实现其经营目标，保护资产的安全完整，保证会计信息资料的正确可靠，确保经营方针的贯彻执行，保证经营活动的经济性、效率性和效果性而在单位内部采取的自我调整、约束、规划、评价和控制的一系列方法、手段与措施的总称。

可见，内部控制和审计有着必然的关系，通常人们对于审计的认识是外部控制，由独立行使监督权的审计机构完成。无论内部控制还是外部控制，针对的对象和实施的目的都是相同的，不同的是内部控制是企业自发的行为，采取自我建立的组织、标准和方法对企业进行控制。当问及内部控制由谁做怎么做时，对于那些成熟的行业可能不是问题，尤其是重资产行业、金融行业等高风险行业，它们的内部控制体系相对健全。对于动物医疗行业这样新兴小众的行业，内部控制多数还停留在概念阶段。与其他管理职能相比，风险控制职能的作用更难引起足够的重视，很大程度上取决于风险控制重在风险防范，只要没有风险发生，很难评估这一职能创造的价值。一旦风险带来损失，无论采取多么完善的控制手段，也只能说明控制是无效的。

其实，动物医疗行业也属于高风险行业。它的风险中就有一部分来自新兴和小众化。比如市场的不成熟，诊疗技术的不成熟，消费者的不成熟，伴随着动物疫病、人兽共患病发生，以及医疗事故、医患纠纷发生，这些都是人为可控程度低的高风险。和其他所有行业一样，动物医院的经营也有财务风险、人力资源风险、技术衰退风险等，因为其小众和新兴的特点，所以公司抗风险的能力更弱。这就需要企业经营者细心一一梳理，制定相应的风险防范措施。

公司实施内部控制，除了建设内部控制体系，还要完善制度体系。内部控制体系和制度体系是两个相互交叉、相互呼应的体系。

首先，制度既有服务于生产经营的制度，也有服务于内部控制的制度。甚至有的制度既包含服务于生产的部分，也包括服务于内部控制的部分。也就是说内部控制体系最终要以制度的形式体现，然后得以贯彻实施，而且对其他制度形成潜移默化的影响，形成牵制、制约的作用。

下面着重介绍公司内部风险控制与评估，先对与之密切相关的公司规章制度进行论述。

一、公司规章制度

公司规章制度是公司用于规范全体成员及公司所有经济活动的标准和规定。

首先，公司经营是一种经济活动，通过各种要素按照一定方式的组合创造产品，实现价值的增值和传递。企业内部的经济责任制以提高经济效益为中心，按照责权利相结合的原则，把企业的经济责任加以分解，层层落实。

公司规章制度将经济责任制具体化。公司规章制度是公司经济运行和发展中的一些重要规定、规程和行动准则。公司规章制度的制定，应体现公司经济活动的特点和要求。公司规章制度对本公司具有普遍性和强制性，任何人、任何部门都必须遵守。

公司规章制度按照不同的标准有不同的分类方式。公司规章制度按照属性划分可以分为公司基本制度、公司工作制度和公司责任制度；公司规章制度按照用途划分可以分为说明书、规定、标准与流程；公司规章制度按照职能划分又可以分为财务制度、人力资源制度、办公室制度、行政制度、综合制度和生产制度。

不同行业的公司、同一行业中不同商业模式的公司、完全同类的公司但是经营和管理特色不同，其规章制度构成也有所区别。人事制度、行政制度、财务制度等通用性比较高，生产领域的专门制度比较多。即便是通用领域，也包含专门制度，比方医疗行业的人力资源制度包含的《住院医培养制度》，行政制度包括的《消毒隔离制度》，等等。

以动物医院为例，动物医院的常见规章制度如图 4–16 所示。

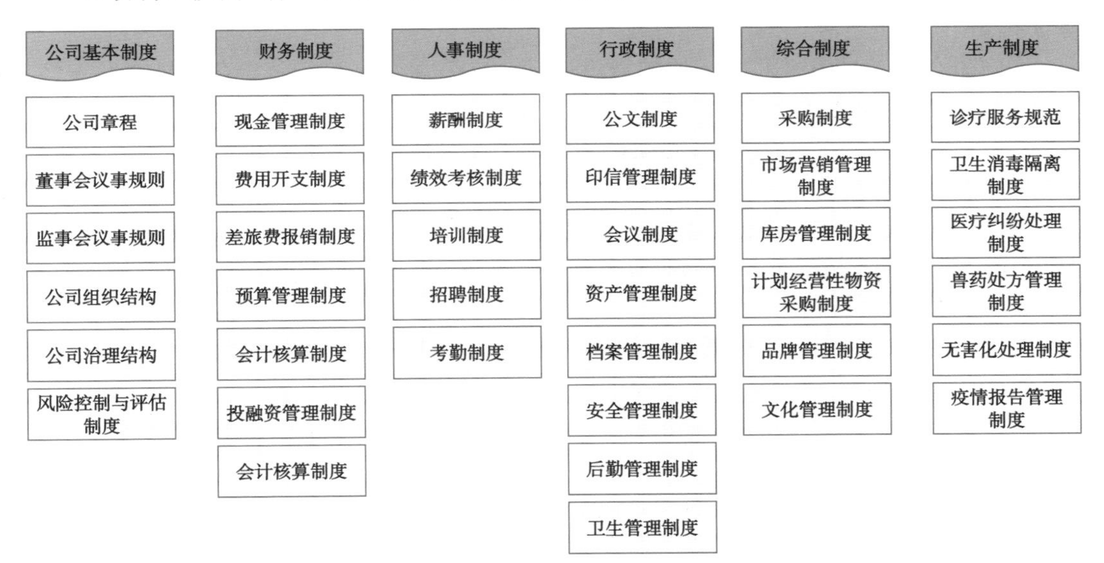

图 4–16　典型的公司规章制度

对公司流程和岗位责任的梳理是公司规章制度建设的基础。规章制度建设是个循序渐进、日趋完善的过程，没有一成不变的公司，同样没有一成不变的规章制度，规章制度要随着公司的发展不断修订。

动物医院规章制度建设、监督实施和修编是医院办公室的主要职责。办公室牵头组织各职能部门和业务部门指派人员编写本领域的规章制度，办公室负责其他公司规章制度的编写，以及对所有规章制度的汇总修订。

规章制度也根据效力、保密程度等分为不同级别。公司印发规章制度的效力高于部门制度效力。部门制度应符合公司规章制度的整体框架，且对部门以外的人员不构成约束。公司要在整体层面把控各部门制度之间的平衡，确保制度间不相互冲突。公司规章制度还需要根据保密级别进行分类，不同级别的规章制度送达和传阅的方式、范围有所不同，且应在规章制度抬头区域明确注明保密级别。

公司规章制度在编写完草稿后，应组织相关领域人员对规章制度内容进行论证修订，必要时扩大范围征求意见，定稿后要报经各级领导审批，通过审批后生效并下发实施。

在众多规章制度中有一项制度叫“公文制度”，是专门对各类公文的格式、生效、传阅及存档进行明确规定的制度。制度虽然不属于公文的一种，但其格式、生效、传阅及存档、废止与公文相似，而且制度的生效和废止一般会以公文（通知）的形式下发。

下文将对包括“公文制度”在内的主要公司规章制度进行一一简述。

◇ 公司基本制度

《公司章程》

《公司章程》是公司设立时依据《公司法》等法律制定的，对公司名称、住所、经营范围、经营管理制度、公司组织及活动基本规则等重大事项进行明确规定的公司基本文件。

《公司章程》是股东共同一致的意思表示，是公司的宪章。公司章程具有法定性、真实性、自治性和公开性的基本特征。

对《公司章程》进行的修订必须在注册地工商管理机构备案。

《董事会议事规则》

董事会是按公司章程设立并由全体董事组成的业务执行机构。董事并非股东，只是由股东共同推举和赋予权利的所有者代表。股东可以通过股东大会行使权利，但是不能代替董事行使权利。

《董事会议事规则》是指董事行使权利必须遵守的一系列程序性规定，以保障董事会高效运作和科学决策，从而保护股东利益。董事会议事规则包括：董事的任职资格，董事的行为规范，董事长的权利和义务，董事会的工作程序、工作费用以及其他事项。

《监事会议事规则》

监事会是按公司章程设立的，对包括董事会议在内的议事、决策过程，以及经营活动进行监督的法定和常设机构。监事由股东推举或由公司职工民主选举产生。《监事会议事规则》对监事行使监督权的程序、办法等事项做出明确规定。

《公司组织机构管理制度》

公司的组织结构服务于组织目标和经营思想，经过设计形成各个部门、各个层级之间相对固定的内部关系。这种关系主要体现在工作内容、责任和权利的划分上。

组织结构是公司开展运营的基础，很多企业正承受着组织架构不合理所带来的损失与困惑。内部信息传导不畅、政令不通、机构臃肿、责任划分不清，导致工作中互相推诿、互相掣肘、企业内耗严重，等等。

《公司治理结构》

《公司治理结构》又叫法人治理结构，是关于企业所有权层次设计。从狭义上说，公司治理结构是所有者向经营者授权以及对权利运用进行监管的组织结构。

公司管理是基于经营权层次上，公司治理是基于所有权层次上。

《风险控制与评估制度》

《风险控制与评估制度》是针对公司经营中各类风险如何发现、如何评估、如何管控以及由谁管控的制度。这里的风险不是单纯的人身、财物安全风险，而是与经营相关的经济风险，例如，财务风险、人力资源风险、技术风险、市场风险等。

◇ 财务制度

《会计核算制度》

《会计核算制度》是对会计核算过程中的各项具体会计工作的操作原则和方法做出的规定。

《现金管理制度》

《现金管理制度》是对现金及现金等价物的收支、暂存和银行托管等业务制定的相应规范。

《费用开支管理制度》

《费用开支管理制度》是对公司各项费用开支制定的相应规范。包括费用开支的预算、支付和考核奖惩办法。

《差旅费报销管理制度》

《差旅费报销管理制度》是公司对员工出差期间用于交通、餐饮、住宿等因公发生费用的报销标准以及报销办法的规定。

《投融资管理制度》

《投融资管理制度》是公司为了规范投、融资行为对投、融资决策、实施以及评估等做出的规定。

◇ 人力资源制度

《薪酬制度》

《薪酬制度》是公司对员工劳动报酬的支付标准、支付办法等做出的规定。《薪酬制度》还应包括薪酬总额、员工薪酬结构、薪酬调整等方面的内容。

《绩效考核制度》

《绩效考核制度》是公司对员工完成工作的成果、关键指标等进行检验，对不同工作态度、工作效率和工作结果加以区别并根据结果给予一定奖惩措施的管理办法。绩效考核的目的是为了激励员工。

《培训制度》

《培训制度》是公司对员工接受在职培训的项目、种类、时间、费用、服务时间以及申请审批流程等加以规定的制度。

《招聘制度》

《招聘制度》是公司进行人员招聘与录用时对应聘人员的简历筛选、面试流程、录用标准与流程、劳动合同签署等一系列行为进行规范的制度。

《考勤制度》

《考勤制度》是公司对员工日常工作的到岗、离岗时间，请假、休假的申请审批等做出的规定。公司员工的出勤核定、请休假审批等都按照《考勤制度》的规定执行。

◇ 行政制度

《公文制度》

《公文制度》是专门对各类公文的格式、生效、传阅及存档进行明确规定的制度。公文是企业在管理活动中形成的具有法定效力和规范体式的文书，公文的种类包括通知、报告、公告、公报、决议、决定、命令、请示、批复、议案、函、纪要等。

《印信管理制度》

《印信管理制度》是对公司印章、营业执照、经营许可等的使用进行明确规定的制度。印信一般用于公司间或公司与政府间的合同文书、往来函件等，代表一方对另一方表达的身份、立场、观点、承诺、邀约等文书具有法律效力，所以印信不能随意使用，对印信的使用和管理必须建立规范。

《会议制度》

《会议制度》是对公司各类会议的召集、通知、安排、组织、记录、决议及其下发等内容进行明确规定的制度。

《固定资产管理制度》

《固定资产管理制度》包含了对固定资产、准固定资产和低值易耗品等能够反复使用且具有一定使用寿命和具有资产属性的物资的管理规定。一次性使用和消耗的生产资料及消耗品则不包含在内。

《档案管理制度》

档案包括公司公文、战略规划、年度计划与总结、财务预算报告、决算报告、往来凭证、合同文书、工作记录、技术资料以及其他具有记录、证明意义和留存价值的纸质、影音、图像等资料。《档案管理制度》规定了档案的种类、编号、建档和存档流程、保存期限、借阅方法以及销毁方式等内容。

《安全管理制度》

《安全管理制度》是对安全管理责任进行明确划分以及对管理方法、应急预案等进行明确规定的制度。

《后勤管理制度》

《后勤管理制》是对保洁、保安、餐饮等公司后勤事务的管理所做出的规定。

◇ 综合制度

《采购制度》

《采购制度》是对工程、服务、固定资产等的采购的组织流程、采购办法、采购流程与规范等进行明确规定的制度。此类采购一般涉及金额比较大，需要进行立项论证与审批，必要时需要进行招标采购。

《计划经营性物资采购制度》

计划经营性物资属于企业生产资料，一般来说是周期性进行采购，为了保障持续稳定供应生产，总是备有一定库存，企业和供应商之间通常保持长期稳定的合作关系。计划经营性物资采购既可以通过招标的方式，也可以通过遴选的方式进行，一般会签署年度供货合同，分期分批供货和结算。

《库房管理制度》

《库房管理制度》一般是指计划经营性物资入库、出库以及库存管理。

《市场营销管理制度》

《市场营销管理制度》是公司对市场营销活动进行明确规范的制度。

《品牌管理制度》

《品牌管理制度》是对公司品牌进行规划、设计、传播以及维护等行为进行明确规范的制度。

《企业文化制度》

《企业文化制度》是对企业宗旨、使命、愿景和价值观，以及企业伦理、企业精神、企业形象等进行设计、定义的制度。

◇ 生产制度

《诊疗服务规范》

《诊疗服务规范》是动物医院对诊疗服务的环境、人员行为、操作流程和规范等做出的规定。

《卫生消毒隔离制度》

为了避免动物诊疗过程中传染性疾病的传播，保持诊疗环境的清洁卫生，需要对环境消毒的方法、步骤、标准，以及疫病的确诊、隔离措施、报告程序等做出明确规范，即《卫生消毒隔离制度》。

《医疗纠纷管理制度》

《医疗纠纷管理制度》是对诊疗活动中发生纠纷的处理人员、处理流程和方法、医疗事故的鉴定及赔偿标准等加以规范的制度。

《兽药处方管理制度》

《兽药处方管理制度》是对诊疗过程中医师开具处方加以规范的制度。

《无害化处理制度》

《无害化处理制度》是为防止病死动物对环境造成污染对病死动物尸体回收和统一处理的方法、流程等做出的规定。

《疫情报告管理制度》

为了防止疫病扩散，首先发现疑似疫情的医师应按照流程第一时间向动物疫病管理机构汇报，对疫情报告的流程、对象、内容等所做的规定为《疫情报告管理制度》。

二、内部风险评估与控制

内部风险评估与控制无疑是公司治理过程中必要的环节，内部控制失效的案例屡见不鲜，即便是已经具备一定规模的公司，内部风险仍然可能存在，而且更容易被忽视。内部风险评估与控制是一把双刃剑，控制过度，往往因为害怕承担风险而丧失很多机会，从而阻滞公司发展，因为控制过度导致公司失败的案例也不鲜见。

正确看待和应用内部控制，是防范公司风险、保障公司运营安全的必然选择。伴随内部控制出现的流程复杂化导致效率下降以及运营成本增加导致的效益下降只是表面现象，牺牲眼前利益但是能有效防范错误决策、滥用权利、玩忽职守、假公济私等风险，保障企业长期安全稳定运营，最终赢得长期利益。

1. 内部控制设计

内部控制设计要从组织结构设计、人员分级授权、制度和流程设计等各个环节综合考虑，构建相互补充又能相互牵制、有所回避又能相互监督的内部控制体系，评估人力资源、财务、运营、技术、市场等各个领域的风险，监控整个公司的运行状态，确保公司安全平稳发展。

（1）人的因素

关于组织结构设计前文已经做了叙述，下面主要从内部控制角度加以论述。把合适的人放在适合的岗位上，是对人的尊重，也是对工作的尊重。疏忽和失误在所难免，但是首先要避免因为能力不足造成的错误，这也是用心甄选人才、培训人才的原因。实践中有些问题既不是疏忽或失误造成的，也不是能力不足造成的，比如是由于人格缺陷、道德缺失、责任心不足、自我约束不严、受到诱惑或胁迫等造成的，无法完全事先避免，事后惩处于事无补，所以事中监控非常重要。

（2）组织结构和岗位设计因素

除了人的因素，将不相容职务分离，也是有效预防职务过失，及时发现和干预过失行为的有效方法。不相容职务涉及公司的各个领域和环节，要想完全做到分离，前提是组织机构足够庞大，分工足够明确。如果公司还没有发展到相应规模，至少重点领域和环节的不相容职务要做到分离。

◇ 不相容职务多发的重点领域

■ 财务　财务安全是公司最重要的安全问题之一，不仅包括资金回收和保管的狭义安全问题，也包括资金支付使用和资产保值的广义安全问题。

■ 采购和销售　采购和销售是公司与外部交易的环节，既涉及资金的流出流入，又涉及物资、服务、无形资产等的流入流出，除了要考虑资金安全，还要考虑交易订立的合法性和公正性，以及物资、服务、无形资产等的质量，是公司内部风险集中多发的领域。

■ 重大事项：投融资、对外担保　重大事项属于公司经营过程中非常规的偶发事项，其责任和风险更为重大，有些重大事项的风险对公司来说是致命的。比如投融资和对外担保，为了降低风险，对重大事项的风险评估和群体决策是非常必要的。

◇ 不相容职务多发的重点环节

■ 授权审批　公司内部分级授权的目的就是明确权利层级，确保每个人在授权范围内行使权利，最大限度地避免职务过失。同时，通过逐级汇报和审批，上级可以了解和监控下级的工作情况。

■ 业务经办　业务经办涉及公司内部与外部的交易过程，交易协议订立、项目实施、资金货物交割等过程涉及诸多商务、法律问题，人员所处的环境复杂，非常规处置多，属于公司重点监控的环节。

■ 会计记录　会计记录是指对经过会计确认、会计计量的经济业务，是业务数量、质量的真实反映，具有及时性和准确性的特点。但是会计记录也可能会因为人为因素出现偏差，不仅影响公司对经营的正确判断，导致错误决策，还会造成股东权益损失。

■ 资产保管　资产保管主要涉及财务、采购和行政等领域的资金、贵重物资、设施等的安全，实践中也是问题多发的环节。

■ 稽核检查　稽核检查环节涉及运营各个领域，实践中常见的问题是一方面没有独立的稽核检查人员或分工，另一方面各领域忽视了内部稽核检查。

（3）流程因素

流程因素是公司内部控制设计最重要的部分，人的因素和岗位设计因素无法充分考量的前提下，可以通过严格的流程设计，规避一部分由于人和岗位设计因素带来的风险。进行内部流程设计时要遵循以下原则。

◇ 审批原则

重要事项履行审批流程，由相关领域重要岗位按照分级授权逐级申请、审核、复核、批准，通过信息送达和意见反馈，由重要相关人员考虑所申请的事项是否有成立的可能和必要，理论上如果有一个环节无法通过，就无法进入下一个环节。严禁越级越权申报和绕行审批，凡是越级越权审批的，审批人要承担相应后果。

◇ 信息披露原则

对公司信息以设定方式向一定范围的人员披露，主动接受监督和检查，是信息披露原则的初衷。所以设计信息分类以及传递的途径、方式和范围，是公司内部控制设计要充分考虑的事情。原则上人员对本岗位相关的信息和下级岗位相关的信息有知情权，职位越高，可以获取的信息越多。

◇ 四眼原则

重要事项的处置环节必须有两人以上在场，一人操作，一人监督，甚至多人监督，是非常有必要的。常见的应用场合有金库、保险柜等，也有一些像飞行器等重要设备操控的环节，或者是交割、盘点、质检等稽查环节。

◇ 群体决策原则

重大事项群体决策是统一利益方意见，避免错误决策或独裁的有效方式。涉及利益方较多的股份制公司、管理比较正规的公司和管理者行事风格比较谨慎的公司，一般都把群体决策的程序写入公司章程，作为必须履行的事项。

◇ 监督权独立原则

独立的监督权对于某些特殊行业或公司是十分必要的。监督机构可以是外部的，也可以是内部的。比如银行业有银监会，证券业有证监会，有些公司从事的是第三方审计业务，还有些公司设有内部审计部门。无论是内部审计还是外部审计，都应有独立行使监督权的权利。

2. 风险评估

定期或不定期进行内控审计，检查内部控制体系是否运行有效，对公司经营的意义重大。内部控制审计的重要一环是进行风险评估，评估现行体系中潜在的风险点，帮助公司进行整改。

（1）风险识别

不考虑政治、经济等宏观因素，以及重大行业政策调整、自然灾害等因素的影响，正常经营状态下公司内部主要的风险因素包括：人力资源风险、财务风险、控制风险、经营风险、技术风险和市场风险。

不难发现，风险存在于企业经营的任何环节。那是不是就谈风险而色变了呢？当然没有必要。风险的存在是必然的，风险的发生是概率问题，防控风险就是尽可能降低它发生的概率。

既然风险无处不在，那是不是要草木皆兵呢，当然不是。内部控制要适度，过犹不及。掌握“度”就要从风险识别开始，将风险按照比例划分为潜在风险、轻度风险和重度风险。

◇ 潜在风险

潜在风险无处不在，但是发生的概率低，即便发生也不会给企业带来严重影响。概率低不意味着不会发生，暂时不严重的影响也不意味着不会发展和影响全局。企业中的绝大多数风险属于潜在风险，要学会识别潜在风险，定期对潜在风险的发展动向进行评估，对于稳定的潜在风险重在“防”，对于不稳定的潜在风险重在“控”，一旦发现风险提高，要采取相应措施。“防”“控”结合把潜在风险稳定在可控范围内。

◇ 中度风险

企业中有一小部分风险的存在是显而易见的，它的存在对企业不是致命的，但是一旦发生会造成全局性的影响。这种风险可以防范，一旦发现就要时时刻刻对它保持监视和控制，尽量将它降低或根除。

◇ 重度风险

企业中可能会存在这样的风险，一旦发生，会严重干扰企业的生存和发展。即便如此，它也是可以防范和控制的。

◇ 不可预料风险

除了以上提到的风险，任何企业还要面对同一种风险——不可预料风险。它可能来自自然灾害，可能来自偶然的事故，也可能来自商业社会无从预知的突变。因为无法预知，所以我们无从防范、无从控制。我们唯一能做的就是知道有一些我们想不到的风险存在，我们可以做最坏的打算和最后的应对措施——应急预案。

（2）风险点分析与对策（表 4–34）

表 4–34　风险点分析与对策

风险因素	风险点	说明	对策	备注
人力资源风险	人力资源成本	人力资源成本过高导致公司成本压力过大	建立规划、预警机制	
	人员素质、道德风险	人员素质低下、道德缺失导致公司生产效率、管理效率低下，同时给公司带来安全、信誉隐患	建立有效的招聘、人员测评、任用、教育、淘汰机制	
	人员流失风险	行业增长阶段带来的人员流失在教学动物医院表现尤为突出	做好岗位分析及员工的职业规划，保持对员工的关注，了解员工需求，建立有效的激励机制	
	知识衰减风险	动物医疗技术不断发展过程中，人员自我学习能力差或不思进取，导致人员技术水平落伍	建立有效的技能评估体系和人才培养体系；保持合理的人员流动比例	
	缺乏企业文化风险	没有企业文化就无法形成公司凝聚力，每个人的方向不一致，无法使合力最大化	宣传公司核心价值观、理念，发展公司凝聚力	
财务风险	现金管理风险	商业运营机构的现金及现金等价物的安全非常重要	加强现金、支票、现金账户等管理，完善制度建设，加强安保措施。控制库存现金数量	
	资产安全	设备更新换代较快，和资产所有权交叉给资产管理带来较大难度	加强制度建设，严格资产购置、使用、处置流程，定期盘点，做好维修记录	
	资金流动风险	商业运营机构要保证资金高速流动和高效运转	加强资金的规划管理，合理控制资产构成比例，严格预算管理，提高流动资金的使用效率	
	投、融资风险	错误投资、融资造成的收益风险及信用风险	进行投、融资风险评估，履行审批流程	
	应收/应付账款风险	赊欠或无计划支付造成资金周转不畅	定期结欠	
	存货管理风险	库存商品占用过多流动资金或管理不善造成损失	定期盘点，控制库存，加速周转，加强库存物资管理	
	信用风险	融资还款或支付造成的不良记录	制订支付计划，严格按合同约定，在流程允许的时间范围内支付	
	汇率风险	持有外币因汇率波动导致货币资产损失	减少持有外币、避免长期持有外币	
	收益分配风险	过度分配导致公司无法可持续发展，不分配导致投资者、劳动者没有积极性	合理分配收益，实现鼓励投资者、劳动者平衡和保证可持续发展的平衡	

续表 4–34

风险因素	风险点	说明	对策	备注
控制风险	授权风险	无授权或错误授权	建立分级授权体系，明确权责关系。确保责权利对等，权利分配体现制约、监督机制	
	审批风险	无审批导致无序、混乱	建立重要事项审批制度，有审批方可实施	
	流程控制风险	错误的流程会导致资源浪费、效率下降	流程设计科学合理	
	监督风险	无制衡、无监督	合理设计审批流程、权限，体现制衡、监督原则	
经营风险	经营风险	消防安全、医疗事故、医疗纠纷、环保、职业卫生、劳资纠纷等风险	加强制度建设，建立岗位责任制，签订责任状，出现问题进行追责	
技术风险	技术风险	新型技术或缺陷技术导致的经营和信誉损失	引进国外先进的经过市场检验的新技术，应用成熟可靠的技术，淘汰技术缺陷、产能低下的技术	
市场风险	客户风险	市场规模或份额下降导致盈利能力下降	科学进行市场规划和市场定位，提升技术水平和服务质量，树立品牌，吸引新的客户并提升老客户忠诚度	
	供应商风险	无法从市场上获得优质的设备、原材料及服务，或采购成本过高	加强供应商管理，严格管理采购流程	
	品牌形象危机	由于重大突发事件导致的形象崩塌，从而严重影响正常业务开展和盈利	制定危机公关预案，积极预防此类事件的发生	

3. 风险控制

实践中，即便无法进行系统的内控体系设计，或者无法借助于第三方公司进行风险评估，公司还可以在日常经营过程中不断改进和完善内部控制机制，形成一套公司内部自我约束、平衡的良性经营生态。

如果说管理体系如同遍布人体的神经组织，完成感知、反应、指挥和协调功能。那么风险控制体系更像人体的淋巴系统，担负着人体的防御功能。

风险控制要从导致风险发生的因素也就是风险的源头着手，这些因素包含人的因素，组织结构和岗位分工因素，也包含流程因素，还包括更广泛的内容，例如：企业文化。如果有些风险注定无法从源头消除，那就沿着它的走向去下游，设法减少它对下一个环节的影响，将风险控制在可控范围内。

（1）公司治理结构风险控制

公司治理结构是公司治理的基础，也是风险防控的基础。公司治理结构在公司成立之初就已经确定，治理结构的调整属于公司重大事项，只有权利得到合理分配和正确运用，才能确保不会被滥用。所以防控公司治理结构风险要注意以下两点：

■ 注重公司治理结构中所有权、管理权和监督权的均衡，发挥相互制约的作用。

■ 注重投资人对公司重大事项的决策作用和对内部管理的监督作用，在公司利润分配、高管绩效、重大资产采购、投融资等事项上发挥作用，而在公司内部运营上给经营者相对独立、行之有效的经营管理权。

（2）人员风险控制

人员是公司经营过程中最活跃的因素，每个人都是独立的个体，思想不受外界控制。人性的复杂多变、个性差异以及能力差别，导致了种种不确定因素。是人就可能犯错误，无论是位高权重还是人轻职微。责任越大的职位，越容不得马虎。降低人员风险，主要从以下几方面着手：

■ 科学制定岗位说明书，合理设计工作流程，涉及财务、采购等重要职务的要遵守回避原则和职务不相容原则，重要岗位人员上岗前要进行技能、性格测评和风险评估，涉及消防安全、职业卫生、环保等重大责任的岗位要签署岗位责任书，涉密岗位要签署保密协议。

■ 权利划分和流程设计处处体现相互制衡、相互监督原则，设立畅通的沟通和信息反馈途径，确保制衡、监督有效。

■ 科学设计人力资源招聘、培训、薪酬、绩效等模块的工作规范和工作流程，完善各模块制度建设，设立核心人才奖励基金，通过吸引一批人才、培养一批人才、留住一部分优质人才、淘汰一部分不适用人才达到提升人才素质、储备后备人才的目的。

■ 积极开展企业文化建设，关注员工精神健康，注重培养员工的归属感，引导员工树立正确的价值观，形成公司凝聚力和向心力，解决无法用钱解决的问题，实现“1+1 ＞ 2”的效果。

（3）财务风险控制

财务的重要性在于它是公司与股东联系的纽带，股东通过财务状况评估公司运营情况，计算投资收益。所以股东最关心财务状况是否能够真实反映公司运营状况。财务风险控制主要从以下几方面着手：

■ 人员任用遵循财务岗位回避原则，工作内容划分遵循不相容职务分离原则。

■ 任用道德品质过关、业务水平过硬的财务人员是有效降低财务风险的基础。

■ 科学设置岗位职责，严肃各项财务制度、流程的执行，着眼细节，防微杜渐，是防范财务风险的根本途径。

（4）控制风险控制

所谓控制风险，就是指影响内部控制功效发挥或导致内部控制失效的不确定性因素。这些不确定因素可能是因为治理结构不健全导致的，也可能是因为监督不力、执行不力或沟通不力的因素造成的。可以通过以下方法降低控制风险。

■ 严肃授权管理，授权需逐级授权，授权不授责，所以授权人应确认被授权人具备行使权利的能力，并且为被授权人的行使权利失误承担后果。

■ 科学认定需审批事项，严格审批流程，正确设置审批权限，确保重要事项的决策、经办过程受到监控，减少或避免决策失误和操作失误，保障规章制度的有效性。

■ 规范各项事务操作流程，流程设计要基于组织，以完成任务为导向，体现流程本身对提升价值、提高效率、节约成本、降低风险、环节衔接顺畅等做出的贡献。

■ 治理结构体现三权分立、相互制约监督，岗位设计要体现责、权、利对等，流程设计要体现将各个职能以最简捷、高效的形式整合从而完成任务。以采购流程为例：使用人负责提出要求，采购人负责采购，财务部负责支付，质量管理部负责验收，行政部负责资产接收管理，各司其职的同时，采购部监督要求是否合理，财务部监督采购价格是否合理，质检部监督采购质量好坏，行政部通过设备状态、维修情况间接监督采购、质检结果。

（5）经营风险控制

公司经营过程中，围绕中心任务以外，还涉及一些不可避免的附加任务，如消防安全、环境保护、公共卫生、职业卫生等，由政府机构对公司进行监督管理和执法。

防范公司经营风险的首要原则是守法经营。公司管理者要具备一定的法律常识和高度的法律意识，公司重大事项、重要合同文书等征求法律顾问的意见，避免触碰法律底线，同时利用法律武器保障公司合法权益。

消防安全、环境卫生、公共卫生、职业卫生、医疗纠纷、劳资纠纷等重要事项要由高层领导挂帅主抓，专人负责，明确岗位职责，层层签订岗位责任书，出现问题进行追责。

（6）技术风险控制

公司技术风险一方面来自人，一方面来自设备。人才流失和技术衰退会降低公司整体技术水平，所以要持续人才更新并不间断对人才进行知识更新，保证人员能够掌握先进技术和驾驭先进设备。

新技术引进和新设备采购要进行充分论证，评估设备的技术可靠性及正确安装、正常使用的可能性。重要设备要指定专人妥善维护保养，保存维修记录。

（7）市场风险控制

公司面临的市场风险来自客户、供应商以及社会公众。

◇ 客户风险

来自客户的风险主要是内外部原因导致的市场份额衰减。外部因素包括行业衰退、市场竞争加剧等。内部因素包括价格、技术、服务等无法让客户满意，导致客户流失。

通过市场规划和正确的竞争战略，公司可以获得在市场上的竞争优势，从而扩大市场份额。通过改进技术，改进服务，增加服务附加值，可以提高客户满意度和忠诚度。

◇ 供应商风险

来自供应商的风险主要是药品、原材料价格上涨，或是供应商无法提供充足、合格的药品、原材料，也可能来自供应商的道德风险。

加强设备采购和物资采购管理，严格实行供应商准入和产品准入政策，对供应商行为进行评估和管理，可以有效地降低供应商风险。

◇ 公众风险

来自公众的风险，主要是舆论批判和抵制行为。公众可能和企业并没有直接关系，但是出于道义、责任或其他原因，公众可以联合对企业进行声讨或抵制。

企业承担社会责任，在公众面前树立良好的正面的企业形象，征得公众内心的认同和支持，即便企业出现某些瑕疵时，也能获得公众的宽容和谅解。

第五章 动物医院管理实务

动物医院的规模不同，业务模块的划分也不同。规模越大，分工越明确。本章从动物医院经营实践出发，从各业务模块的职能着手，为读者呈现应该如何进行各业务模块的运营管理。

第一节 前台管理

前台是动物主人与动物医院建立联系的纽带，某种意义上也是维系医患关系的纽带。动物主人通过电话咨询或首次到医院就诊时接触的就是前台工作人员。当动物主人拨打动物医院的电话时，动物医院带给动物主人的心理感受就是动物医院留给动物主人的第一印象。语气温和、态度友善、富有爱心和耐心、回答专业，能让动物主人很快建立起对动物医院的好感和信任感，动物主人会更容易做出来医院就诊的决定。在这个过程中，动物医院几乎没有付出任何成本，却成功开发了新客户。

动物主人初次带着动物来医院就诊，最先感受到的是动物医院的环境以及挂号过程的体验。科学研究表明，眼睛对信息的捕捉能力远远超过其他感官。也就是环境整洁有序，接待人员面带微笑、彬彬有礼，这些不需要太多成本和技术含量的“表面功夫”，会更有利于巩固动物主人心目中对动物医院的好感和信任感。

就诊环境混乱，人员的服务冷漠、机械，意味着动物医院要在就诊环节中付出更多努力才能挽留住客户，否则动物医院就是“一锤子买卖”，动物主人很难再次光临动物医院。

如同不同的航空公司聘用的空姐不同带给人的感受不同一样，不同的动物医院对前台人员的形象定义有所不同。欧美的航空公司不介意聘用年龄偏大的空乘人员，因为他们更容易带给乘客亲切感和放松感。很多西方的动物医院也一样，前台人员往往是年龄偏大、客户沟通经验丰富的女性，她们能和客户建立并保持长期稳定的联系纽带，这也是西方动物医院以服务社区、服务长期客户为主的原因。

在动物诊疗行业快速发展的中国，很多动物医院意识到了“表面功夫”的重要性，很多医院选择年轻靓丽的女性前台人员，有些医院开始尝试贴身管家一样的周到服务。商业化的服务只要没有偏离救治动物的实质，对有些动物主人来说，哪怕有一部分费用是支付给服务的，他们也愿意埋单。前台是动物医院展示形象的第一个窗口，呈现的是医院的风貌，展示的是医院文化。动物医院的管理者应该意识到前台的重要性，前台的工作人员更应该认识到自身的价值。

一、前台的主要职能

通常动物医院前台有以下几项职能：

（1）接受咨询

接听咨询电话或回答到店客人的询问。

（2）挂号与分诊

了解动物主人就医目的，帮助其判断选择哪个专科就诊，完成挂号并分配诊室。

（3）导医

为动物主人带领动物就医提供指引和必要的帮助。

（4）病历管理

帮助动物主人的动物建立病历，保存、记录动物的就诊信息，以便动物主人和医生调用病历资料。

（5）客户调查和回访

对动物主人进行调查或回访，以便收集信息，为科学研究提供帮助或改进诊疗工作。

这几项职能都保持相对独立性，可以通过分工由不同的岗位分担。

二、前台的岗位设置

动物医院的规模不同，前台队伍的岗位设置有所不同，岗位一般包括行政前台和前台助理，两者的配比为 1∶2 或 1∶3。行政前台和前台助理的工作内容并没有区别，而是掌握的技能不同。往往在应对难缠的客户，处理非常规或棘手问题时，行政前台更能发挥优势。前台主管除了担任行政前台的工作，还要承担一部分管理事物性工作，比如日常事务管理，负责健全制度，监督检查工作，培训人员技能以及对人员进行激励等。

前台岗位属于高流动性岗位，由于对前台工作技术含量不高、吃青春饭等偏见的存在，一般选择前台作为职业的人是出于权宜之计，等到有更合适的机会就会选择跳槽。其实这是对前台工作的误解，客户不需要用美貌取悦，客户真正需要的是同情、关怀、帮助和指导。从这个角度来说，前台人员应该是具备一定沟通协调能力和专业知识素养的综合技能人才。稳定的前台队伍非常有利于维系客户关系和提升客户忠诚度。

三、前台的工作流程和标准

前台的工作流程和标准见表 5–1。

表 5-1　前台的工作流程和标准

类别	名称	备注
基础制度	岗位说明书	
	前台岗位责任制	
	前台管理制度	
	卫生管理制度	
	员工绩效考核制度	
	前台奖惩制度	行为考核
	前台实习管理规定	针对外来实习人员
	挂号须知	
	病历档案管理制度	
	档案借阅管理制度	
	客户回访制度	
	前台交接班制度	
工作标准	导医规范	
	标准话术	
	前台工作规范	
工作流程	挂号流程	
	重点客户管理流程	
	候诊大厅突发事件处置流程	
工作表单	客户信息登记表	
	客户满意度调查表	
	客户意见簿	
协议文书	危重协议	
	无害化处理委托书	

四、前台工作的考核

动物医院对前台的考核，是对前台团队在考核周期内的工作成果进行的评估。考核周期可以是月度、年度或半年度，考核办法可以是目标绩效考核法、关键绩效（KPI）考核法、平衡计分卡考核法或是 360 度考核法等方法中的一种，或是将多种考核方法结合运用（表 5-2）。

对各个部门工作的考核工作由绩效考核专员牵头，由绩效考核小组设定考核方法、考核目标或指标、评分标准、奖惩措施等考核规则，并最终对部门的实际工作进行检查评估。

表 5–2　前台工作的考核方法

考核方法	主要目标或指标	备注
目标绩效考核法	总病例数	
	挂号收入	
	新建病例数	
关键绩效（KPI）考核法	新客户占比	
	复诊率	
	投诉率	负向指标
	纠纷率	负向指标
平衡计分卡考核法	病例量	
	病历增长情况	
	客户满意度	
	梯队结构和人员成长	
360 度考核法	配合程度	
	工作态度	
	沟通协调能力	
	创新能力	
	专业知识	
	响应速度	

1. 目标绩效考核法

目标绩效考核法因其简单易行在管理实践中被广泛应用，尤其是考核计件生产或销售业绩时，它以设定的目标为标准值，衡量目标的实际达成情况。越接近目标，绩效得分越高。目标考核的不足之处是让被考核对象过于关注结果，而忽视了过程。比如销售团队为了冲业绩忽视了服务，导致客户满意度下降，实际上是牺牲了长期利益换取眼前利益，不利于企业的可持续发展。

以目标绩效考核法为例，对前台工作进行绩效目标考核，可以设置由表 5–3 所示目标构成的目标体系。

2.KPI 考核法

KPI 考核法针对的是团队的关键绩效指标，关键绩效指标不是泛泛的指标，而是对团队目标、效率和效益影响最为突出的指标。比如销售团队的关键绩效指标包括销售额和销售成本，生产团队的关键绩效指标包括产量、生产成本、质量合格率，服务团队的关键绩效指标是客户满意度，等等。

表 5-3　前台的目标绩效考核

序号	绩效目标	权重	评分标准
1	月度病例数量 ×××× 例	*A*%	1. 每次就诊为一个病例。2. 达标为满分。每超出目标 1%，得分 +1 分，最多加 10 分；每低于目标 1%，得分 –1 分，最多减 10 分
2	新增客户数量 ××× 个	*B*%	1. 每个新增动物为一个新增客户。2. 达标为满分。每超出 1%，得分 +1 分，最多加 10 分；每低于目标 1%，得分 –1 分，最多减 10 分
3	新建病例档案数量 ××× 个	*C*%	达标为满分。每超出 1%，得分 +1 分，最多加 10 分；每低于目标 1%，得分 –1 分，最多减 10 分
4	客户回访数量 ××× 个	*D*%	达标为满分。每超出 1%，得分 +1 分，最多加 10 分；每低于目标 1%，得分 –1 分，最多减 10 分
	……		
	合计	100%	

注：以上目标由公司目标按部门、月度分解所得。

以 KPI 考核法为例，对前台工作进行 KPI 考核时，需要建立由以下主要指标构成的 KPI 指标体系（表 5–4）。

表 5-4　前台的 KPI 考核

序号	关键绩效指标	权重	标准
1	新增客户比例 *X*	*A*%	1.*X*= 新增动物数量 / 原有动物数量；2. 达标为满分，每超出 1 个百分点，得分 +1 分，最高加 10 分；每低于 1 个百分点，得分 –1 分，最多减 10 分
2	老客户复诊比例 *Y*	*B*%	1.*Y*= 复诊病例数量 / 总病例数量；2. 达标为满分，每超出 1 个百分点，得分 +1 分，最高加 10 分；每低于 1 个百分点，得分 –1 分，最多减 10 分
3	客户建档率 *Z*	*C*%	1.*Z*= 档案总量 / 总就诊病例数量；2. 达标为满分，每超出 1 个百分点，得分 +1 分，最高加 10 分；每低于 1 个百分点，得分 –1 分，最多减 10 分
4	档案有效率 *M*	*D*%	1.*M*=1–（档案丢失总量 + 应清理档案数量）/ 总档案数量；2. 达标为满分，每超出 1 个百分点，得分 +1 分，最高加 10 分；每低于 1 个百分点，得分 –1 分，最多减 10 分
5	投诉率 *N*	*E*%	1.*N*= 投诉数量 / 病例数量；2. 达标为满分，每低 1 个千分点，得分 +1 分，最高加 10 分；每高出 1 个千分点，得分 –1 分，最低 0 分，最多减 10 分
6	客户满意度 *K*	*F*%	1. 随机发送调查问卷；2. 达标为满分，每高出 5 个百分点，得分 +1 分，最多加 10 分；每低 5 个百分点，得分 –1 分，最多减 10 分
7	……		
	合计	100%	

注：以上目标由公司经过评估确定。

3. 平衡计分卡考核法

平衡计分卡考核法是在财务、客户、内部运营、学习与成长四个方面均衡设定指标的考核方法，它关注的是团队全方位的业绩表现。比如一个销售团队，既要考量销售额和销售成本，也要考虑客户满意度和新客户占比、客户流失率，还要考虑内部风险控制，以及团队建设和人才培养。

平衡计分卡通过均衡设定指标达到全方位考核的目的，也容易导致指标主次不清、各团队得分难分高下的结果出现。

以平衡计分卡考核法为例，对前台工作进行考核时，需要建立由以下主要指标构成的指标体系（表 5–5）。

表 5–5　前台的平衡计分卡考核

序号	考核方向	考核指标	权重	标准
1	财务	挂号收入 X	A%	达标为满分，每超出百分点，得分 +1 分，最高加 10 分；每低于 1 分，得分 –1%，最多减 10 分
2	客户	新增客户数量 Y	B%	达标为满分，每超出 1 个百分点，得分 +1 分，最高加 10 分；每低于 1 个百分点，得分 –1 分，最多减 10 分
		客户满意度	C%	达标为满分，每超出 1 个百分点，得分 +1 分，最高加 10 分；每低于 1 个百分点，得分 –1 分，最多减 10 分
		客户投诉率 Z/‰	D%	达标为满分，每低 1 个千分点，得分 +1 分，最高加 10 分；每高出 1 个千分点，得分 –1 分，最多减 10 分
3	内部运营	人均成本创造价值	E%	在理想区间满分，每超出 1 个百分点得 +1 分，最高 +10 分
		设备投入产出比	F%	在理想区间满分，每超出 1 个百分点得 –1 分，最高扣 10 分
4	学习与成长	内部培训达标率 T/%	G%	达标为满分，每超出 1 个百分点，得分 +1 分，最高加 10 分；每低于 1 个百分点，得分 –1 分，最多减 10 分

注：以上目标由公司目标分解，经过评估确定。

4. 360 度考核法

360 度考核法是一种收集他人评价的考核的方法，不设定具体的考核目标或指标，只通过收集下级、平级、客户或供应商等的主观评价来衡量被考核对象的表现。由于他人的评价容易受主观因素影响，可能有失公正性。

360 度考核法为主观测评，常见于对个人绩效的考评。对前台工作进行考核时，需要建立由以下维度构成的测评体系：上级领导评分、平行部门评分、客户评分等。针对上级领导的测评题目设计举例如下：

以下各项最低为 1 分，满分为 5 分。

① 您对前台人员精神面貌的总体评价是：______分；

② 您对前台工作空间环境的总体评价是：______分；
③ 您对前台人员处理突发事件的总体评价是：______分；
④ 您对前台人员沟通协调的总体评价是：______分；
⑤ 您对前台人员服务态度的总体评价是：______分
⑥ 您对前台人员专业知识的总体评价是：______分
⑦ 您对前台人员职业素养的总体评价是：______分
⑧ 您对前台人员的建议是：____。

不难发现，无论采取哪种考核方法，不论采用绝对数量考核还是相对率考核，无论是考核静态值还是变化值，对前台工作考核的指标都围绕前台工作的数量、质量、成果、效率、失误、态度、技能等。

第二节　药房管理

一、药房的职能

药房的主要职能是药品管理和给付。药品管理包括：药品定价、盘点、补充、陈设、保管、效期管理等。药品给付包括：核对处方、按处方给付药品、管理处方。

几乎所有的诊疗环节都涉及药品使用，药品在动物医院的收入和成本中占有很大比重，所以药房管理工作是保障诊疗活动安全、经济运行的重要环节。处方药品收入在动物医院的收入中占比在 20% ～ 30%，其中口服药的占比最大，口服药和注射剂合计占药品总销售额的 60%（图 5–1）。

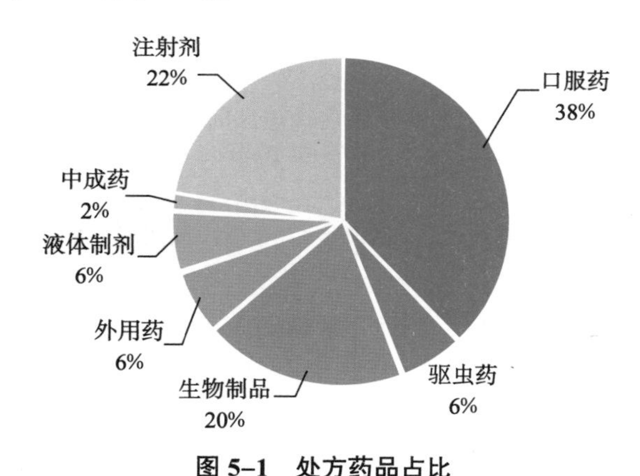

图 5–1　处方药品占比

在动物医院发展初期人手不足的情况下，有些动物医院把收费职能也划入药房，这样做无可厚非。当医院发展到一定规模时，药房和收费处的职能应当独立，以满足内控安全需要。

二、药房的岗位设置

动物医院的规模不同，药房队伍的岗位设置有所不同，一般包括高级药剂师、药剂师和助理药剂师之分。根据人员技能不同，分担技术含量不同的工作。比如核对处方、保管毒麻药品等工作由高级药剂师承担，取药、核对药品的工作由药剂师或助理药剂师承担。药房主管除了担任药剂师工作，还要承担一部分管理事物性工作，比如定期组织盘点，补充药品，调整药品价目表，健全工作制度，检查工作，培训人员技能，对人员进行激励等。

三、药房的工作标准和流程

药房的主要工作标准和流程见表 5–6。

表 5–6　药房工作标准和流程

类别	名称	备注
基础制度	岗位说明书	
	药房岗位责任制	
	药房管理制度	
	卫生管理制度	
	员工绩效考核制度	
	药房奖惩制度	行为考核
	药房实习管理规定	针对外来实习人员
	药房盘点制度	
	药房交接班制度	
	毒麻药品管理制度	
	疫苗管理制度	
	处方审核制度	
工作标准	药品分类和陈列标准	
	特殊药品保管规范	
	药房查对工作标准	
工作流程	药房划价流程	
	药房付药流程	
	药品补货和调换货流程	
工作表单	药品清单	
	药品盘点表	
	收费价目表	参考执行

四、药房工作的考核

对药房工作的考核可以采用绩效目标考核法、KPI 考核法、平衡计分卡考核法、360 度考核法等方法。无论采用何种方法，都可以从以下角度对药房绩效进行考量（表 5–7）。

表 5–7　药房工作的考核方法

考核方法	目标或指标	备注
目标绩效考核法	付药单数	
	处方纠错	
	责任事故	负向指标
KPI 考核法	人均付药单数	
	差错率	负向指标
	投诉率	负向指标
	纠纷率	负向指标
平衡计分卡考核法	总单数 / 人均单数	
	药品销量增长情况	
	客户满意度	
	梯队结构和人员成长	
360 度考核法	配合程度	
	工作态度	
	行为表现	
	沟通协调能力	

第三节　收费处管理

收费处作为动物医院的收费窗口，担负着保证现金足额回收和资金安全的职能。部分动物医院的收费职能还没有完全独立，收费处有些隶属于药房，有些隶属于财务部，从内部控制的角度，这两种安排都不合理，不利于保证资金安全。收费处应该独立还有另外一个原因，那就是收费处还要担负药品价格审核和处方回收、保管的职能。

一、收费处的职能

收费处包含以下主要职能：

1. 定期更新价格收费标准

收费处担负着对所有诊疗活动服务项目及药品、耗材的定价职责。调整的依据是成本核算及市场价格波动，既要保证有足够的利润空间，又要保证价格有市场竞争力。动物医院的价格收费标准不需要经物价管理部门审批，但是需要到相关部门备案和在医院内部进行公示。

2. 审核处方价格和保管处方

收费处收费的依据是医师处方。国家对处方格式以及开具人的资格有明确的规定，并且要求处方保管一定的期限以备核查。处方的第一层审核是药房划价人员，划价人员给出与药品名称、剂量对应的价格的同时对处方内容进行检查核对，包括处方书写的规范性及对医师签名进行核对；收费人员进行第二层审核，确保回收处方的有效性。由于收费系统的使用，划价工作已经由电脑系统自动完成，某种程度上可以减少人为错误。处方根据需要进行分类保管，比如一般处方按照日期装订，特殊管制药品处方单独保管等。因为处方中包含有动物和动物主人的信息，处方需要妥善保管，不能随意调阅，在达到规定的保管年限后集中进行销毁。

3. 收费

按照处方划价金额足额回收现金、保证现金安全是收费处的主要职能。动物医院规模不同，每日回流现金的数量也有所不同，即便是线上收费高度发达的今天，收费处每天依然要回收大量现金。除了必要的监控、安防设施，妥善保管现金及规范清点入库对保证现金安全也发挥重要作用。

二、收费处的岗位设置

收费处的岗位设置比较单一，只有收费员一个岗位。 动物医院规模不同，收费人员的数量从 1 人到数人不等。收费员看似不需要太多专业技能，但是对责任心、可靠性和稳定性要求很高。

收费处主管除了担任收费员职能，还要担任收费处日常管理、完善工作制度与流程、监督他人工作、培训和考核工作人员等工作。

三、收费处的工作标准和流程

出于防范内部风险考虑，收费处建立完善的工作标准和流程十分重要。收费处的主要工作标准和流程见表 5–8。

表 5–8　收费处的工作标准和流程

类别	名称	备注
基础制度	岗位说明书	
	收费处岗位责任制	
	收费处管理制度	
	卫生管理制度	
	员工绩效考核制度	
	收费处奖惩制度	行为考核
	小面额备用金管理制度	
	处方审核与保管制度	
	现金交接制度	
	交接班制度	

续表 5-8

类别	名称	备注
工作标准	处方规范	参照执行规范
工作流程	收费流程	
	现金交接流程	
	交接班流程	
工作表单	库存现金盘点表	
	现金交接表	
	收费价目表	

四、收费处的考核

对收费处的工作考核可以采用绩效目标考核法、KPI 考核法、平衡计分卡考核法、360 度考核法等方法。无论采用何种方法，都可以从以下角度对收费处绩效进行考量（表 5-9）。

表 5-9　收费处工作的考核方法

考核方法	目标或指标	备注
目标绩效考核法	总收费额	
	处方纠错	
	责任事故	负向指标
KPI 考核法	人均收费额	
	差错率	负向指标
	投诉率	负向指标
	纠纷率	负向指标
平衡计分卡考核法	总收费额 / 人均收费额	
	收费增长情况	
	客户满意度	
	梯队结构和人员成长	
360 度考核法	配合程度	
	工作态度	
	行为表现	
	沟通协调能力	

第四节 超市管理

一、超市的职能

超市的主要职能包括：商品管理、商品销售和货款回收。商品管理包括商品定价、商品盘点、补货、陈设和保管、效期管理等。

宠物食品、用品销售业务是动物诊疗业务的重要补充部分，一般动物医院把它列为非主营业务。超市的销售收入约占动物医院总收入的 10% ～ 20%。

超市服务为带动物到动物医院就诊的动物主人提供了极大的便利性，动物主人可以顺便采购宠物食品、用品，尤其是处方粮、保健品、驱虫药、外用洗液、消毒剂等与宠物疾病有关的食品、用品。图 5–2 是一家动物医院超市宠物食品、用品的销售额占比。其中保健品、处方粮、普通主粮、驱虫药的销售额总和占超市总销售额的 80% 以上。

在普通主粮和宠物用品销售方面，相比其他实体店或网店，动物医院并不占据优势。

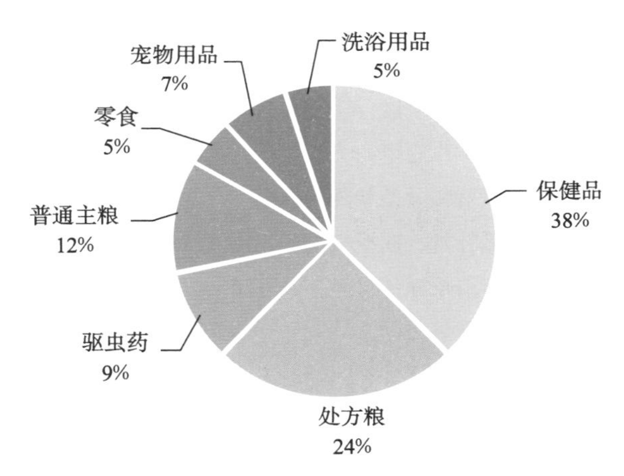

图 5–2 宠物食品、用品销售额占比

二、超市的岗位职责

动物医院超市作为动物医疗的补充部分，不论医院规模大小，宠物食品、用品销售职能都必不可少。规模较小的医院在大厅一角或背靠一面墙竖起货架，陈列好商品即可以销售。也有些动物医院在每间诊室的桌案上放置一个小型货架，陈列一两个品牌的商品。这种情况下，超市不一定设置专门的导购岗位。

规模较大的动物医院会开辟专门的空间作为超市，面积在数十平方米到一百多平方米不等，商品可以达到数百种之多，这时就需要一个专门的团队负责超市的日常运营。超市的岗位为比较单一的导购员岗位。导购员的职责包括：日常理货、接待顾客、推销商品、收银、货物盘点等。导购员根据掌握技能的程度分为不同级别。

超市主管除了担任导购工作，还要承担一部分管理事物性工作，包括：定期组织盘点、补充库存、调整商品价目表、健全工作制度、检查监督工作、培训人员技能、对人员进行激励等。

三、超市的主要流程和工作标准

超市的主要工作流程和工作标准见表5-10。

表5-10 超市的工作标准和流程

类别	名称	备注
基础制度	岗位说明书	
	超市岗位责任制	
	超市管理制度	
	卫生管理制度	
	员工绩效考核制度	
	超市奖惩制度	行为考核
	超市实习管理规定	针对外来实习人员
	超市盘点制度	
	超市交接班制度	
	超市收银制度	
工作标准	导购工作规范	
	超市货物分类和陈列标准	
工作流程	商品补货、调换货流程	
工作表单	商品清单和价目表	
	商品盘点表	
	销售清单	

四、超市的考核

对超市工作的考核可以采用绩效目标考核法、KPI考核法、平衡计分卡考核法、360度考核法等方法。无论采用何种方法，都可以从以下角度对超市绩效进行考量（表5-11）。

表5-11 超市工作的考核方法

考核方法	目标或指标	备注
目标绩效考核法	销售额	
	新增客户数量	
	销售成本	负向指标
KPI考核法	销售额/人均销售额	
	客户投诉率	负向指标
	复购率	
	新客户比例	

续表 5-11

考核方法	目标或指标	备注
平衡计分卡考核法	部门销售额 / 人均销售额	
	销售额增长情况	
	客户满意度	
	梯队结构和人员成长	
360 度考核法	配合程度	
	工作态度	
	行为表现	
	沟通协调能力	

第五节　注射室管理

一、注射室的职能

注射室属于门诊治疗服务部门，属于中国特色的部门设置。中国的动物医院与西方国家动物医院在就诊流程上有显著区别。在西方，动物进入医院就与动物主人分开，由助理人员带领动物在各诊室就诊。需要输液治疗的动物一律收治住院；其他门诊治疗项目则由医生处置后在留观室对动物经短暂观察，再交还动物主人。

中国的动物医院也不都设有注射室，注射室的功能是为了满足那些既需要给动物治疗又不想让动物住院的动物主人的需求。动物输液治疗需要相当长的时间，在注射室输液，意味着动物主人要始终陪伴左右，会给动物医院带来占用空间大、服务要求高、容易导致服务纠纷的问题。另一方面也会缓解住院部的压力，让动物在主人的陪伴下更加配合治疗，让动物主人对医院的服务更加了解。

注射室除了输液治疗，还有肌肉注射、皮下注射、静脉注射以及输氧、输血、急救治疗、动物尸体回收等功能。

二、注射室岗位职责

注射室岗位设置比较单一，虽然根据操作技能划分不同的级别，但是工作内容相同，工作性质接近于流水作业。

注射室员工在进行操作前，要对注射处方进行检查核对，包括动物的种类、体重与药品的名称、药品剂量等信息，以及药品间是否存在配伍禁忌等等。

注射室主管的工作除了担任操作工作，还要承担一部分管理事物性工作，如处理突发事件、健全工作制度、检查工作、培训人员技能、对人员进行激励。

三、注射室主要工作流程和工作标准

注射室的主要工作流程包括配药操作流程、肌肉注射流程、输液流程、留置针操

作流程、输血流程、插管流程、急救流程、安乐死操作流程等。

注射室的主要工作标准和流程见表 5–12。

表 5–12 注射室工作标准和流程

类别	名称	备注
基础制度	岗位说明书	
	注射室岗位责任制	
	注射室管理制度	
	卫生管理制度	
	员工绩效考核制度	
	注射室奖惩制度	行为考核
	注射室实习管理规定	针对外来实习人员
	注射室消毒隔离制度	
	注射室交接班制度	
	注射室须知	针对动物主人
工作标准	注射室查对规范	
	留置针操作规范	
	肌肉注射操作规范	
	静脉注射操作规范	
	输液操作规范	
工作流程	注射室配药流程	
	急救流程	
	安乐死流程	
工作表单	注射监护表	
	配伍禁忌表	
	急救药品对照表	
协议文书	急救协议	
	安乐死协议	

四、注射室的考核

对注射室总体工作情况的考核可以采用绩效目标考核法、KPI 考核法、平衡计分卡考核法、360 度考核法等方法。无论采用何种方法，都可以从以下角度对注射室绩效进行考量（表 5–13）。

表 5-13　注射室工作的考核方法

考核方法	目标或指标	备注
目标绩效考核法	总操作数	
	部门流水	
	处方纠错	
	责任事故	负向指标
KPI 考核法	人均创造产值	
	事故率	负向指标
	投诉率	负向指标
	纠纷率	负向指标
平衡计分卡考核法	部门产值 / 人均产值	
	病例增长情况	
	客户满意度	
	梯队结构和人员成长	
360 度考核法	配合程度	
	工作态度	
	行为表现	
	沟通协调能力	

第六节　手术室管理

一、手术室的职能

手术室是动物医院最重要的医疗技术部门，手术室的技术和管理水平代表了动物医院的技术和管理水平。手术室的主要职能是手术治疗，通常还附带有麻醉、处置、检查等非手术职能。由于动物诊疗的特殊性，几乎所有接受手术治疗的动物都需要麻醉或镇静，因此，手术室需要与麻醉科密切配合。手术室与麻醉科在不同动物医院的划分有所不同，有些动物医院把麻醉科划归手术室管辖，有些则将麻醉科剥离成立单独的科室。

◇ 手术

一台成功的手术需要多个医技部门协同完成，包括借助影像学诊断和实验室诊断技术确诊，手术前实施镇静和麻醉，手术中监护动物心肺呼吸功能，术后镇痛，住院监护等，因此手术室也是推动其他医技部门发展的重要部门。

手术室除了对技术和人才的要求高，对工作环境和设备的要求程度也比较高。手术需要在无菌环境下进行，复杂手术还需要借助专业设备和器械才能完成，比如：骨科手术、眼科手术、微创手术、内窥镜手术等都需要专门的设备。

◇ 处置

处置在动物医疗临床中比较常见，比如清洗耳道、外伤清创缝合包扎、导尿、呼吸道异物处理等。处置的操作难度、对环境要求和对设备的依赖程度没有手术那么高，通常只需要普通的消毒和镇静即可完成。处置室一般是外科医生独立进行手术操作前学习和锻炼的理想环境。

◇ 检查

动物医疗临床中，检查包括对动物血压、脉搏、心跳、呼吸等的监测，以及对神经、视觉、听觉等的反应检查。检查项目既可以针对健康动物开展体格检查，也可以针对患病动物的体况进行检查。

◇ 麻醉

麻醉科的职能是为动物提供麻醉或镇静服务，并对麻醉或镇静过程实施监护，确保动物的生命体征正常，出现问题及时救治。

由图 5–3 可见，麻醉和手术的收入几乎分量相当，这还仅仅是服务于手术的麻醉部分，事实上动物医院需要麻醉、镇静动物的还有影像学检查、术后监护等环节。为了方便统筹麻醉资源，规模越大的动物医院越倾向于成立单独的麻醉科。

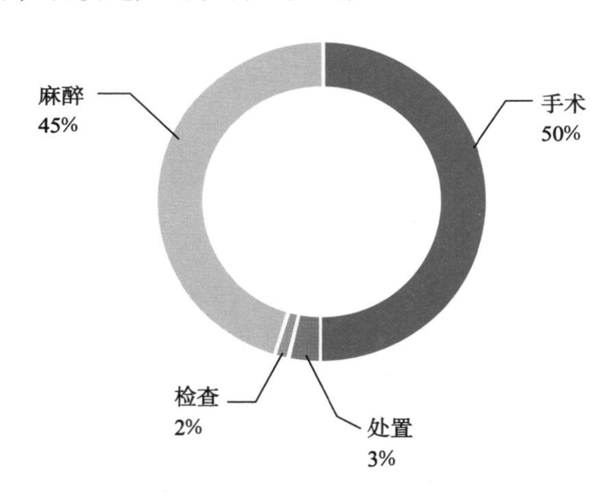

图 5–3　手术室各项业务收入占比

二、手术室的岗位

医院的规模越大，开展的手术项目越多，手术室的构成就越复杂。以一个没有将麻醉职能剥离的手术室为例，根据职能分为手术、检查、处置和麻醉团队 4 个团队。

手术室一般包含检查、处置、麻醉、手术 4 个岗位序列，每个序列又包括技师和助理两个岗位，每个岗位按照技能划分不同的级别。手术岗位可以根据专科设置的不同细分为软组织、骨科、眼科、牙科等专科小组（图 5-4）。

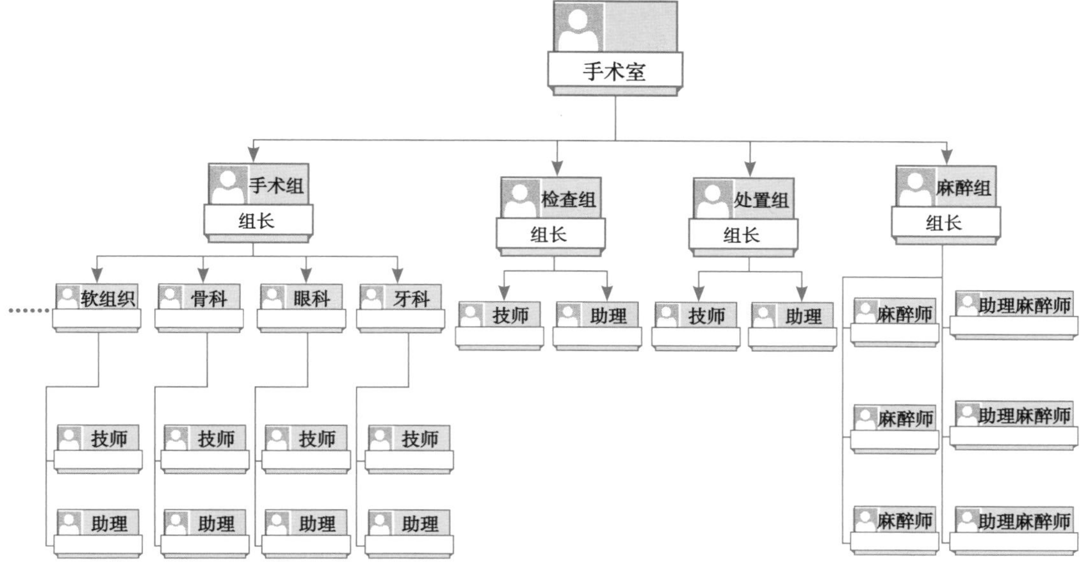

图 5-4　手术室组织结构

三、工作标准和工作流程

手术室的工作性质决定了对各个岗位的技能要求高，岗位责任重大，所以相应的工作标准和工作流程更加规范、严格（表 5-14）。

手术室的制度体系包括岗位职责类、岗位规范类、工作流程类、协议类等。

表 5-14　手术室工作标准与流程

类别	名称	备注
基础制度	岗位说明书	
	手术室岗位责任制	
	手术室管理制度	
	辐射安全防护制度	C 形臂室
	卫生管理制度	
	员工绩效考核制度	
	手术室奖惩制度	行为考核
	手术室实习管理规定	针对外来实习人员
	术后追访制度	

续表 5-14

类别	名称	备注
基础制度	手术室消毒隔离制度	
	手术室交接班制度	
	毒麻药品管理制度	
	放射检查须知	针对动物主人
工作标准	洗消操作规程	
	术前检查规范	
	手术室无菌操作规范	
	麻醉监护操作规程	
	氧气站操作规程	
	手术操作规范	
	手术查对规范	
	手术安全核查规范	
工作流程	手术室接诊流程	
	麻醉监护流程	
	消毒隔离流程	
	手术准备流程	
	手术室急救流程	
工作表单	麻醉记录表	
	麻醉苏醒监护表	
	ASA 体况分级与镇痛药计量表	
	骨科耗材对照表	
协议文书	手术知情同意书	
	麻醉同意书	
	术后医嘱卡	
	危重协议	

四、手术室的考核

对于手术室工作的考核，一般可以考虑绩效目标考核法、KPI 考核法、平衡计分卡考核法、360 度考核法等方法。无论采用何种方法，都可以从以下角度对手术室绩效进行考量（表 5-15）。

表 5-15　手术室绩效考核

考核方法	目标或指标	备注
目标绩效考核法	手术单数 / 人均手术单数	
	检查 / 处置单数	
	部门流水	
	重要发现或突破	
	发表文章数量	
	责任事故	负向指标
KPI 考核法	人均创造产值	
	设备投入产出率	
	死亡率	负向指标
	事故率	负向指标
	投诉率	负向指标
	纠纷率	负向指标
平衡计分卡考核法	部门产值 / 人均产值	
	总体 / 单个检查项目增长情况	
	客户满意度	
	梯队结构和人员成长	
360 度考核法	配合程度	
	工作态度	
	行为表现	
	沟通协调能力	

第七节　影像科管理

一、影像科职能

影像科在临床诊疗过程中占据极其重要的地位，影像学检查能够为临床诊断提供直观、有效的依据。影像科属于医技部门，对环境、设备和人员技术水平的要求程度高。

影像设备多数属于大型、精密仪器，包括：X 线机、CT 设备、磁共振成像仪、B 超仪等。其中 X 线机、CT 设备属于Ⅲ类射线装置，需要进行辐射安全防护，且工作人员需要经过专门辐射安全培训后方能上岗，辐射工作人员需佩戴辐射计量装置，定期由专业检测机构对累计辐射剂量进行检测。辐射工作人员需定期进行体检，确保身体各项机能允许在一定的辐射环境中正常工作。一旦发现体检指标异常，工作人员应立即脱离放射工作岗位，直至身体恢复正常。磁共振成像仪不具有辐射，但是具有强磁场，所以机房要进行屏蔽防护。强磁场对于特定人群也会造成伤害，所以对院方的工作人员和接受检查的人员务必尽到监督和提醒义务。

影像学作为临床医学中起步最晚、发展最快的学科，在健康普查、发现病灶、诊断病变、介入治疗、病变随访等方面作用功不可没。影像科各项检查的收入占比如图5-5所示，磁共振成像和CT设备价格昂贵，但是创造的收入不和设备价值成正比，这和检查费用偏高以及动物主人对检查的接受程度有关。这就导致磁共振成像和CT检查进入一个怪圈，接受度低就导致检查费用高，费用高又进一步导致接受度降低。人类医学中已经很好地解决了这一难题，动物医学领域还需要医生的不懈努力把影像学检查作为必要的诊疗手段，直到更多宠物主人愿意让动物借助影像学手段诊断疾病，让影像学诊断进入接受度提高，检查费用下降，从而吸引更多患病动物检查的良性轨道。相信伴随着影像学技术的发展，它发挥作用的空间会更加广阔。

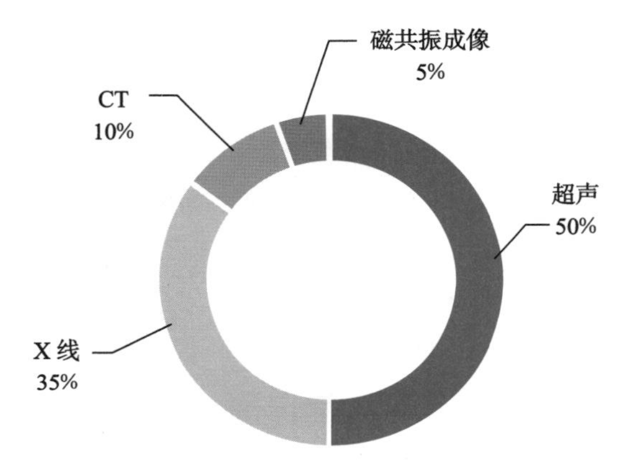

图5-5 影像科各项收入构成

二、影像科的岗位设置

影像科的岗位以影像学技术人员为主，分为技师和助理岗位，每个岗位又可以根据技能划分多个岗级。影像技师的培养周期较长，对专业知识和临床经验都有较高要求。影像技师可以在CT、B超、磁共振成像、X线操作岗位之间轮转。对于有源辐射、电离辐射或强磁场工作环境，要充分考虑员工的身体情况和人生计划，必要时将人员调离岗位。

三、工作标准和工作流程

影像科的主要工作标准和工作流程见表5-16。

表 5-16 影像科工作标准与流程

类别	名称	备注
基础制度	岗位说明书	
	影像科岗位责任制	
	影像科管理制度	
	辐射安全防护制度	
	卫生管理制度	
	员工绩效考核制度	
	影像科奖惩制度	行为考核
	影像科实习管理规定	针对外来实习人员
	放射检查须知	针对动物主人
工作标准	X 线检查操作规程	
	CT 检查操作规程	
	磁共振成像检查操作规程	
	B 超检查操作规程	
工作流程	X 线室接诊流程	
	超声接诊流程	
	CT 接诊流程	
	磁共振成像接诊流程	
	介入检查接诊流程	
工作表单	X 线检查申请单	
	CT 检查申请单	
	超声检查申请单	
	磁共振成像检查申请单	

四、影像科的考核

对于手术室工作的考核，一般可以考虑绩效目标考核法、KPI 考核法、平衡计分卡考核法、360 度考核法等方法。无论采用何种方法，都可以从以下角度对影像科绩效进行考量（表 5-17）。

表 5–17　影像科工作的考核方法

考核方法	目标或指标	备注
目标绩效考核法	检查单数 / 人均检查单数	
	部门流水	
	重要发现或突破	
	发表文章数量	
	责任事故	负向指标
KPI 考核法	人均创造产值	
	设备投入产出率	
	误诊率	负向指标
	投诉率	负向指标
	纠纷率	负向指标
平衡计分卡考核法	部门产值 / 人均产值	
	总体 / 单个检查项目增长情况	
	客户满意度	
	梯队结构和人员成长	
360 度考核法	配合程度	
	工作态度	
	行为表现	
	沟通协调能力	

第八节　检验科管理

一、检验科的职能

检验科是动物医院另一个重要的医技部门，检验是伴随医学时间最久远的诊断技术，实验室检验能为医生做出诊断提供重要依据。常见的实验室检查项目包括生化检查、微生物检查、病理检测、基因检测等，样本包括血液、尿、便、分泌物、生物组织等。

实验室诊断结果通常是临床诊断的必要依据，尤其是动物医院发展初期，在还没有条件购买更昂贵的医疗设备前，医院往往选择将有限的资金投入回报率最高的设备，这个阶段动物医院对实验室诊断的依赖程度非常高。当动物医院发展到一定程度，陆续引进各种高端设备，实验室设备也不断升级，实验室检验依然在临床诊断中发挥重要作用，提供最基础也是最重要的依据。实验室检验的项目可以多达数百种

（图 5–6）。有些检验项目可能很少用，医院没有必要购买专门设备用于这些项目的检测。出于社会资源的综合利用考虑，对于不常见的检测项目，动物医院可以考虑委托商业检测机构进行检测。

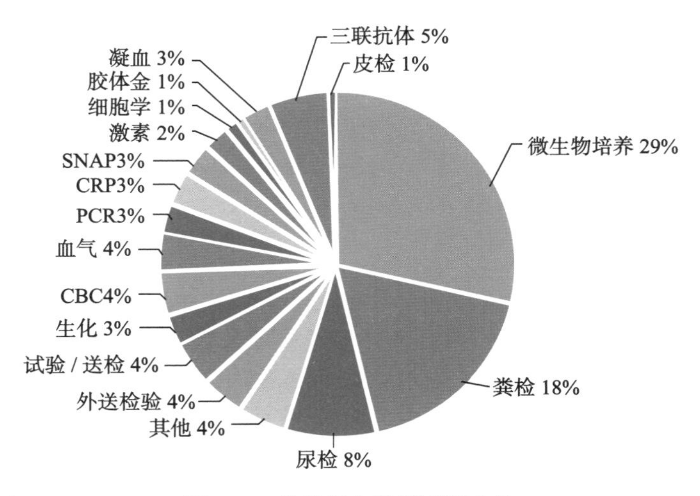

图 5–6　检验科各检测项目占比

动物医院开设哪些实验室检验项目，取决于临床需要和成本效益的评估。以激素分析仪为例，一线品牌的激素分析仪价格大约 40 万元，某医院每日大约需要进行 10 例内分泌检测，关于自己检测还是送检的分析如表 5–18 所示。

表 5–18　激素分析仪项目自检和送检对比

项目	自己检测	送检
单位检测收费	150 元 / 例	150 元 / 例
送检费	0	120 元 / 例
设备成本分摊	21 元 / 例	0
单位耗材成本	30 元 / 例	0
单位直接人工成本	30 元 / 例	0
单位检测毛利	69 元 / 例	30 元 / 例
检测周期	2 h	72 h

由表 5–18 可见，对于该动物医院来说，自己开设内分泌检测项目的毛利为 69 元 / 例，虽然不代表这个项目在考虑其他费用摊销后比送检的盈利更好，但是因为检测周期短，会给临床诊疗带来极大的便利性。

如果该医院自己接收外院送检，假设在为自身病例检测的同时，每天分别接收 10 例和 20 例外院送检，则情况又会有所不同（表 5–19）。

表 5-19　激素分析仪接收外部送检量对比

项目	内部检测	接收送检	内部检测	接收送检
检测数量	每天 10 例	每天 10 例	每天 10 例	每天 20 例
单位检测收费	150 元 / 例	120 元 / 例	150 元 / 例	120 元 / 例
设备成本分摊	10.5 元 / 例	10.5 元 / 例	7 元 / 例	7 元 / 例
单位耗材成本	30 元 / 例	30 元 / 例	30 元 / 例	30 元 / 例
单位直接人工成本	20 元 / 例	20 元 / 例	15 元 / 例	15 元 / 例
单位检测毛利	89.5 元 / 例	59.5 元 / 例	98 元 / 例	68 元 / 例
检测周期	2 h	2 h	2 h	2 h

由表 5-19 可见，当内部检测项目和外部送检项目数量相当时，该医院由于收外部送检而分摊了部分设备成本和人工成本，从而导致内部检测项目的盈利情况进一步改善，加上外部送检项目的盈利部分，内分泌检测项目的整体盈利实现翻番。随着外部送检数量的增加，在不需要增加新的设备和人手的情况下，内分泌检测项目的整体盈利情况还会进一步改善。

当然，医院接收商业送检需要投入一部分市场宣传费用，检测量也需要从无到有慢慢培养，检测量的增加也可能增加设备的损耗产生相应的维护费用，建议动物医院进行更为详细的测算。

二、检验科的岗位设置

检验科按照检测项目的不同可以分为基础检验、生化检验、微生物检验、病理检测、基因检测等不同职能，根据检测量的大小，各职能可以独立成单独的岗位，也可以由一个岗位承担多个职能，或是由多个岗位分担一个职能。这主要取决于每个职能的检测量大小和检验科人员配置情况。

检验科岗位一般按照检验师序列进行划分，根据掌握技能的程度分为初级、中级、高级检验师等岗位，每个岗位再划分若干个级别。一般初级岗位人员还要承担采样职能。

检验科主管除了承担检验师职责，还要承担管理职责，包括管理日常事务，主导制度建设，人才培养，对员工进行考核和激励等。

三、检验科的工作标准与工作流程

检验科的主要工作标准与工作流程见表 5-20。

表 5-20　检验科工作标准与工作流程

类别	名称	备注
基础制度	岗位说明书	
	检验科岗位责任制	
	检验科管理制度	

续表 5–20

类别	名称	备注
基础制度	卫生管理制度	
	员工绩效考核制度	
	检验科奖惩制度	行为考核
	检验科实习管理规定	针对外来实习人员
工作标准	血涂片制作标准	
	病理组织切片操作规范	
	细菌培养操作规程	
	采样操作规范	
工作流程	采样流程	
	接收外部送检流程	
	送检流程	
	实习生培训和考核流程	
工作表单	实验室检验单	
	实验室检查申请单	
	实验室特殊检查申请单	
	病理学检查申请单	
	电解质、血气检查申请单	
	细胞学检查申请单	
	体腔液检查申请单	

四、检验科的考核

对于检验科整体工作的绩效考核，可以用目标绩效考核法、KPI 考核法、平衡计分卡考核法和 360 度考核法等方法进行（表 5–21）。

表 5–21　检验科工作的考核方法

考核方法	目标或指标	备注
目标绩效考核法	检测单数 / 人均检测单数	
	部门流水	
	重要发现或突破	
	发表文章数量	
	责任事故	负向指标

续表 5-21

考核方法	目标或指标	备注
KPI 考核法	人均创造产值	
	设备投入产出率	
	复检率	负向指标
	投诉率	负向指标
	纠纷率	负向指标
平衡计分卡考核法	部门产值 / 人均产值	
	总体 / 单个检测项目增长情况	
	客户满意度	
	梯队结构和人员成长	
360 度考核法	配合程度	
	工作态度	
	行为表现	
	沟通协调能力	

第九节　住院部管理

一、住院部职能

动物的住院治疗和人类医院的住院治疗既有共同点，也有不同点，主要体现在以下几个方面：

- 通常针对病情较为严重的病患；
- 动物住院期间，由医护人员代替动物主人照看动物的生活起居；
- 动物住院期间，由医护人员代替动物主人监护动物的行为。

可见，住院部主要承担住院动物的检查和治疗职能，同时承担动物留院期间的营养、护理和康复职能。

综合以上信息可知，住院部医生最有可能接触和跟踪危重病例的完整治疗过程，因此，住院部还承担着住院医师培养的重要职能。

根据医院规模不同，住院部的重要性也有所不同。小型动物医院的技术水平相对落后，危重病例几乎不会选择小的诊所就医，即便有也会被转诊到大型的动物医院。所以，越是大型的综合性动物医院，住院部的作用越重要。

住院部的收入构成根据专科特色有所不同，通常处方费、检查费和营养护理费的比例大致为 40% : 40% : 20%。图 5-7 是某医院的收入构成比例。该院是一家大型综合性动物医院，动物平均住院天数 7 天，笼位日均收入约 1 500 元，住院动物中重症病例约占 8%。住院动物中内外科比例约为 35% : 65%，内科病例重症比率和死亡率高于外科。

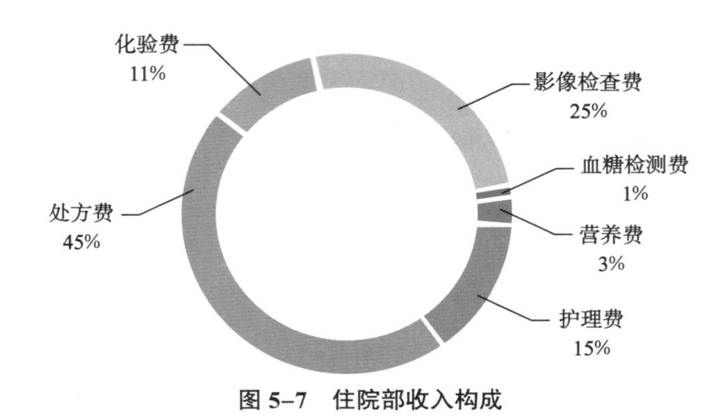

图 5-7 住院部收入构成

二、住院部的岗位设置

住院部一般分为医师和护理两个岗位，每个岗位又根据经验技能划分为不同的岗级。确切地说住院医师不属于岗位，只是预备医生的一种称呼。当住院医师考核合格后，便可以成为主治医师。住院医师的主要任务是学习，在学习的同时承担力所能及的工作。

人类医疗体系对于医院的评级标准中，住院床位、医师数量、诊疗面积、设备状况、专科设置等都是衡量指标。通常，人类医院住院床位和医护人员的数量比例为 100 ∶ 35 比较合理。动物医院为什么不单独用住院部的医护人员数量和住院床位进行配比呢？因为住院动物不仅需要住院部医护人员的直接服务，还需要其他配套的检查和治疗服务。医院检查和治疗手段越齐全，说明专科化程度更好，能够吸引更多的危重病例。

动物医院目前还没有制定评级标准。鉴于动物医院和人类医院有所区别，住院笼位和医护人员的比例要大大降低，通常住院笼位和医护人员的数量可以达到 100 ∶ 70 甚至更低。

三、住院部工作标准和流程

住院部的内部管理制度可以概括为基础管理、工作标准、工作流程、工作表单和协议文书几个类别（表 5-22）。

住院部担负住院医师培养的职责，因此设置住院医师培养与考核制度。此外，住院期间动物的监护权要临时交给住院部，由住院部的医护人员全天候进行监护，住院部的医护人员要轮班工作，动物主人可以前来探视，由此产生了出入院流程、交接班流程、巡查制度、探视制度、监护记录等一系列住院部专门制度。

表 5-22 住院部工作标准和工作流程

类别	名称	备注
基础制度	岗位说明书	
	住院部岗位责任制	
	住院部管理制度	

续表 5-22

类别	名称	备注
基础制度	住院医师培养与考核制度	针对住院医师
	卫生管理制度	
	员工绩效考核制度	
	住院部奖惩制度	行为考核
	住院部实习管理规定	针对外来实习人员
	住院部回访制度	
	住院部消毒隔离制度	
	住院部交接班制度	
	探视管理制度	
	入院须知	针对动物主人
工作标准	住院动物护理规范	
	医生巡检规范	
	笼舍卫生清洁标准	
	氧气仓操作规程	
工作流程	入院流程	
	出院流程	
	消毒隔离流程	
	传染病筛查流程	
	住院部急救流程	
工作表单	重症监护表	
	住院营养表	
	住院申请表	
	住院护理表	
协议文书	住院协议	
	危重协议	

四、住院部的考核

对于住院部整体工作的绩效考核，可以用目标绩效考核法、KPI 考核法、平衡计分卡考核法和 360 度考核法等方法进行（表 5-23）。

表 5-23　住院部绩效考核

考核方法	目标或指标	备注
目标绩效考核法	住院病例数 / 总天数	
	部门流水	
	重要发现或突破	
	发表文章数量	
	责任事故	负向指标
KPI 考核法	人均创造产值	
	设备投入产出率	
	手术动物住院率	
	死亡率	负向指标
	事故率	负向指标
	投诉率	负向指标
	纠纷率	负向指标
平衡计分卡考核法	部门产值 / 人均产值	
	住院病例增长情况	
	客户满意度	
	梯队结构和人员成长	
360 度考核法	配合程度	
	工作态度	
	行为表现	
	沟通协调能力	

专题一　动物医院的商业模式

企业在规划和运营过程中，通常要考虑商业模式、经营模式、业务模式、运营模式、销售模式和盈利模式，即六维模式。所谓模式，就是对企业经营发挥重要影响作用的各种要素的组合。因为要素的多样性和环境的复杂性，实践当中每一个企业的要素组合方式都可能是独一无二的，其中也有一些共性可循，成为典型甚至经典的模式。

以上六种模式并非完全独立，而是存在一定的逻辑关系，如图 6–1 所示。商业模式是大而全的要素组合方式，涉及价值、渠道、客户关系、收入、成本等方方面面；经营模式只考虑产品和市场的结构性组合方式；业务模式考虑的是产品和市场相关要素的组合方式；运营模式考虑的是产品相关要素的组合方式；销售模式考虑的是销售相关要素的组合方式；盈利模式考虑的是利润相关要素的组合方式。

一、商业模式

企业在规划阶段就要考虑选择何种商业模式存在，如图 6–2 所示。影响商业模式有各种各样的要素，包括：企业通过体现什么样的价值赢得客户的信赖？通过什么样的渠道将价值传递给客户？满足了客户何种需求？和客户维持一种什么样的关系？在这一过程中，企业能形成什么样的核心能力？打造什么样的价值链？今后有可能做出何种方向性转变？

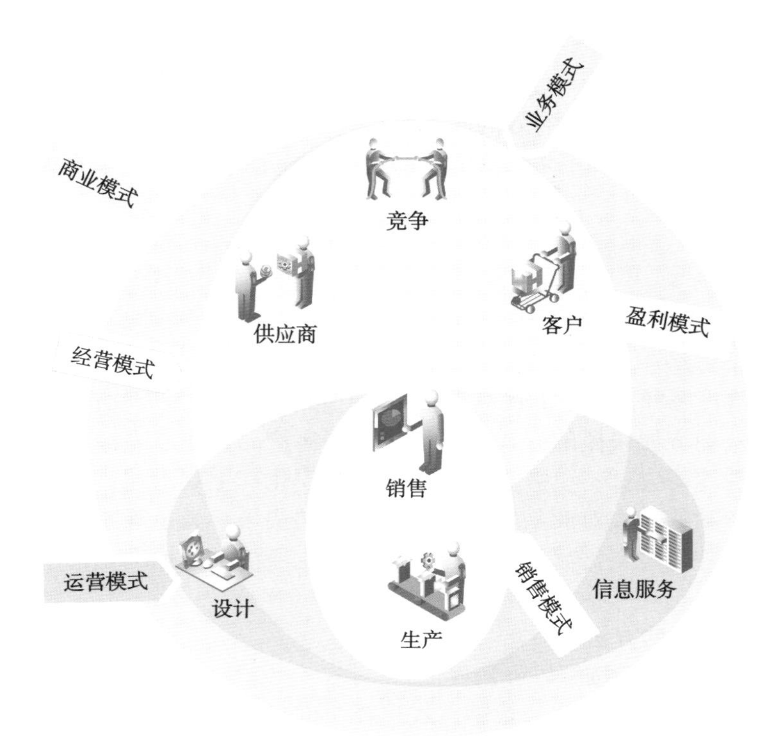

图 6–1　六维商业模式

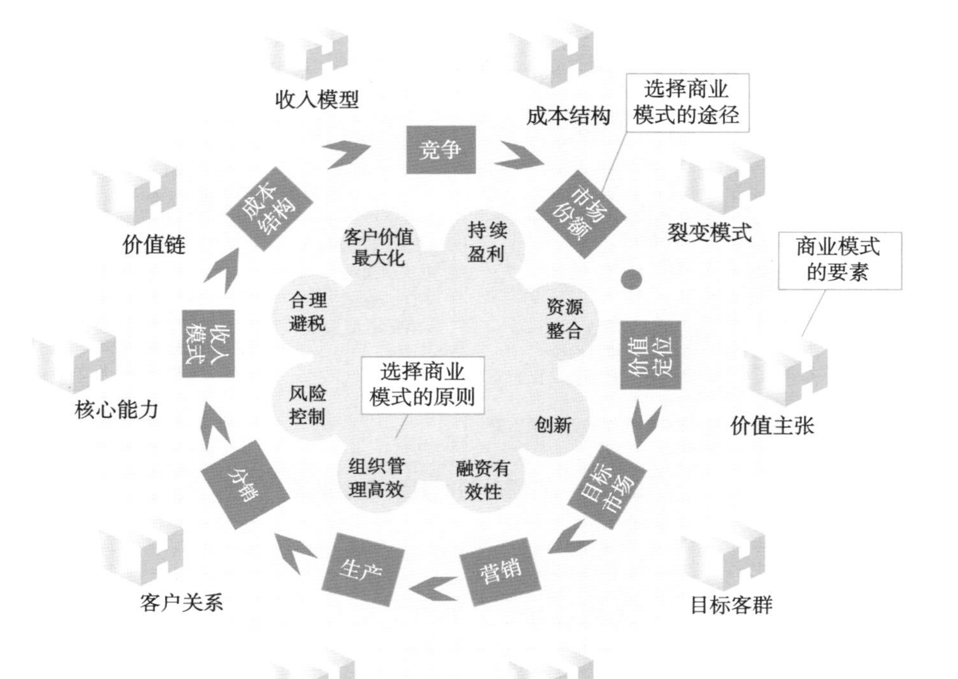

图 6–2　商业模式的要素、选择途径和选择原则

1. 商业模式背后的经济规律

商业要素经过排列组合可能形成 N 种组合商业模式，只有符合经济规律和商业原则的模式才能存续发展，才是有效的商业模式。

每个成功的业务模式都不是偶然的，都符合了特定的经济规律，比如：

- 时空便利性
- 注意力经济
- 业务规模经济
- 感受体验经济
- 行业标准化经济

用通俗的语言解释，时空的便利性是指客户倾向于选择更方便快捷的产品或服务，生产者倾向于选择方便快捷的方式组织生产和销售产品；注意力经济是指客户容易被新鲜事物吸引并愿意尝试；业务规模经济是指规模化产生集约化，从而提高效益；感受体验经济是指动物主人对商品或服务能够带来的快乐、满足等感受也可以作为商品价值的一部分，并愿意支付额外费用；行业标准化经济是指标准化带来效率提高促进经济效益提升。

2. 选择商业模式的方法

商业模式的选择一般按照以下流程进行：

价值定位→目标市场定位→营销方式选择→确定生产方式→选择分销方式→确定收入模式→确定成本结构→选择竞争方法→预估市场大小、增长情况和份额。

伴随着商业社会的发展，在不同的时期存在着不同的主流商业模式，尤其是 21 世纪互联网和信息技术的发展，传统商业模式被彻底颠覆，成就了一大批基于电子商务的新兴商业模式，彻底改变了人类的生活方式，如图 6–3 所示。

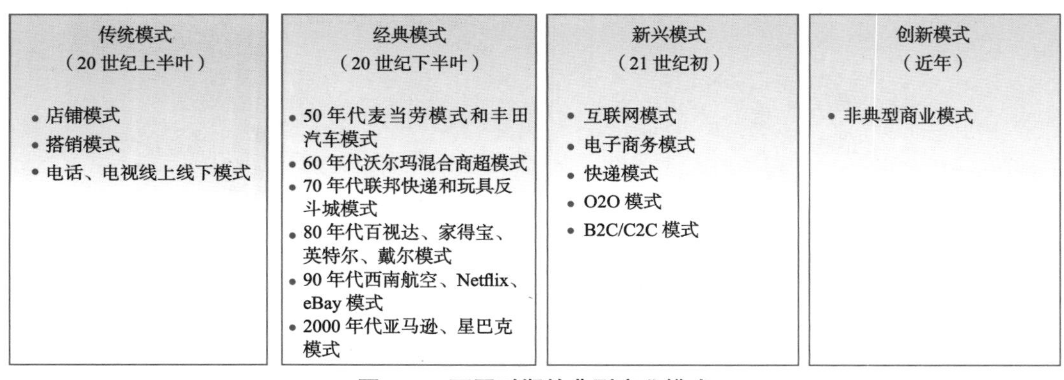

图 6–3　不同时期的典型商业模式

◇ 传统模式

20 世纪 50 年代之前的主流商业模式，并且沿用至今。包括店铺销售、搭销模式，围绕电视、电话的线上线下模式。伴随全球商业化、电子商务和互联网的兴起，新的商业模式不断兴起，但是传统的商业模式依然存在，并呈现出更多新的面貌。

◇ 经典模式

20 世纪 50 年代之后伴随全球商业化的兴起出现的商业模式，有些盛行至今，如快餐店模式、沃尔玛混合商超模式、Netflix 模式；有些则摇摇欲坠，如玩具反斗城、百视达模式。玩具反斗城曾经伴随一代人成长，成为每个人内心童年最美好的回忆，伴随 2018 年的破产，它将永远成为人们心中的回忆。由盛及衰的根由可以归结为科学技术的进步，原有的模式被新兴模式所取代。

◇ 新兴模式

诞生于 21 世纪初的基于电子商务和互联网的高速发展出现的商业模式，如阿里巴巴、百度、腾讯、京东。互联网和电子商务的兴起正是导致玩具反斗城、百视达模式衰败的根由。2019 年，星美国际影院全线关闭成为另一个消失的百视达。

◇ 创新模式

基于商业体系趋于成熟的基础上，针对个性化需求产生的非典型、小众商业模式。最典型的如智库模式，出现在 2010 年左右，创新视角来源于“创造一个能学到任何东西的平台”。智库依靠拥有专业知识和聪明智慧的普通人，开发出了人人可以参与的教育平台。上至前沿科技，下至生活常识，使用者通过查询和在线支付完成交易。

以上商业模式看似和动物医院没什么关系，实际上所有模式都可以灵活应用于动物医院，例如，近期出现的远程动物诊疗平台、商业送检平台，它们非常符合新兴商业模式或创新商业模式的特点。

二、经营模式

经营模式围绕企业的价值定位，回答企业做什么，怎么做的问题。“做什么”一般是指企业的经营范围。企业有自由选择经营范围的权利，除了某些设有准入制度或被严格管控的行业。“怎么做”则由设计、生产、销售、信息服务四个要素组合而成（图 6–4）。这四个要素实际是价值链的四个环节，所以说经营模式是企业围绕价值的定位。

图 6–4　经营模式四要素

有的企业倾向做刚性企业，价值定位中包含了生产环节，就是通常所说的实业。有些企业倾向做柔性企业，价值定位中避开了生产环节。“刚”与“柔”是一种形象的描述。生产型企业一般为重资产，投入大，转向慢，响应外界变化的灵活性差。非生产型企业一般为轻资产，投入主要集中在技术和人工上，应对外界变化更具灵活性。刚性企业和柔性企业对比见表 6–1。

表 6-1 刚性企业和柔性企业

刚性企业	柔性企业
■ 生产型	■ 销售型
■ 生产 + 销售型	■ 设计型
■ 设计 + 生产型	■ 销售 + 设计型
■ 设计 + 生产 + 销售型	■ 信息服务型

服务业属于典型的柔性企业，在国民经济的划分中属于第三产业，越发达的经济体，第三产业的占比越大。伴随社会分工和科学技术的发展，以刚性企业为中心的社会化生产逐渐向多元化和平台化的趋势发展，连刚性企业也在向柔性制造转型。“柔性”在国民经济和社会生产中扮演着越来越重要的角色。

动物诊疗属于典型的服务行业，与通常的服务行业相比，具备技术含量高、对专业设备倚重程度高的特点。动物医院的柔性主要体现在有广泛的专科方向选择，以及向外延产业的延伸和向周边产业多元化发展的可能性，如开展专业技术培训、咨询服务、信息服务、周边商品销售等。

三、业务模式

业务模式是企业所采取的独特的、行之有效的产品或者服务提供方式，这种方式有效满足了特定顾客的需求，构成企业竞争优势的核心。在业务模式的设计中，体现企业与供应商、竞争对手和客户之间的关系。常见的业务模式如下。

◇ 资源垄断模式

资源垄断是创造规模经济、赢得市场份额的有效手段。资源垄断的最终结果是将垄断扩大到商品市场，形成商品市场的垄断地位。资源垄断形成的壁垒是任何其他竞争者无法企及的。垄断在任何经济形态下都可能存在，并非市场经济中独有。比如贵重金属、尖端技术等，为了巩固政权和维护安定，资源垄断有时属于国家行为。在市场经济活动中，资源垄断的情形也不鲜见，而且呈现从自然资源向人才、信息、技术、商业模式等软性资源过渡的趋势。而这些资源垄断甚至无法用《反垄断法》去衡量和约束，也无法用征用或掠夺的方式获取，所以壁垒的作用更为强大。

◇ 规模效应模式

规模化经营是提高效率、降低成本，从而形成竞争优势的有效手段。规模效应产生的机理可以简单地用数学模型解释：当用一个模具加工一个笔筒时，笔筒的成本约为 100 元钱，这其中绝大多数是制造模具的成本；当用同一模具加工 100 个笔筒时，每个笔筒的成本约合 2 元钱，依此类推……

如图 6-5 所示，量本利模型是经济学的基本模型，由于生产产品需要设备、原材料等条件，设备等无法与产量成正比的成本即固定成本，原材料等与产量成正比投入的即变动成本。假设单位变动成本固定，根据图 6-5 就可以确定盈亏平衡点，只有产量大于盈亏平衡点时，企业才能盈利。量本利模型可以简单解释为什么数量越大盈利越多。但并非真正的规模经济，规模经济的真正意义是随着产量的增加，单位产品的边际效益增加。

规模经济也只是在一定范围内有效，比方说生产笔筒，当产量达到200个时，一个模具无法满足生产需要，就要再购买一个模具。当规模进一步扩大，一个厂房无法满足需要时，就要再建一个厂房。

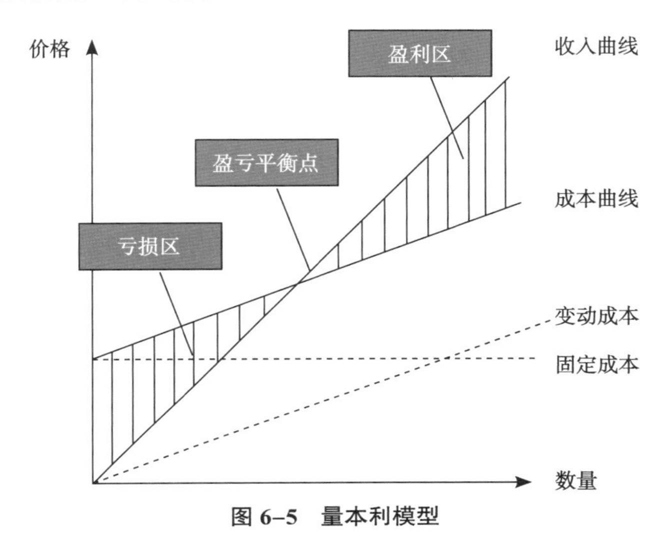

图 6–5　量本利模型

◇ 市场份额模式

占据尽可能多的市场份额是每个市场参与者追求的目标，市场份额意味着规模，以及参与者行业标准的地位。占据大的市场份额，可以获得强大的原材料采购讨价还价能力，带动主流技术和配套产业的发展，推动以自我为参照的行业标准建立，主导消费风尚，指导市场价格，等等。最终强者越强、弱者越弱，形成垄断。

◇ 客户培养模式

关注客户需求、注重客户感受，越来越多的企业把客户培养作为竞争手段，吸引客户并提高客户的忠诚度，赢得稳定增长的市场份额。客户培养还有另一种方式——客户教育，提升客户感受的投入和产出是有形的，而客户教育的投入和产出是无形的。企业投入资金以去营销化的姿态去改变消费者的认知，最终受益的是行业，企业在财务收入角度只是间接受益者，在企业品牌、形象上才是直接受益者，所谓在商不言商，比在商言商更胜一筹。

◇ 高低端结合模式

生产不同的产品满足不同客户的需求，不仅是把鸡蛋放在不同的篮子里那么简单，而是统筹运用资源得到尽可能多的市场份额，将资源运用效率最大化。高低端结合无疑会将产品线拉宽，会将资源分散。所以高低端结合的前提是在其中一个细分市场做得足够成功，有足够的资源支撑向其他细分市场过渡，而且两个市场具有相关性，可以实现一部分资源共享。

◇ 速度领先模式

对市场变化和客户需求尽可能快地做出反应，是保持竞争优势和赢得客户的有效手段。快节奏的商业社会对快的需求有时超越了商品本身，快餐、快递、快时尚，唯快不破的不仅是武功还有商业竞争。其实“快”是企业竞争能力的一部分，准确捕捉、快速反应，或是预测趋势、抢占先机，需要强大的资源、技术、营销能力支撑。

选择何种业务模式，是动物医院规划中最有技巧、最关键的部分，选定了某种业务模式，就已经完成了选择动物医院商业模式必经的途径。

四、运营模式

企业最基本、最主要的职能是财务会计、技术、生产运营、市场营销和人力资源管理。企业的经营活动是这五大职能有机联系的一个循环往复的过程，企业为了达到自身的经营目的，必须对上述五大职能进行统筹管理，这种管理就是运营模式。

运营模式由企业各项职能组合而成，是对企业投入、转换、产出过程的计划、组织、实施和控制，始终围绕安全、秩序、效率和效益四个目标。企业选择运营模式始终围绕以下原则，这些原则适用于所有企业，也适用于动物医院。

◇ 客户价值最大化原则

客户需求多种多样，实现客户价值最大化的过程，就是企业赢得竞争优势的过程。传统的竞争优势要素包括：低成本、高质量、快速交货、柔性和服务。

◇ 持续盈利原则

持续盈利是企业生存和发展的先决条件，也是实现客户不断提升的价值需求最大化的先决条件。即便是公益组织，也要在社会效益和经济效益之间寻求平衡。对公益组织不营利的正确理解应以盈利水平能够满足组织自身运转及公益事业发展为标准。

◇ 资源整合原则

优化配置，减少投入，实现最佳投入产出比，是企业在各个市场、各个业务领域以及各个运营环节、各个时期共同面对的任务。越是竞争激烈，资源整合的意义越突出。

◇ 创新原则

创新是企业可持续发展的动力，降低成本或是提高盈利总会遇到瓶颈，创新是突破瓶颈的关键所在。创新的范畴广泛，技术、公益、管理乃至商业模式都有创新的可能。

◇ 组织管理高效率原则

传统企业中，规模越大、分工越复杂的组织对指挥、协调的的需求越迫切，整齐划一、步调一致才能保证组织高效运转。现代商业社会，组织倾向于柔性化、灵捷化，企业不仅需要内部的高效组织管理，还需要跨组织、跨区域、跨领域的沟通协调、相互适应，高效的组织管理已经成为企业适应社会和生存下去必须具备的能力。

◇ 风险控制原则

企业的各个职能无论如何组合，对于风险的控制都必不可少。保证运营安全是保证企业经营平稳有序和保证效率以及效益的基础。疏于风险防范意味着企业前进的步伐可能戛然而止，还可能殃及上下游企业。

五、销售模式

销售模式指的是把商品通过某种途径和方式送达客户，实现价值传递的过程。买卖自古有之，有一些销售模式沿用至今。同时，信息科技和物流业的发展，营销模式有所创新，比如 O2O、团购、拼购。动物医院属于服务型企业，经典的销售模式以及新兴商业模式都可以在动物医院的经营中灵活应用。

1. 经典的销售模式

◇ 搭售

搭售是一种历史非常悠久的销售模式，商家以低廉、亏本甚至免费的模式销售一种商品，再通过搭配的其他商品上获利摊销成本，最终在总体上获利。例如出售剃须刀搭销刀片、出售打印机搭销墨盒等。

◇ 赊销

商家以免费试用、分期付款或续期的方式先将商品交付给客户，然后再一次或分次回收货款。商家虽然承担了一定的风险，但是容易促使客户做出购买决定。

◇ 折让

商家通过打折、买赠、多买优惠、会员充值等方法诱使客户购买商品的方式。

◇ 竞拍

商家通过竞价或竞序的方法，制造价高者得或手慢者无的效应，利用客户的好胜心理达到销售目的，同时制造轰动效应，可谓一举两得。

◇ 导演

商家通过策划、自导自演热点事件，或利用热点事件蹭热度的方式，趁机诱导客户做出购买决定。比如海尔的自砸冰箱等。

◇ 捆绑

商家通过利益许诺，诱使其他商家为自己宣传、销售产品。如啤酒厂家给饭店按销售额返点等。

2. 创新销售模式

◇ O2O

O2O 是 On-line to Off-line 的缩写，是伴随互联网和电子商务发展起来的线上交易、线下服务的销售模式。电子商务对实体商家的冲击迫使大批实体商家关停并转，纷纷转战线上。

◇ B2B/B2C

B2B 和 B2C 是 Business to Business 和 Business to Customer 的缩写，B2B 是指企业通过第三方平台实现线上交易，B2C 是指客户在商家和客户在自己的平台上实现线上交易。

◇ 裂变销售

裂变销售是一种将销售环节在客户中扩展，让客户参与销售并从中获取相应回报的销售模式。比如 Luckin Coffee 的分享得咖啡方式成就了瑞幸咖啡的快速扩张。

无论何种销售方式都是基于价值交换，背离价值本身的销售行为终究难以为继。以传销为例，它又被称为纯资本运作，依托于没有什么价值的实物，以发展下线的方式裂变并逐级获取超额回报，当下线数量不足以支撑利润分配时，金字塔结构崩塌。传销的实质是庞氏骗局，是非法的，最终从交易中获利的仅为金字塔塔尖上的少数人，多数人众叛亲离、千金散尽。

六、盈利模式

盈利模式是伴随企业运营发生的价值创造、价值获取和价值分配过程。实践中，企业盈利有自发和自觉两种方式。自发的盈利是企业对如何盈利及盈利多少没有清楚的认识，企业没有形成清晰、完整的盈利模式，一般在企业建立的初期属于这种情况。当企业发展到一定时期就会向自觉的盈利过渡，经营者把追求盈利当作目标之一，对如何盈利及盈利多少经过思考和设计，形成了清晰完整的盈利模式。

动物医院设计利润模式要考虑以下要素：利润源、利润点、利润杠杆、利润屏障。利润源是动物主，利润点是吸引客户的产品或服务，利润杠杆是吸引客户的方法，利润屏障是对竞争对手掠夺利润的防范措施。可见利润模式还是围绕产品、客户和竞争对手，关注的点放在了价值上。常见的盈利模式在动物医院的经营实践中可以灵活运用。

◇ 产品组合盈利

通过对多个产品进行组合配套，增加新的利润点实现盈利的模式。比如体检套餐，驱虫和疫苗组合，实验室检验套餐，等等。

◇ 规模盈利

从批量生产到薄利多销，企业通过规模化降低成本，再通过牺牲价格换取销量，从而实现快速扩张和盈利。

◇ 渠道盈利

生产厂家和渠道经销商合作，通过渠道经销商销售产品，使企业专注于生产，并出让一部分利润给渠道经销商，实现企业和经销商的共同盈利。这种情况常见于商业送检。

◇ 多元化盈利

企业扩张时除了扩大规模，还可以根据自身的能力跨品类甚至跨行业发展，既可以向上下游或周边整合，也可以进军完全无关的领域。

◇ 信誉盈利

信誉源于承诺和服务，表现为信用口碑和经营口碑，口碑良好的企业容易赢得客户的信赖和市场份额。

◇ 跟进盈利

主动与大企业合作，通过依存关系赢得利润。比如社区诊所与转诊中心之间的互补、依存关系，专门为大企业提供配套服务的供应商等。

◇ 包销定制盈利

通过定制、购买再销售的方式获利。包销定制常见于对外贸易。

◇ 服务盈利

依托于企业，为企业提供商品运输服务、融资服务、商品配套服务或信息服务。比如商业实验室的物流服务、商业送检平台等。

◇ 结盟盈利

通过商商结盟或厂商结盟、联营，形成更稳固的合作关系，共同盈利。比如药品厂家与医院形成战略合作关系。

◇ 加盟盈利

动物医院虽然不是生产型企业，但是可以仿照 OEM（Original Equipment Manufacturer）生产方式，授权其他动物医院使用自己的品牌进行经营，动物医院从中收取加盟费或利润分成。

◇ 入股盈利

入股盈利即参股、控股或合伙人分红。合作各方属于战略结盟，共同出资，分享利润，能够形成稳定的合作关系。比如常见的连锁经营动物医院。

六维模式适用于所有企业的规划和运营，动物医院也不例外。深入了解各个模式的要素、原则和典型模式，将其灵活应用于动物医院的规划和运营实践中，对提升动物医院的经营业绩裨益无穷。

读者往往很难准确区分六维模式，比如销售模式和盈利模式，人们通常认为它们是同时发生的一个过程的两个方面。这种认识只有一半是正确的，它们的确是同一过程的两个方面，只是侧重点不同；不正确的一半是因为成功的销售和成功的盈利没有必然的联系。再以运营模式和经营模式为例，人们通常将它们混为一谈，实则是两个截然不同的概念。

学习六维模式的目的，不是让读者对六维模式了如指掌，而是让读者通过学习了解企业的规划和运营要考虑方方面面的因素，需要企业经营者在遵循经济规律和商业原则的基础上运筹帷幄、统筹兼顾。

专题二　运营数据与分析

在这个无处不充斥着信息的时代，我们可获取的数据越来越多，从网络大数据，到国家统计局的官方数据，到各种咨询公司、行业机构的统计分析数据，让每个行业参与者都犹如身处水晶宫，对行业、竞争对手、消费者都仿佛一目了然，却又无所适从。究其原因，除了信息量过大，管理者无法从海量数据中筛选有效、可用的数据外，还有一个原因就是管理者不懂得如何运用这些数据进行分析。

网络的无处不在为使用者提供了广泛信息的同时也把属于自己的信息有意无意地泄露给了他人。泄露你信息的是各种各样的应用终端，当你在使用旅游 App 预订酒店时，使用 GPS 导航时，享用外卖餐饮服务时，在电商平台消费时，在朋友圈晒图时，你的日常活动、消费习惯、位置信息、交际圈等就已经不是什么秘密了，只需通过将这些信息汇总和简单分析，就能得出你的生活方式、收入水平、健康状况、财务状况、家庭关系等推论信息。推而广之，当很多个人的信息汇总后，就能得到不同区域、群体的信息；当很多个行业参与者的信息汇总之后，就能得到整个行业的信息；很多个行业的信息汇总之后就能够得到全社会的信息，大数据由此产生。如图 6–6 所示，社

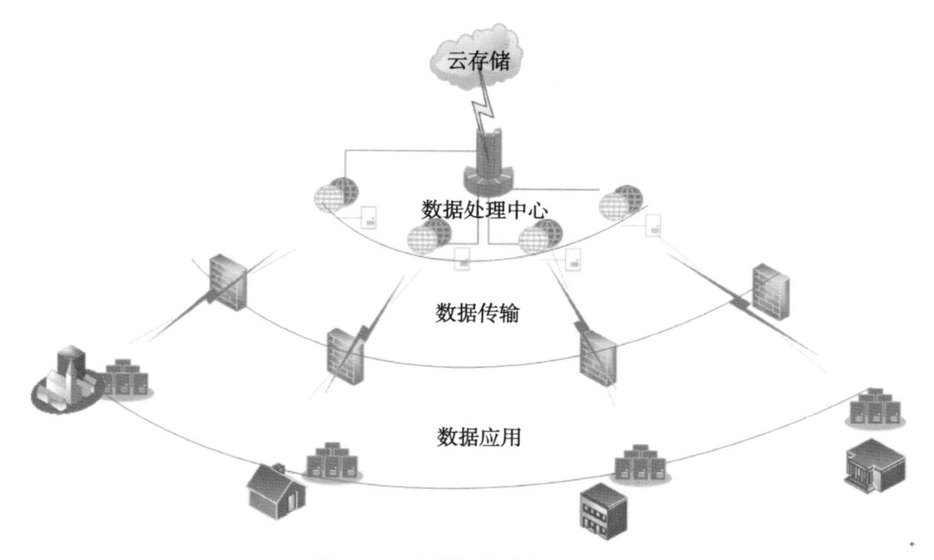

图 6–6　广域网络的数据信息

会的网络信息分为应用层、传输层、服务层和存储层四个层次，分别完成数据应用、数据传输、数据处理和数据存储功能。

作为终端应用者通过数据传输共享信息，一方面要尽量利用可以公开获得的外部信息，另一方面要学会整理、利用和保护好内部信息，让数据信息为日常的经营分析和经营决策服务。

一、外部数据

动物医院管理者关心的外部信息包括：宏观政治经济形势、行业规模、市场份额、竞争格局、技术动向、竞争对手的经营动态等等。对外部信息的利用，一定要先经过收集和甄别，才能作为分析使用的依据。

1. 收集外部信息

除了可以通过观察走访等获取的一手信息，动物医院管理者还可以通过网络、广播电视、平面媒体等获取官方和非官方数据。基于网络的新媒体发展极大地冲击了传统媒体。据统计，80% 以上的信息是通过新媒体快速传播的，另 20% 留给传统媒体的是新媒体传播的余波。一手信息具有准确性高、具象化的特点，但是不具备全面性和完整性。官方统计数据则正好可以弥补这个不足。非官方数据以咨询公司和行业机构发布的数据为主。咨询公司的数据表面看大而全，分析方法看似专业，但是包含了过多人为加工处理的痕迹，即便有指导作用，也过于宏观和笼统，指导实践的意义有限。相比而言，行业机构介于政府和民间组织之间，有半官方属性，具有掌握各行业参与者一手信息的便利条件，对行业的了解更加深入，因而数据的可信度更高。

2. 甄别外部信息

对外部信息的甄别非常重要，一方面剔除与己无关或不重要的信息，减少无效或不重要信息的干扰；另一方面修订不准确的信息，确保分析结果准确。比如，作为一家综合性动物医院，周边的社区医院或同一城市综合性动物医院的信息都是有用的，其他城市的社区医院的信息属于无用信息，其他城市综合动物医院的信息只能作为参考信息。再以家庭宠物保有量和消费支出的统计为例，各种文献的数据大相径庭，有的是数年前国内行业统计数据，有的是其他国际的统计数据，如果直接应用肯定会导致分析结果偏差。在找不到最新的国内行业统计数据的情况下，也可以根据上年数据和近年来增长幅度估算一个数据，再以此为依据进行分析。

二、内部数据

相对于外部数据，内部数据都是一手数据，容易获得而且准确，只要注意平时积累，就可以很好地用于日常的经营分析和作为经营决策的依据。常用的内部数据包括：财务数据、人力资源数据、生产数据、销售数据等。

◇ 财务数据

包括营业收入、营业利润、净利润、流动资产、固定资产、资产总额、流动负债、负债总额、净现金流量等。

◇ 人力资源数据

包括员工履历、测评记录、工作评价记录、薪酬记录等。

◇ 生产数据

包括产品清单、生产记录、库存信息记录、生产材料消耗记录、质检记录等。

◇ 销售数据

包括销售价格列表、销售记录、客户档案、客户消费记录、满意度调查等。

三、数据分析

进行数据分析要综合外部数据和内部数据，数据分析的方法有很多，常见的有对比法、分组法、交叉法、综合评价法、因素分析法等，也有比较专业的 DMD（数据决策模型）分析方法，如相关性分析、回归分析等。此外还有一些成熟的商业分析模型，如 SWOT 模型、波士顿模型等。

进行数据分析，首先要选择正确的分析方法，对于一般的管理者来说，这显然是可望而不可及的。所以，管理者除了不断学习，还要了解一些基本的分析原理，学会进行逻辑推理。图 6–7 是简单的因果分析图，导致某种结果的原因可能有多个，但是一定有主有次，各种原因发挥的作用有大有小。

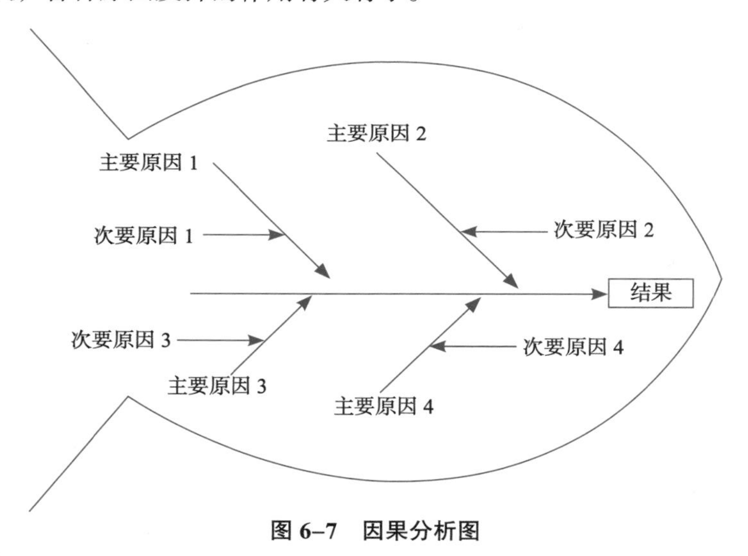

图 6–7 因果分析图

实践中，事情往往不是单因单果、单因多果或多因单果，而是多因多果。各种原因相互作用，各种结果又相互影响，形成一个复杂的多输入、多输出模型（图 6–8）。

以动物医院为例，动物医院的宏微观环境、资金、人员、技术、管理、领导人、品牌等是模型的输入条件，它们之间又相互作用，形成公司财务、人力资源、生产和销售等指标，最终输出盈利能力、运营能力、成长能力等结果。

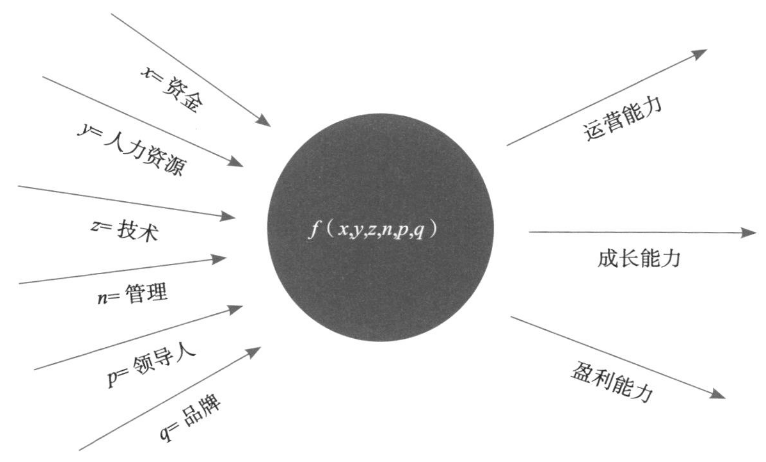

图 6–8　多输入、多输出模型

1. 财务数据分析

财务数据来源于财务报表，包括资产负债、损益、现金流等方面的数据。由于财务数据基于会计准则得出，标准相对固定，人为干扰因素有限，所以财务数据的准确性和客观性使得财务数据成为公司最重要的数据，同时财务数据还具有连续性、系统性和周期性的特点。

财务数据用于计算财务指标，从而评估公司的营运能力、偿债能力、营利能力和发展能力（图 6–9）。孤立的财务指标意义并不大，横向、纵向对比之后才能更好地说明问题。横向对比，是本公司相对于其他公司或行业平均水平的对比，说明公司间相对实力；纵向对比，是公司和自身上一周期或上几个周期的对比，说明公司自身的发展动态。通过财务数据分析，公司可以判断是否具备利用财务杠杆扩大生产或组织再生产的能力，是否需要改进运营方法，盈利能力是否有提升空间，评估未来可持续发展的能力。

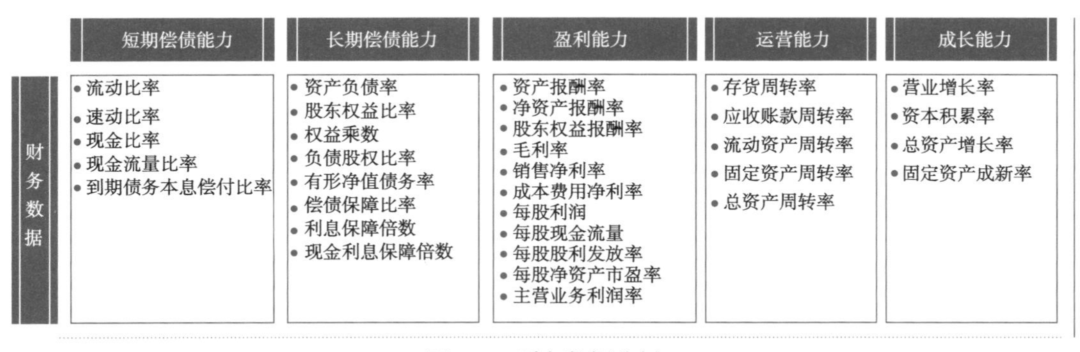

图 6–9　财务数据分析

2. 人力资源数据分析

人是公司内部最活跃的资源，人力资源状况可以影响到公司的方方面面，合理利用和充分发挥人的能力是公司管理者最应该关注的问题。人力资源数据能够评估公司人力资源体系的运作成本、运作效率，帮助管理者了解人员情况，实现合理地任用人才、有选择性地培养人才、建立人才梯队、制定行之有效的薪酬激励政策等一系列目标。通过和行业数据横向对比，还可以帮助公司调整人力资源战略，更好地服务于公司整体目标的实现（图 6–10）。

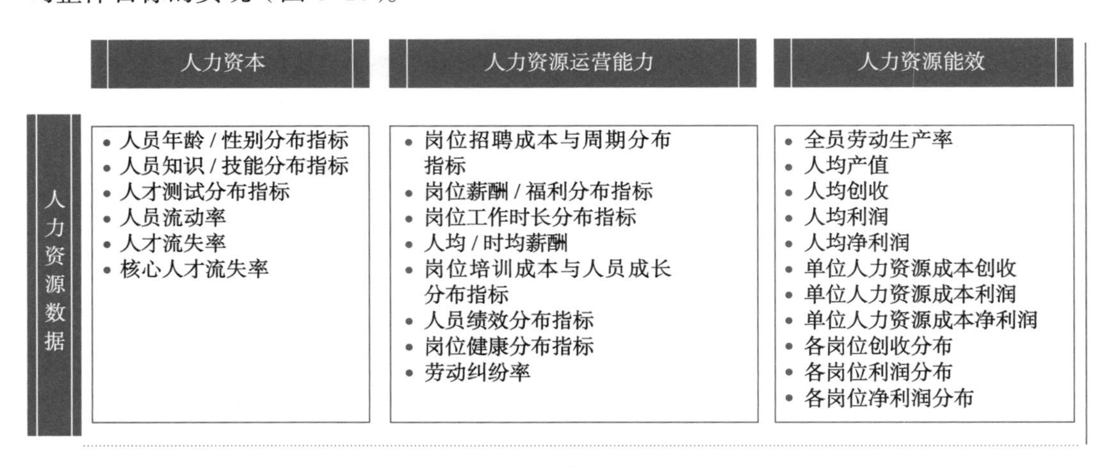

图 6–10 人力资源数据分析

3. 生产数据分析

生产过程是公司最主要的经营活动，用于实现价值的增值过程，占用的资源也最多。对生产过程的管理，最有益于实现安全、秩序、效率和效益的目标。

生产数据是公司与内部运营关系最为密切的数据，通过生产数据的横向、纵向对比，分析公司的生产能力、生产效能、库存管理能力和组织生产能力，以便合理安排生产、调整生产方案、制订原材料采购计划、管理库存等，实现提高生产效率，降低生产成本，降低生产环节占用资金，降低残次品率等目标（图 6–11）。

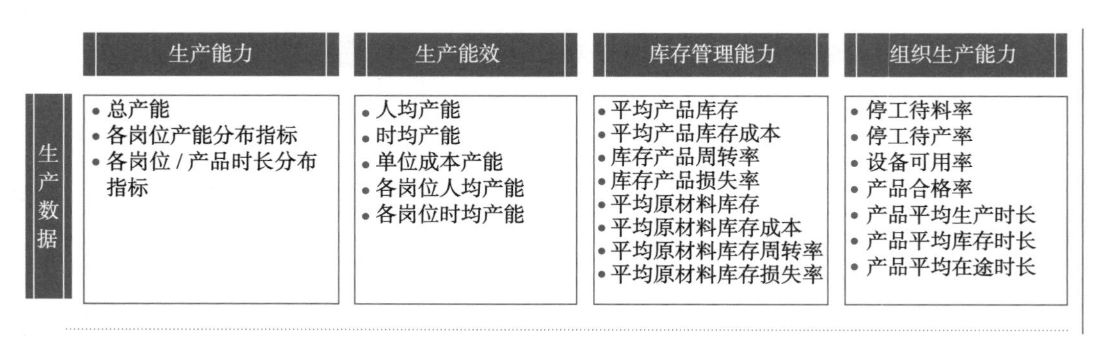

图 6–11 生产数据分析

4. 销售数据分析

销售过程是公司向外界传递产品价值的过程，客户认可并接受价值，通过支付货币结算完成交易。没有销售过程，公司的其他过程都是徒劳的，无论是销售带动生产，还是生产推动销售，任何一个环节存在瓶颈都会影响公司的生存与发展。

销售数据的分析往往可以评价公司的营销能力、回款能力和客户关系维护能力，用于提高销售体系的运转效率，改善客户关系（图 6–12）。

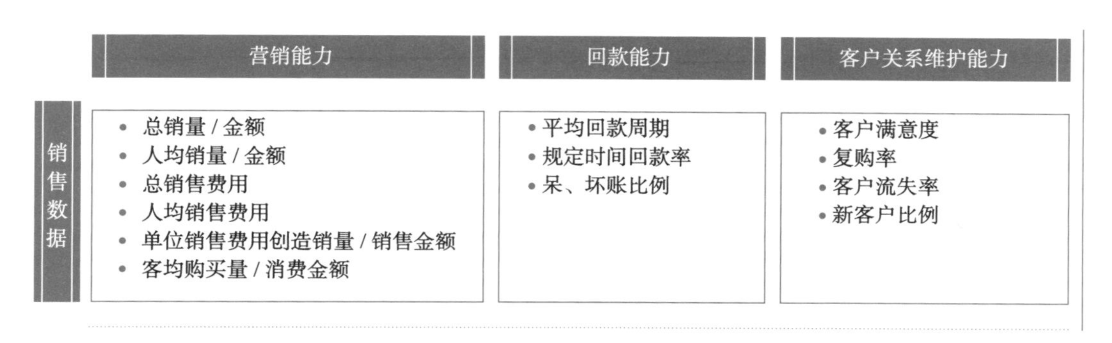

图 6–12　销售数据分析

四、动物医院服务运营的数据分析

动物医院属于服务运营机构，服务过程本身即是生产产品的过程也是向外界传递价值的过程。动物医院的服务运营数据包括：客户档案、病例记录、处方信息、收费记录、原材料消耗记录、医患纠纷和医疗事故记录等。对动物医院服务运营数据分析往往可以评价公司的客户接待能力、服务能力、服务效能、组织服务能力、客户关系维护能力和服务盈利能力。用于评估动物医院的病例量水平、人员工作饱和度，改善服务效率和组织管理水平，改进客户关系及盈利能力（图 6–13）。

	客户接待能力	服务能力	服务能效	组织服务能力	客户关系维护能力	服务盈利能力
服务运营数据	• 挂号 / 建档数量 • 接听电话数量 • 电话回访数量 • 咨询客户到店率	• 总服务病例量 • 总服务项目数量 • 各部门 / 岗位服务病例 / 项目量 • 各部门 / 项目服务时长	• 人均服务病例量 • 时均服务病例量 • 各部门时均服务病例量 • 客均服务项目数量	• 停工待料率 • 停工待产率 • 设备可用率 • 客均就诊时长 • 客均等候时长 • 各部门客均就诊时长 • 各部门客均等候时长	• 客户满意度 • 复诊率 • 客户流失率 • 新客户比例 • 客户投诉率 • 医患纠纷率 • 医疗事故率	• 总服务收入 / 成本 / 利润 • 各部门 / 项目服务收入 / 成本 / 利润 • 时均服务收入 / 成本 / 利润 • 客均服务收入 / 成本 / 利润

图 6–13　动物医院服务运营数据分析

一般而言，公司运营数据具有典型的行业特征，比如轻资产和重资产行业的偿债能力指标差异很大，劳动密集型产业和技术密集型产业的营利能力指标差异很大，生产性公司和服务型企业的运营能力指标差异很大，即便是同行业公司或跨行业但业务模式相近的公司，其各项指标仍然可能因为公司规模、所处区域、拥有资源等不同而有所差异。所以，静态的比较只能在一定程度上说明问题，这时也可以考虑动态比较。如图 6–14 所示，同一时点下目标组指标和参照组指标形成一组静态比较。目标组指标在不同的时点下对比，形成一组动态比较，说明目标组指标在考查周期内出现了上升达到高点后下降的趋势。目标组和参照组在不同时点下指标差异的变化幅度，也形成一组动态比较，说明目标组指标的波动幅度大于参照组。基于此，只要分析在考查期间可能导致目标组和参照组有共同的动态变化趋势的原因，以及分析导致目标组和参照组动态变化幅度不同的原因，整个过程就变得清晰了。

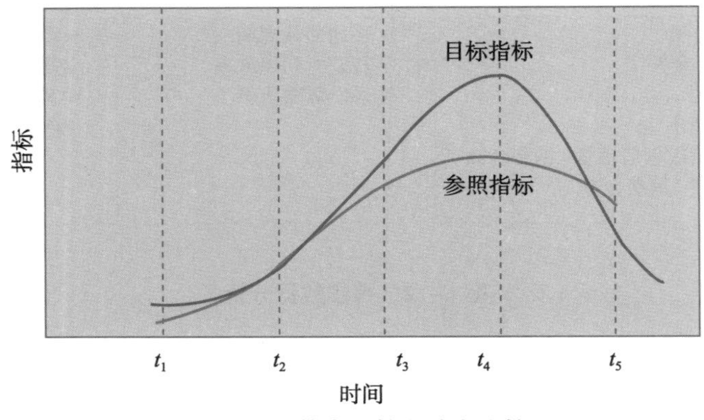

图 6–14　静态比较和动态比较

运营数据是公司内部环境的“温度”“湿度”“光照强度”和“含氧量”，运营指标就是公司的“晴雨表”和“风向标”，运营分析的目的就是帮助公司未雨绸缪和见风使舵，所以各位动物医院的管理者要充分重视运营数据的价值，挖掘数据分析的潜力，更好地带领公司朝正确的方向发展。

专题三　资本浪潮

本书前文介绍过动物医疗行业的现状，近年来资本的兴起令行业发生了天翻地覆的变化，动辄谈资本色变拒之千里，或相见恨晚忙不迭笑纳，都不是明智之举。对资本保持清醒的认识要从认识资本的本源开始。

一、资本的本质

《资本论》是人类历史上对资本剖析得最深入、论述得最精确的著作，这本书完整的名字叫《资本论·政治经济学批判》。作者马克思（全名卡尔·海因里希·马克思）被誉为全世界无产阶级和劳动人民的革命导师，无产阶级的精神领袖，国际共产主义运动的开创者，他的另一本著作《共产党宣言》是世界上社会主义国家的精神旗帜和共产党的思想纲领。马克思又被称为最伟大的预言家，他在《资本论》中对资本本质的无情批判和对资本主义必然灭亡的预见，支撑了无产阶级的梦想和无产阶级政党的信仰。

马克思认为，资本主义的发展史可以被概括为：劳动的社会化阶段、资本的原始积累阶段、资本的扩张阶段和资本的灭亡阶段。劳动的社会化是资本产生的基础，货币从商品交换的媒介转变为赚取剩余价值的工具——资本，伴随资本的积累和扩张，垄断不可避免，社会化大生产和生产资料私有制的社会矛盾突出，最终导致社会主义革命。

资本的出现是经济社会发展的必然结果，资本主义出现是阶级社会必然经历的过程，对于经济规律和历史的必然，任何人或组织都无力改变。不可否认经济和社会在进步，进步的过程中也会伴随矛盾和冲突。资本主义的历史只能由历史去见证，任何人或企业都无法经历完整的资本发展历程，你所能见到的只是资本发展的历史片段。

如何看待商业社会的进步和进步过程中的矛盾？两者其实互为因果。商业社会和自然界一样，通过与小环境的其他个体相互适应，形成和谐共生的微生态环境。在进化的过程中，小生态对内部或外部的变化有自我调节的本能，一旦变化超过了生态自我调节、自我修复的能力，原有的生态平衡就被打破，最终演化成另一种完全不同形式的新的平衡。

宠物医疗属于小众行业，2016 年，中国宠物医疗行业的规模约为 300 亿元。我们再来看看瑞鹏宠物医疗的东家高瓴资本，2016 年，高瓴资本控制的资金总额约为 250 亿元。一个资本约等于一个小众行业，如同锅里放了一个和锅一样大的铲子，只要想抄底，还有什么做不到的理由吗？

2016 年 9 月，瑞鹏宠物医疗集团股份有限公司在新三板上市，成为中国宠物医疗行业第一股。经过近两年时间发展，瑞鹏宠物医疗集团旗下已拥有按照“中心医院 + 专科医院 + 社区医院”布局的 400 家动物医院，年营业额达 3 亿元。然而就在 2018 年 8 月，瑞鹏宠物医疗集团突然宣布从新三板摘牌，距离挂牌还不满两年时间。随后暴出高瓴资本和瑞鹏宠物医疗合作成立新集团的消息，高瓴资本旗下控股的云宠（芭比堂）、安安、策而行（宠颐生）、纳吉亚、爱诺、宠福鑫等 630 家医院，和瑞鹏宠物医疗集团旗下瑞鹏宠物医院、美联众合动物医院、凯特喵喵专科医院等自营和参股的近 400 家宠物医院进行整合，形成了融合 10 大品牌（图 6–15），兼容了贸易、电子商务、兽医教育等多元化业务的庞大商业体系。新瑞鹏集团的成立，打破了原来高瓴、瑞鹏、瑞派三分天下的格局。庆贺的宾客尚未散去，新瑞鹏内部已响起不和谐的声音，此次并购并

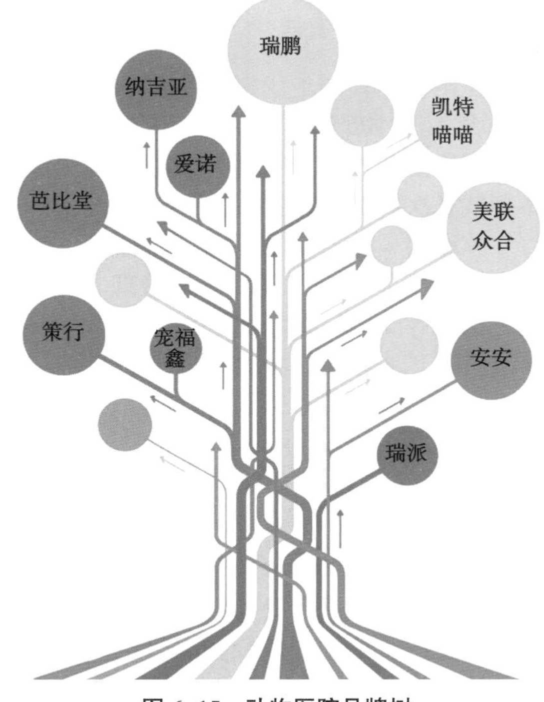

图 6–15　动物医院品牌树

未得到旗下医院股东的理解和支持，昔日的合作伙伴一朝反目。

据统计，中国目前动物医院数量约 12 000 家，新瑞派就占据了约 10% 的份额。而中国动物保健品行业第一股天津瑞普生物把持的瑞派宠物医院凭借 350 家动物医院的规模紧随其后。早在 2018 年 5 月，高盛资本、华泰证券、天津瑞济生物就为瑞派注资 3.5 亿元，将瑞派战略投资的总金额扩大至 7.5 亿元。此外，资本参与的动物医院还有由禾丰牧业投资的派美特宠物医院连锁机构和红衫资本投资的启晟（天津）宠物医院，目前门店数量都在两位数级别。只要投资形势乐观，实现快速扩张易如反掌。2015 年以后，动物诊疗行业呈现以下特点。

◇ 资本扩张速度惊人

动物医疗行业自 20 世纪 90 年代至 21 世纪 10 年代经历了稳定的自然增长期，2015 年被戏称为资本元年，拉开了风起云涌的投资并购风潮。资本推动下的连锁动物医院以惊人的速度扩张，以芭比堂动物医院为例，2015 年下半年至 2016 年底数量由 3 家增加至 50 家，到 2017 年底，医院的数量已经超过 100 家，建成 12 大专科医疗中心。

◇ 人才缺口加剧

医院数量的扩张，导致动物医疗人才缺口加大，全国有 10 000 多家动物医院，拥有执业资格的兽医师仅 10 万人，至少还有 10 万人的人才缺口亟待填补。人才缺口导致人才竞争和人才流动加剧，为了吸引和留住人才，医院一边给员工涨薪，一边抓紧培训信任，一时间人力资源成本直线飙升。

◇ 同业竞争加剧

供给侧增长的步伐超过了需求侧增长的速度，同业经营者之间竞争加剧不可避免。2018 年第二季度起，各动物医院的病例量几乎不约而同地出现同比下降。为了招徕客源，各企业使出浑身解数，299 元的公猫绝育不稀奇，9.9 元的体检套餐也不奇怪，挣不挣钱是次要的，首要的是稳定客源。

连锁经营是资本在动物医疗行业快速扩张的最佳方式。资本快速扩张阶段，无论是否属于资本一方，动物医院管理者无一例外面临并购不断、竞争加剧、客户流失、员工流失等问题，随之而来的是业绩下滑、成本攀升和资产缩水。

资本扩张阶段，也会带来虚假的繁荣景象。巨额投资，频繁的股权交易，大量新店开业，人才紧俏和工资上涨，是资本搅动产生的泡沫。泡沫下面，几家欢喜几家愁，只有身在其中的人有所体会。

二、金融泡沫是怎么产生和破灭的？

货币市场和资本市场的总和构成金融市场。金融市场的规模应该大致和商品市场相当。金融是依托于商品经济的虚拟经济。当金融市场的价格大于商品市场的实际价格时，泡沫就产生了。金融泡沫产生的根源是过度投资。盲目乐观的投资人资本枯竭或是清醒后停止投资，都会导致泡沫消退，大批依赖资本维系资金链的企业倒闭。

即便你了解资本的本质，即便你知道资本的发展史，资本的扩张速度也足以令你瞠目结舌。资本也为宠物医疗行业的繁荣带来积极的一面。比如促进社会整体的资源优化，推动行业的发展和企业改进（表 6–2）。

表 6–2　资本的作用

资本积极的一面	资本消极的一面
■ 促进社会资源优化	■ 加剧竞争
■ 促进行业发展	■ 出现垄断
■ 促使企业改进	■ 引发社会矛盾

资本关注的是剩余价值最大化，效益成了促使资本自我改良的动力。这也是资本在快速扩张的同时面临的另一项挑战。资本需要喘息的时间，也给行业里其他参与者休养生息的时间。专注公司治理，培育竞争优势，是每一个行业参与者应该做的事情。面对资本，审时度势地接纳，或是独辟蹊径开辟一片世外桃源，都无可厚非。

三、资本和资本主义的自我改良

西方的资本主义经济从 14 世纪开始萌芽，发展到现在的帝国主义阶段（经济高度垄断，政治独裁统治，军事对外扩张的阶段）。在可预见的未来它还会存在，原因是资本会进行自我改良。为了减轻社会矛盾，维持资本更长久地获取剩余价值，资本主义国家要用经济政策进行干预。当经济政策无法发挥作用时，资本和国家便结合在一起，所有资本都是国家的，国家投资，国家分配利润，便进入国家资本主义阶段。国家资本主义是资本主义的自我改良，这种改良会一直持续到阶级消亡。

专题四　住院医培养

在公共教育还没有普及的商业社会早期，师徒关系是知识、技能传承的重要途径，所以入行、拜师在过去都需要很隆重的仪式。现代社会师徒关系已经淡出历史舞台，但是技能传承培养的过程必须经历，尤其是对医学这样要求经验积累的行业。

住院医是人类医学和动物医学领域普遍存在的一种称谓，确切地说住院医是身份或职称称谓，而不是岗位的称谓。通常刚刚走出院校的兽医专业学生，在晋升为主治医师成为一名真正的门诊医师之前，都要经历 2 ～ 3 年的住院医学习时期，在上级医师的监督和指导下完成包括收治病例、记录病程、记录医嘱、进行某些临床操作等在内的基础医疗工作。从这一角度看，可以把住院医理解为医师的预备阶段（图 6–16）。

图 6–16　门诊医师职级序列

通常医院每年会招收一定数量的应届毕业生，其中有很少的一部分是以住院医身份录用的。他们最终要走上门诊医师岗位，在此之前要在其他岗位上接受至少两年的住院医培养。

住院医培养是医院人才培养体系中最重要的部分，一个医院的住院医培养体系是否完善，主要从以下几个方面衡量：

■ 住院医的招聘体系设计，包括招聘途径、遴选方法、录用标准。

■ 住院医培养体系设计，包括各年级住院医的学习大纲（学习内容），学习方式（可利用的内部资源、外部资源）、经费预算等。

■ 住院医的考核体系设计，包括各年级住院医的考试题库、考核方法与考核组织工作。

可见，住院医的职业生涯可以从不同的岗位开始，无论在哪个岗位，他们的最终发展方向都是门诊医师。在通过考核之前，住院医的主要任务是学习，同时力所能及地承担一部分工作。

住院医的培养体系是否有效，直接关系到医院医师人才的数量与质量，也关系到医院的诊疗技术水平和可持续发展能力。培养住院医需要投入大量的时间、人力和财力，因此打造一套有效的住院医培养体系是打造动物医院核心能力的关键。

一、住院医招募与录用

动物医院根据规模和经营状况确定每年招募的住院医人数。一个稳定发展的动物医院通常会按照现有门诊医师数量的10%招募住院医，如果有扩大经营或专科发展需要时，招募比例可以扩大，但不宜超过30%。原因是住院医培养需要有足够的师资力量投入。

动物医院住院医一般为动物医学院临床系应届毕业生，他们在院校里接受了系统的专业知识学习，住院医阶段从零开始接受系统正规的临床知识和技能训练，如同在一张白纸上作画，既能让年轻人快速成长，又有助于他们打下扎实的基本功，养成良好的工作习惯。相反，如果在住院医阶段没有打好基础或养成了不良习惯，则会给日后的工作造成麻烦，弥补或纠正需要花费数倍的时间或精力。

动物医院招募住院医通常有以下几个方面要求：

■ 热爱临床医学，喜爱小动物，希望从事临床医学相关的职业。

■ 动物医学专业本科以上学历，理论基础扎实。

■ 身心健康，能够承受临床工作压力。

■ 热爱学习，一年内能够考取执业兽医资格。

其中第一点尤为重要，从事动物医学临床需要持续地学习，承受较大的工作压力和工作强度，只有对临床医学和小动物的热爱，才能让年轻人执着于此。

住院医是动物医院未来门诊医师的学习和预备阶段，动物医院与住院医之间属于契约关系，但是约定的内容不是单纯的劳动关系，至少包括以下方面：

■ 动物医院对住院医进行培养和考核，住院医通过考核成为门诊医师后要为医院服务一定的年限。

■ 住院医在成为门诊医师前可以从事力所能及的工作，并获取相应的报酬。

住院医的薪酬是医院薪酬体系中独立的序列，主要用于满足住院医生活需要，很少体现和贡献挂钩的绩效部分，也就是说，住院医仅领取用于生活所需的相对固定的薪酬。2～3 年的住院医时期结束，无论是否通过最终考核，无论是否真正成为门诊医师，住院医的薪酬都要转为与岗位对应的薪酬序列。

关于住院医的福利，不同的动物医院有不同的做法。原则上，只要签署的是劳动合同，动物医院就要为住院医缴纳社会保险，住院医享受和其他员工同等的福利。

二、住院医培训与考核流程

住院医录用、学习和考核的流程见图 6-17。常规的住院医培养周期为两年或三年，因此住院医按照年级被称为一年级住院医、二年级住院医和三年级住院医。每个年级的住院医学习的内容和深度不同，一年级住院医要经过考核才能进入二年级学习阶段，依此类推，只有通过三年级考核的住院医，才有资格成为门诊医师。

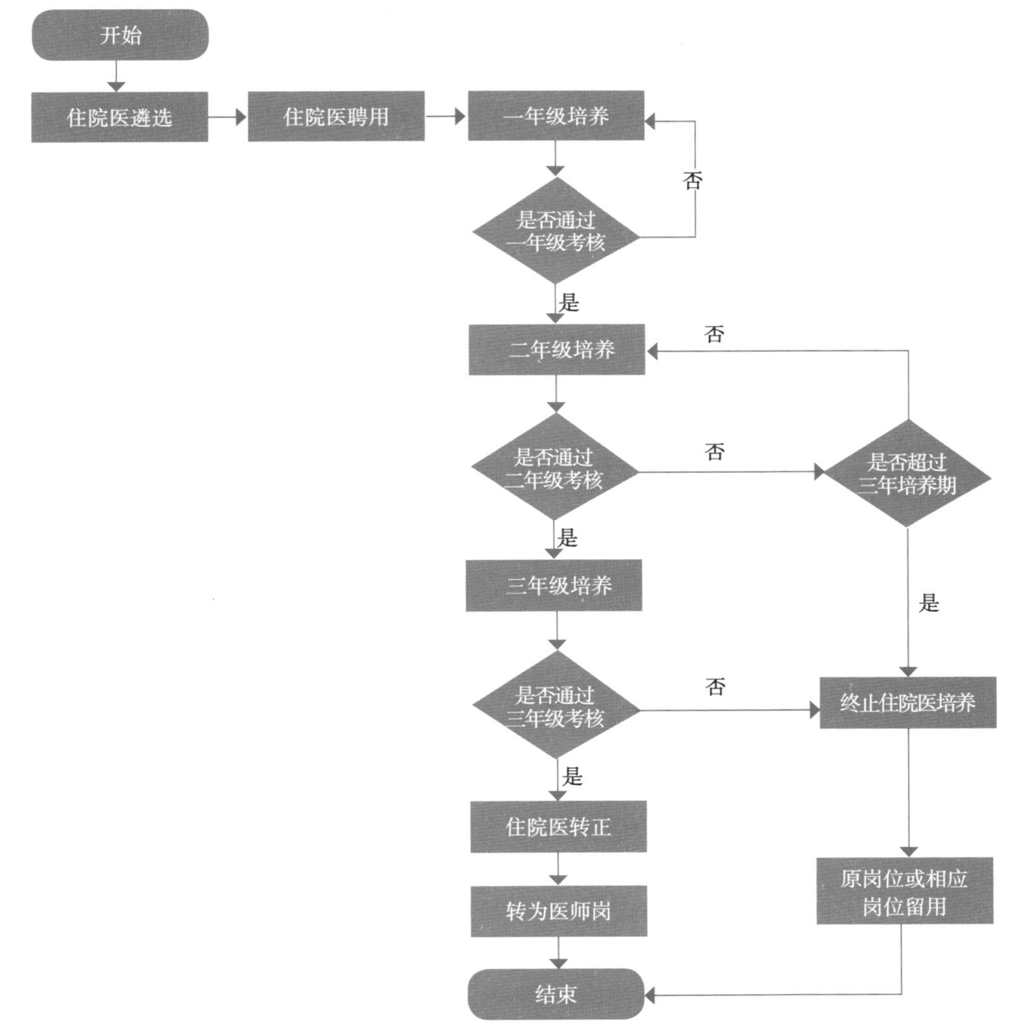

图 6-17　住院医培养流程

三、住院医的学习方式

人医住院医培养体系中，有一种传统有效的方式——代为培养。这种方式常见于基层医院，由于整体技术水平有限，没有自行培养人才的技术力量，所以向上一级医院派遣人员长期学习，学成了再返回岗位。

伴随近年来的医疗体系改革，打破了医疗人才事业编制的惯例，人才流动不再依靠派遣调动，而是依靠供需驱动，代为培养的方式受到限制。

住院医学习的方式灵活多样，无论采取何种方式，都应该根据个人知识结构和专科方向制订学习计划，科学系统地安排学习内容，利用有限的时间均衡地汲取专业知识和技能。住院医的主要学习方式见表 6–3。

表 6–3　住院医学习方式

学习方式	学习内容	时间分配
日常工作中学习	住院医有属于自己的岗位，通过日常工作，学习与本岗工作密切相关的知识、技能，从工作实践中积累经验	70%
跟诊学习	利用个人时间到诊室跟诊学习，学习内容与本岗工作不一定直接相关，而是与个人的兴趣爱好、专业发展方向密切相关的专业知识，尤其是临床医生应该具备的知识、技能，达到积累经验的目的	20%
集中培训	集中培训是由医院层面通过评估认为住院医应该普遍提高的知识、技能，可能是专业技能方面的，也可能是辅助技能，比如营养学知识、免疫知识、处方知识、急救知识、动物行为学知识	5%
外送培训	外送培训主要针对的是医院无法提供或不属于普遍需求的知识、技能的培训，比如专科的高阶课程、前沿课程、新技术应用、新设备应用	5%

四、住院医考核

住院医、主治医师、副主任医师、主任医师仅仅是医师的职称序列，医院往往还会以此为基础对医生进行分级考核，以便对医生的临床技能进行更精确的认定和划分。住院医的分级一般以年度为单位进行，分别为一年级住院医、二年级住院医和三年级住院医。各个年级住院医在学习内容和学习方式上有所区别。一年级住院医基础薄弱，知识、经验也要从易到难逐渐积累，并且越来越向对知识的综合运用靠近。伴随认知和技能的提升，住院医独立思考、自主判断的能力加强，工作中主动探索、创新的比重加大。一年级住院医考核和二年级住院医考核在方法上没有本质区别，但是在考核内容的占比、难易程度和分值占比上有所区别。考核方法见表 6–4。

各级住院医在历次考核中仅有一次失败的机会，这意味着住院医如果在四年内无法通过考核，则不再是住院医身份，今后将无法走上门诊医师岗位，只能原岗位或转岗留用。

实践当中，各医院可以根据自己的需求和实际情况设计住院医培养体系。住院医体系的打造是个长期和逐步完善的过程，尤其是在住院医的具体培养方案和考核方案上。

表 6–4 住院医考核办法

<table>
<tr><th rowspan="2">考核方式</th><th rowspan="2">考核方法</th><th colspan="3">分值占比</th><th rowspan="2">备注</th></tr>
<tr><th>一年级</th><th>二年级</th><th>三年级</th></tr>
<tr><td>知识考核</td><td>从题库中抽取知识类考题，采用笔答或机考的方式，检验住院医知识积累情况</td><td>20%</td><td>10%</td><td>0%</td><td></td></tr>
<tr><td>实操考核</td><td>从题库中抽选实操类题目，由考核人对操作的规范性、熟练程度等进行评分</td><td>10%</td><td>10%</td><td>10%</td><td rowspan="6">题库：
分别建立一年级题库和二年级题库，考题分为知识类、实操类、病例类等。
考核人：
由技术委员会或成立专门的住院医考核小组担任考官</td></tr>
<tr><td>病例报告</td><td>1. 住院医提交病例报告
2. 住院医按指定题目书写病历报告</td><td>30%</td><td>20%</td><td>10%</td></tr>
<tr><td>发表论文</td><td>住院医考核期间发表文章的相关信息</td><td>10%</td><td>20%</td><td>30%</td></tr>
<tr><td>述职</td><td>住院医对考核期间的学习、工作、成长情况进行总结汇报</td><td>10%</td><td>10%</td><td>10%</td></tr>
<tr><td>评估</td><td>上级或同事对住院医的学习、工作、成长、沟通等进行评价</td><td>10%</td><td>10%</td><td>10%</td></tr>
<tr><td>答辩</td><td>考核人对住院医进行限定范围或不限定范围的提问，考核住院医的知识、应答情况</td><td>10%</td><td>20%</td><td>30%</td></tr>
</table>

人医体系中的住院医培养强调标准化培养，“标准化”是工业化流水线作业的必备要素。住院医的培养进入“批量生产”阶段同样需要标准化。与工业生产不同的是人才不同于产品，人是极具个性化的个体，人才基础不同、兴趣爱好不同、悟性不同、学习环境和师资力量不同。能够标准化的只是流程、方法、工具，因材施教在住院医培养体系中必不可少。

专题五 专科建设

动物医院的专科划分还远远没有人类医学那样完善，主要原因是动物医疗起步晚，动物医院规模小，病例量少，导致临床实践中无法细致划分专科。多数动物医院的医生都属于全科医生，只有规模较大的转诊中心或专科医院，才有可能开展专科建设。

所有动物医院都要经历从无到有、从粗到细的专科建设过程。只是有的起步早，有的起步晚。如图 6–18 所示，传统的专科划分习惯上分为大内、大外、影像、检验、中兽医、急症科等。伴随着专科化发展，各传统的专科进一步细分，内科衍生出心脏内科、神经内科、呼吸内科、泌尿内科、血液科等更为细分化的专科；外科衍生为骨科、眼科、牙科、神经外科、麻醉科、皮肤科等更为细分化的专科。依此类推，专科划分越细致，相关领域的研究才能越深入。

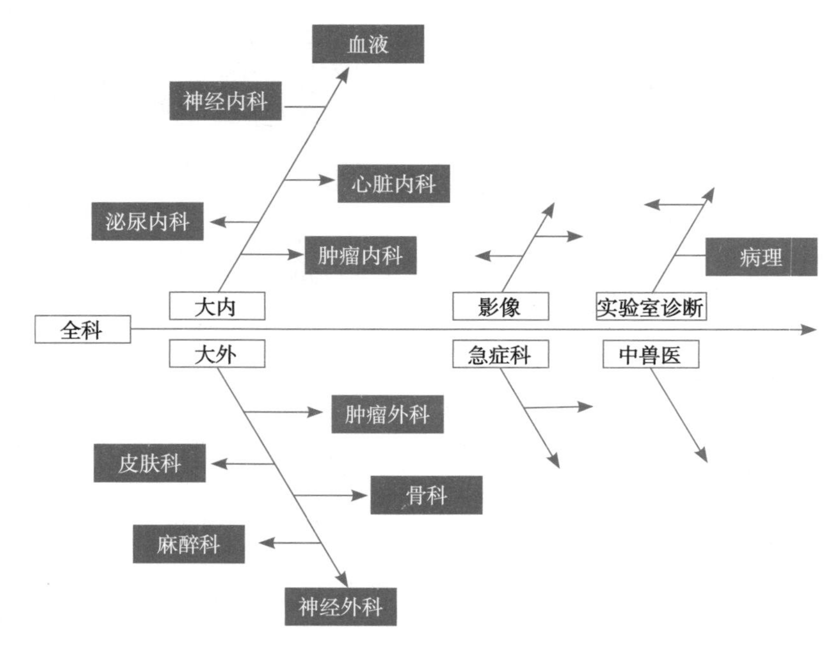

图 6–18　动物医院专科划分

尽管人类的科学活动日新月异，还有无尽的我们没有探索到的未知世界，有很多我们解决不了的问题。尤其在生命科学和人类医学领域，人类始终无法彻底解决衰老和疾病带给我们的困惑。动物医学领域类似的问题更多，动物医学领域等待我们探索和开发的秘密还有很多。动物医学专科化越深入，对专科领域的认知越深入，才能越接近科学的真相。

医学技术由全科向专科发展是必然的趋势，对某一领域的研究越深入和专门化，才能促进该领域技术的发展。专科建设某种程度上是对人才从事的研究领域的细分化。专科建设应包含人才梯队建设，专科技术的积累，专科影响力的形成和社会口碑的树立。

对于动物医院，专科建设是形成核心能力的重要途径。主要体现在以下几个方面：

■ 专科建设需要时间积累和知识积淀，不是短时间可以形成或借助外力、外部资源能够快速建立起来的。

■ 专科建设要依靠团队，如果没有形成人才阶梯来维持专科优势，就无法达到专科建设的目的。

■ 专科建设需要物质基础，包括空间、设备、物资和足以支撑专科发展的病例量、资金等。

基于以上原因，专科建设可以形成技术壁垒，令竞争对手难以模仿和超越，从而成为企业的核心能力。

在动物医院的经营实践中，专科建设的意义有多大？事实上，人类医学的发展已经足够深入，依然有很多难以解决的问题。一家医院囊括所有的专科基本不太现实，总要有所侧重。动物医院受行业特点和规模因素制约，开展专科建设更要力求精准。

动物医院中最先涌现的专科医院是猫科医院和眼科医院。猫咪因其敏感的天性，即便在综合动物医院里，也应该开辟专门的候诊区域和诊室。但是猫专科医院和医院的专科建设并没有必然的关系，它只是针对一个特定的动物种类的全科医院。眼科是动物医学中成熟较早的专科，和人类的眼科一样，因其发病率高、费用昂贵以及对技术、设备、卫生等的精细、精密要求，容易得到部分专注盈利的经营者和部分专注于挑战技术高度的医生青睐。

目前在综合性动物医院中，能够有一定病例量和收入支撑的专科有骨科、牙科、眼科、皮肤科、心脏病科、中兽医科、肿瘤科、泌尿科、血液科等。按照传统对专科的划分情况见表 6–5 和表 6–6。

专科建设要基于各个动物医院的实际情况，专科人才的培养以及整个行业的专科发展需要行业参与者的共同参与和行业组织的推动。行业协会担有推动整个行业技术进步的责任。按照行业协会的组织结构惯例，协会按照经营领域、管理职能或专科划分设立分会，协会活动以各分会组织的定期活动为主，比如眼科年会、影像学年会等等。大型行业会议一般是跨区域、跨专科的学术会议，同时设立若干个分会场，专业人员按需选择参与。这一点充分说明了科学无国界，学术的发展需要广泛学习和借鉴。

表 6–5　传统专科划分与特性

项目	传统外科	传统内科	急诊科	中医康复科
包含的专科	普外科、骨科、眼科、牙科、心脏外科、皮肤科、神经外科、肿瘤外科、泌尿外科、消化外科、产科	消化内科、肿瘤内科、神经内科、泌尿内科、心脏内科、呼吸内科、内分泌科、传染科、免疫科、血液科	急诊外科、急诊内科	
对设备的依赖程度	高	低	高	高
对药物的依赖程度	低或中等	高	高	高
治疗周期	短或中等	长	短	长
治疗费用	低或中等	中等或高	高	中等或高
治愈率	高	中等或低	—	—
死亡率	低	中等或高	高	低

表 6–6　传统专科划分与要求

大类	科室	设施要求	设备要求	器械要求
传统外科	普外科	标准手术室	通用外科设备	—
	骨科	标准手术室	C 形臂、高频电刀、骨据、关节镜等	骨科专用器械
	眼科	眼科手术室	手术显微镜、超声乳化仪、激光治疗仪、裂隙灯、检眼镜等	眼科专用器械

续表 6-6

大类	科室	设施要求	设备要求	器械要求
传统外科	牙科	操作间	治疗台、洁牙机、牙科 DR 等	牙科专用器械
	耳鼻喉科	操作间	鼻腔镜、耳道镜、喉镜、手术显微镜	—
	麻醉科	—	麻醉机、呼吸机、监护仪	—
	胸外科	标准手术室	气管镜	—
	肝胆脾胰外科	标准手术室	内窥镜、胆道镜、超声刀等	—
	心脏外科	标准手术室	心电监护仪、动态血压仪、血透机、血滤机等	心脏外科专用器械
	皮肤科	普通诊室	紫外线治疗仪、频谱治疗仪、气雾治疗仪、液氮治疗仪、微创治疗仪、微波治疗仪等	—
	神经外科	标准手术室	内窥镜、活检镜、射频治疗仪、电切刀、超声	神经外科专用器械
	肿瘤外科	标准手术室		通用外科器械
	泌尿外科	标准手术室	膀胱镜、腹腔镜、电切刀、超声刀等	泌尿外科专用器械
	产科	标准手术室	外科通用设备	产科专用器械
	消化外科	标准手术室	内窥镜、电刀、激光刀等	消化科专用器械
传统内科	消化内科	普通诊室	通用影像学、实验室诊断设备	—
	肿瘤内科	普通诊室		—
	神经内科	普通诊室		—
	泌尿内科	普通诊室		—
	心脏管科	普通诊室		—
	呼吸内科	普通诊室		—
	内分泌科	普通诊室		—
	传染科	普通诊室		—
	免疫科	普通诊室		—
	血液科	普通诊室		—
急诊科	—	专业急诊室	心电监护仪、除颤仪、呼吸机、洗胃机、喉镜、支气管镜等	急诊科专门器械
中医康复科	—	普通诊室	激光治疗仪、电针、中药熏蒸床、复健设备	中兽医专用器械

参考文献

[1] Philip Kotler. Marketing Management [M]（14 edition）. Prentice Hall. 2011.

[2] Osterwalder Alexander/Pigneur Yves. OSF. Business Model Generation [M]. OSF. 2010.

[3] Kennet R. Andrews (1916—2005). The Concept of Corporate Strategy [M]. Richard D Irwin. 1987.

[4]（美）海因茨·韦里克（Heinz Weihrich），（美）马克·V. 坎尼斯（Mark V. Cannice），（美）哈罗德·孔茨（Harold Koontz）. 管理学：全球化与创业视角 [M]. 13 版 . 北京 . 经济科学出版社 . 2011.

[5]（德）卡尔·海因里希·马克思 . 资本论 [M]. 北京 . 人民出版社 . 1975.

声　明

本书在创作过程中，作者查阅了大量网络智库资源，包括 MBA 智库、维基百科、百度百科等。本书中部分法律相关内容、个别经典的管理名字解释和管理理论要点描述来自网络智库资源。作者也翻阅了部分网络文献，并有个别引用，在此对他们表示感谢。因发布者未署实名或无法确认发布者是否为作者，故无法将其列入参考文献，特此声明。

鸣 谢

本书的创作过程得到了同行、同事、朋友和家人们的大力支持，如果本书有幸为动物诊疗管理者带来的帮助或为推动行业发展发挥微薄之力，你们才是值得尊敬的人，感谢你们的默默付出和无私奉献。